普通高等教育电气电子类工程应用型"十二五"规划教材

过程控制系统及仪表

主 编 张 勇 王玉昆
参 编 姜克君 刘希民

机械工业出版社

本书全面讲解了过程控制及仪表系统的基本概念、基本理论、系统分析设计方法、生产实践中典型的系统集成实例以及本学科最新的发展趋势。本书共 11 章,包括绪论,信号的联络、传输及转换,控制系统防爆措施,变送器,控制器,执行器,被控对象,单回路控制系统,串级控制系统,其他控制系统及过程控制在冶金工程中的应用案例。

本书系统性强,内容上简单易懂,重点突出,注重理论与实践的结合,着重培养读者的理论分析能力和工程实践能力。

本书可作为高等院校自动化、测控、电气工程等专业本、专科生的教材,也可以作为相关领域的研究人员和工程技术人员的参考用书。

本书配有免费电子课件,欢迎选用本书作教材的老师发邮件到 jinacmp@163.com 索取,或登录 www.cmpedu.com 下载。

图书在版编目(CIP)数据

过程控制系统及仪表/张勇,王玉昆主编. —北京:机械工业出版社,2013.7(2020.1 重印)

普通高等教育电气电子类工程应用型"十二五"规划教材

ISBN 978-7-111-43138-1

Ⅰ.①过… Ⅱ.①张…②王… Ⅲ.①过程控制 – 高等学校 – 教材②自动化仪表 – 高等学校 – 教材 Ⅳ.①TP273②TH86

中国版本图书馆 CIP 数据核字(2013)第 145858 号

机械工业出版社(北京市百万庄大街 22 号 邮政编码 100037)
策划编辑:吉 玲 责任编辑:吉 玲 张利萍 王雅新
版式设计:常天培 责任校对:张 媛
封面设计:张 静 责任印制:常天培
固安县铭成印刷有限公司印刷
2020 年 1 月第 1 版第 3 次印刷
184mm×260mm·17.75 印张·435 千字
标准书号:ISBN 978-7-111-43138-1
定价:37.00 元

电话服务   网络服务
客服电话:010-88361066   机 工 官 网:www.cmpbook.com
　　　　　010-88379833   机 工 官 博:weibo.com/cmp1952
　　　　　010-68326294   金 书 网:www.golden-book.com
封底无防伪标均为盗版   机工教育服务网:www.cmpedu.com

前　　言

过程控制系统在钢铁冶金、石油化工、水泥、轻工、医药等各个生产领域都有着广泛的应用，过程控制技术及其仪表系统的研究内容也十分广泛。近年来，过程控制学科发展异常迅速，为了让读者掌握过程控制及仪表系统的基本概念、基本理论、系统分析设计方法、生产实践中典型的系统集成实例以及本学科最新的发展趋势，我们编写了《过程控制系统及仪表》一书。

本书可作为自动化、检测技术与仪器、电气工程及其自动化等专业的本、专科学生的教材，也可作为从事自动化专业的工程技术人员的参考书。本书在内容上有如下特点：首先对于过程控制及仪表的基本概念、基本理论的讲解做到简单易懂，重点突出。在一些重点知识的讲解上力求简单明了，循序渐进，把知识点一一点明，以便于学生学习和理解。其次书中所举案例都是从实际工程背景中提炼出来的，且应用基本理论从工程实践的角度去分析问题和解决问题。仪表的选型、控制规律的选择、控制器参数的整定等工程实际问题在书中都有详细讲解。能够使学生在学习本书后建立起完整的过程控制系统的知识构架，为以后从事自动化专业工作打下良好基础。此外，在本书每个章节的后面都附有习题、思考题，以加深和巩固学习效果。

本书部分内容参考了兄弟院校有关过程控制、控制仪表等方面的教材，编者在此致以谢意。

由于编者水平有限，书中难免存在不足之处，恳请广大读者批评指正。

编　者

目　录

第一章 绪 论

第一节 过程控制系统的定义及组成

一、过程控制系统的定义

生产过程自动化，一般是指石油、化工、冶金、炼焦、建材、陶瓷以及热力发电等工业生产中连续的或按一定程序周期进行的生产过程的自动控制。电力拖动及电机运转等过程的自动控制一般不包括在内。凡是采用模拟或数字控制方式对生产过程的某些物理参数进行的自动控制通称为过程控制。

过程控制系统一般指工业生产过程中自动控制系统的被控变量是温度、压力、流量、液位、成分等这样一些变量的系统。

过程控制系统可以分为常规仪表过程控制系统与计算机过程控制系统两大类。前者在生产过程自动化中应用最早，已有七十余年的发展历史。后者是 20 世纪六七十年代后发展起来的以计算机为核心的控制系统。

二、过程控制系统的组成

在冶金、机械、石油、化工、电力、轻工等工业部门中，锅炉是一种不可缺少的动力设备。下面以锅炉过热蒸汽温度控制系统为例，介绍过程控制系统的组成。

由图 1-1-1 所示，从锅炉锅筒出来的饱和蒸汽经过过热器继续加热成为过热蒸汽。通常过热蒸汽温度达到 460℃ 左右时再去推动汽轮机工作。每种锅炉与汽轮机组都有一个规定的运行温度，在这个温度下运行机组的效率最高。如果过热蒸汽温度过高，会使汽轮机的寿命大大缩短；如果温度过低，当蒸汽带动汽轮机做功时，会使部分蒸汽变成小水滴，冲击汽轮机叶片，易造成生产事故。因此过热蒸汽温度是其生产过程中的一个重要的工艺参数，

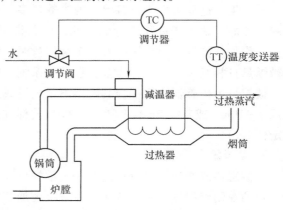

图 1-1-1 锅炉过热蒸汽温度控制系统

是保证汽轮机组正常运行的一个重要条件，必须对其进行控制。通常是在过热器之前或中间部分串接一个减温器，通过控制减温水流量的大小来改变过热蒸汽的温度，故设计了图示温度控制系统。本系统采用 DDZ-Ⅲ型电动单元组合仪表，即用热电阻温度计检测过热蒸汽的温度，经温度变送器将测量信号送至调节器的输入端，并与代表过热蒸汽温度的给定值进行比较得到偏差，调节器按此偏差以某种控制规律进行运算后输出控制信号，来控制调节阀的

开度，从而改变减温水的流量，以达到控制过热蒸汽温度的目的。

为了便于应用控制理论分析过程控制系统，需将图 1-1-1 所示的控制系统图画成图 1-1-2。图中每个方框表示组成该系统的一个环节，两个方框之间的一条带有箭头的连线表示信号传递方向。

由图 1-1-2 所示的系统原理框图可知，比较蒸汽温度变化并进行控制运算的控制器，设定温度的定值器，实现控制命令的执行器，改变给水量的控制阀，用这些装置加上其他一些必要的装置对被控过程进行控制就构成一个过程控制系统。由此可见，过程控制系统应包括以下几部分。

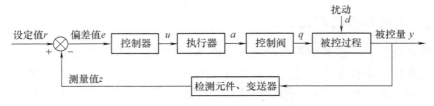

图 1-1-2　过程控制系统原理框图

1. 被控过程（简称过程）

被控过程（又称被控对象）是指生产过程被控制的工艺设备或装置。被控过程通常有锅炉、加热炉、分馏塔、反应釜等生产设备以及储存物料的槽、罐或传输物料的管段等。若工艺设备中需要控制的参数只有一个，例如电阻加热炉的炉温控制，被控量就是炉温，则工艺设备与被控过程的特性是一致的。若工艺设备中被控参数不止一个，其特性互不相同，则应各有一套可能是互相关联的控制系统，这样的工艺设备作为被控过程，应对其中不同的过程作不同的分析。

2. 检测元件和变送器

反映生产过程与生产设备状态的参数很多，按生产工艺要求，有关的参数都应通过自动检测，才能了解生产过程进行的状况，以获得可靠的控制信息。凡需要进行自动控制的参数，都称为被控量。当系统只有一个被控量时，称为单变量控制系统；具有两个以上被控量和操纵量且相互关联时，称为多变量控制系统。被控量往往就是过程的输出量。

被控量由传感器检测，当其输出不是电量或虽是电量而非标准信号时，应通过变送器转换成 $0 \sim 10mA$ 或 $4 \sim 20mA$ 或 $20 \sim 100kPa$ 的标准信号。传感器或变送器的输出就是被控量的测定值（z）。

3. 控制器

由传感器或变送器获得的信息——被控量，当其符合生产工艺要求时，控制器的输出不变；否则控制器的输出发生变化，对系统施加控制作用，以使被控量保持在工艺要求的范围之内。使被控量发生变化的任何作用称为扰动。在控制通道内，在控制阀未动的情况下，由于通道内质量或能量等因素变化造成的扰动称为内扰。其他来自外部的影响统称为外扰。无论内扰或外扰，一经产生，控制器即发出控制命令对系统进行自动控制。

4. 执行器

被控量的测量值与设定值在控制器内进行比较得到的偏差大小，由控制器按规定的控制规律（如 PID 等）进行运算，发出相应的控制信号去推动执行器，该控制信号称为控制器

的输出量 u。目前采用的执行器多为气动薄膜调节阀。如控制器是电动的，则在控制器与执行器之间应加入电气转换器。如采用电动执行器，则控制器的输出信号须经伺服放大器后才能驱动电动执行器以启闭控制阀。

5. 控制阀

由控制器发出的控制信号，通过电或气动执行器驱动控制阀门，以改变输入过程的操纵量 q，使被控量受到控制。控制阀是控制系统的终端部件，阀门的输出特性决定于阀门本身的结构，有的与输入信号呈线性关系，有的则呈对数或其他曲线关系。

气动阀门有气开式和气关式两种，前者是当控制器的输出增大时阀门开大，后者刚好相反，选择气开式或气关式的原则是从安全角度考虑的。即万一气源断路时，生产过程仍能安全运行。由于控制阀有气开和气关两种方式，故控制器也有正反两种调节作用。所谓控制器的正作用是指被控量增大时，控制器的输出增大；反作用则相反。控制器的正反作用，视实际情况选用。

最后应当指出，控制器是根据被控量测量值的变化，与设定值进行比较得出的偏差值对被控过程进行控制的。过程的输出信号即控制系统的输出，通过传感器和变送器的作用，将输出信号反馈到系统输入端，构成一个闭环控制回路，称为闭环控制系统，简称闭环。如果系统的输出信号只被检测和显示，并不被反馈到系统的输入端，它是一个未闭合的回路，称为开环控制系统，简称开环。开环系统只按过程的输入量变化进行控制，即使系统是稳定的，其控制质量也较低。而闭环系统能密切监控过程输出量的变化，抗干扰能力强，能有效地克服过程特性变化的影响，有一定的自适应能力，因而控制质量较高，应用也最广。

第二节　过程控制的特点

生产过程的自动控制，一般是要求保持过程进行中的有关参数为一定值或按一定规律变化，显然过程参数的变化，不但受外界条件的影响，它们相互之间往往也存在着影响，这就增加了某些参数自动控制的复杂性和困难。过程控制有如下一些特点：

1. 系统由过程检测控制仪表组成

由上节所述，过程控制系统是由被控过程和过程检测控制仪表组成的。过程控制主要是利用气动仪表、电动仪表、组装式仪表、智能仪表和计算机等自动化技术工具来实现生产过程的自动化。包括计算机（把计算机看成一台仪表）在内的这些仪表都是工业上系列生产的。在现代工业生产过程中，其被控过程十分复杂，特性各异。为了设计系统方便并能达到预期的控制效果，必须根据生产工艺要求，应用控制理论和控制技术，通过选用过程检测控制仪构成过程控制系统。同时通过对系统调节器参数的整定，使其运行在最佳状态，实现对生产过程的最佳控制。

2. 被控对象的多样性

工业生产各不相同，生产过程本身大多比较复杂，生产规模也可能差异很大，这就增加了对过程（又称被控对象或简称对象）认识的困难，不同生产过程要求控制的参数各异，且被控参数一般不止一个，这些参数的变化规律不同，引起参数变化的因素也不止一个，并且往往相互影响，所以传递函数千变万化。

例如，石油化工过程中的精馏塔、化学反应器、流体传输设备；热工过程中的锅炉、热交换器、动力核反应堆；机械工业中的热处理炉；冶金过程中的平炉、转炉等。这些过程的工作机理比较复杂，很难用解析方法求得其精确的动态数学模型。虽然理论上有适应不同情况的控制方法，由于过程特性辨识的困难，要设计能适应各种不同过程的控制系统是比较困难的。

3. 过程存在滞后

由于热工生产过程大多在比较庞大的设备内进行，过程的储存能力大，惯性也较大，内部介质的流动和热量转移都存在一定的阻力，并且往往具有自动转向平衡的趋势。因此当流入或流出过程的物质或能量发生变化时，由于存在能量、惯性和阻力，被控参数不可能立即被反映出来，需经历一段时间之后才能反映出来。滞后的大小决定于生产设备的结构和规模，并同研究它的流入量和流出量的特性有关。

显然，生产规模越大，物质传递的距离越长，热量传递的阻力越大，造成的滞后越大。一般说来，热工过程大都具有较大滞后，对自动控制极为不利。

4. 过程特性非线性

过程特性往往是随负荷而变的，即当负荷不同时，其动态特性有明显的差别。如果只以较理想的线性过程的动态特性作为控制系统的设计依据，难以达到控制目的。

5. 控制系统比较复杂

由于生产安全上的考虑，生产设备的设计制造都力求使各种参数稳定，不会产生振荡，作为被控过程就具有非振荡环节的特性。热工过程往往具有自平衡的能力，即被控量发生变化后，过程本身能使被控量逐渐稳定下来。这就是惯性环节的特性。也有无自动趋向平衡能力的工业过程，被控量会一直变化而不能稳定下来，这种过程就具有积分特性。

6. 定值控制是过程控制的一种主要控制形式

在石油、化工、冶金、环保、轻工等工业部门中，控制的主要目的在于如何减小或消除外界扰动对被控量的影响，使生产稳定。定值控制是一种主要的过程控制形式。

由于过程的特性不同，其输入与输出量可能不止一个，控制系统的设计在于适应这些不同的特点，以确定控制方案和控制器的设计或选型，以及控制器特性参数的计算与设定，这些都要以过程的特性为依据，而过程的特性复杂且难于充分认识，要完全通过理论计算进行系统设计与整定至今仍不可能。目前已设计出各式各样的控制系统如简单的位式控制系统、单回路及多回路控制系统、前馈系统、计算机控制系统等，都是通过必要的理论计算，采用现场调整的方法，才能达到过程控制的目的。

第三节　过程控制系统的性能指标

一、过程控制系统的过渡过程

在过程控制中，由于控制器的自动控制作用而使被控量不再随时间变化的平衡状态称为稳态或静态。被控量随时间而变化，系统未处于平衡状态时则称为动态或瞬态。

在给定值发生变化或系统受到干扰作用后，系统将从原来的平衡状态经历一个过程进入另一个新的平衡状态。过程控制系统从一个平衡状态过渡到另一个平衡状态的过程称为过程控制系统的过渡过程。

　　一般来说，研究控制系统的静态是重要的。但研究控制系统的动态更为重要。系统在过渡过程中，会不断受到干扰的频繁作用，系统自身通过控制装置不断地调整控制作用去克服干扰的影响，使被控变量保持在工艺生产所规定的技术指标上。因此，对系统研究的重点应放在控制系统的动态过程。

　　系统的过渡过程与输入信号的形式有关，输入信号的形式不同，过渡过程的形式也不同。在分析和设计控制系统时，为了安全和方便起见，在多种干扰中，往往只考虑一个最不利的干扰。阶跃干扰通常是最不利的。系统在阶跃信号（f）作用下，被控变量随时间（t）的变化有下述几种形式，如图 1-3-1 所示，图中 y 表示被控变量。

1. 非振荡衰减过程曲线

　　如图 1-3-1 中曲线①所示。它表明被控变量受到干扰作用后，产生单调变化，经过一段时间最终能稳定下来。

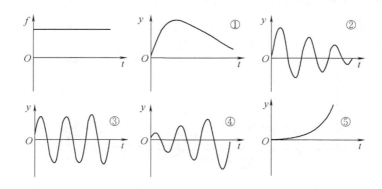

图 1-3-1　几种不同的过渡过程

2. 衰减振荡过程

　　如图 1-3-1 中曲线②所示。它表明系统受到干扰作用后，被控变量上下波动，且波动的幅度逐渐减小，经过一段时间最终能稳定下来。

3. 等幅振荡过程

　　如图 1-3-1 中曲线③所示。它表明系统受到干扰作用后，被控变量作振幅稳定的上下振荡，即被控变量在给定值的某一范围内来回波动。

4. 发散振荡过程

　　如图 1-3-1 中曲线④所示，它表明系统受到干扰作用后，被控变量上下波动，且幅度越来越大，即被控变量偏离给定值越来越远，以致超越工艺允许的范围。

5. 非振荡发散过程

　　如图 1-3-1 中曲线⑤所示。它表明系统受到干扰作用后，被控变量单调变化偏离给定值越来越远，以致超出工艺设计的范围。

　　显然，上述五种过程形式中，等幅振荡过程曲线③、发散振荡过程曲线④和非振荡发散过程曲线⑤是不稳定过程，不能采用；非振荡衰减过程曲线①和衰减振荡过程曲线②是稳定过程，是可以接受的，一般都希望是衰减振荡的控制过程。非振荡衰减过程虽然能稳定下来，但偏离设定值的时间较长，过渡过程进行缓慢，除特殊情况外，一般难以满足要求。

二、过程控制系统的性能指标

工业过程对控制的要求，可以概括为准确性、稳定性和快速性。另外，定值控制系统和随动控制系统对控制的要求既有共同点，也有不同点。定值控制系统在于恒定，要求将被控量保持在规定的小范围附近不变；而随动控制系统的主要目标是跟踪，要使被控量相当准确而及时地跟随设定值变化。下面主要讨论定值控制系统的性能指标。

控制过程就是克服和消除干扰的过程。一个控制系统的优劣，就在于它受到扰动后能否在控制器的控制作用下再稳定下来，克服扰动回到设定值的准确性和快慢程度如何。控制系统是否稳定、快速而准确达到平衡状态（稳态或静态），通常采用以下几个指标来衡量。

1. 衰减比 n 和衰减率 ψ

衰减振荡过程是最一般的过渡过程，振荡衰减的快慢对过程控制的品质影响极大。由图 1-3-2 可见，第一、二两个周期的振幅 B_1 与 B_2 的比值充分反映了振荡衰减的程度，称之为衰减比 n，即

$$n = \frac{B_1}{B_2} \tag{1-3-1}$$

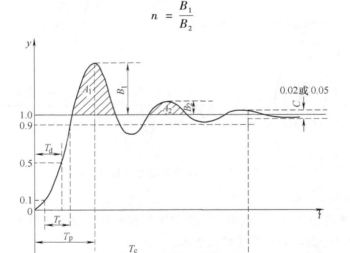

图 1-3-2　过渡过程品质指标

衰减比 n 表示曲线变化一个周期后的衰减快慢，一般用 $n:1$ 表示。

衡量振荡过程衰减程度的另一种指标是衰减率，它是指每经过一个周期以后，波动振幅衰减的百分数，即

$$\psi = \frac{B_1 - B_2}{B_1} \tag{1-3-2}$$

在实际工作中，控制系统的递减比习惯于采用 4:1，即振荡一周后衰减了 3/4，即被控量经上下两次波动后，被控量的幅值降到最大值的 1/4，这样的控制系统就认为稳定性好。递减比也有用面积比表示的，如图中阴影线面积 A_1 与 A_2 之比，指标仍然是 4:1。

虽然公认递减比为 4:1 较好，但并非唯一的，特别是对一些变化比较缓慢的过程如温度过程，采用 4:1 递减比，可能还嫌过程振荡过甚，显得很不适用。如采用 10:1 递减比，效果会好得多。因此递减比须视具体过程不同选取。

2. 动态偏差

扰动发生后，被控量偏离稳定值或设定值的最大偏差值称为动态偏差，也称为最大过调量，如图 1-3-2 中的第一波峰 B_1。对于有差控制系统，超调量习惯上用百分数 σ 来表示，即

$$\sigma = \frac{B_1 - y(\infty)}{y(\infty)} \times 100\% \tag{1-3-3}$$

过渡过程达到此峰值的时刻称为峰值时间 T_p。动态偏差大，持续时间又长，是不允许的。如化学反应器，反应温度有严格的规定范围，超过此范围就会发生事故。有的生产过程，即使是短暂超过也不允许，如生产炸药的温度限值极严，控制系统的动态偏差必须控制在温度限值以下，才能保证安全生产。

3. 静态偏差

过渡过程终了时，被控量的变化在规定的小范围内波动，被控变量新的稳态值 $y(\infty)$ 与给定值 r 之差值称为静态偏差或残余偏差，简称余差，如图 1-3-2 中用 C 表示。即

$$C = y(\infty) - r \tag{1-3-4}$$

余差的大小是按生产工艺过程的实际需要制定的，它是系统的静态指标。这个指标定高了，要求系统特别完善；定低了又难以满足生产需要，也失去了自动控制的意义。当然从控制品质着眼，自然是余差越小越好。应根据过程的特性与被控量允许的波动范围，综合考虑决定，不能一概而论。

4. 调整时间 T_c

平衡状态下的控制系统，受到扰动作用后平衡状态被破坏，经系统的控制作用，过渡到被控量返回允许的波动范围以内，即被控量在稳定值的 5%（或 2%）以内，达到新的平衡状态所经历的时间，称为调整时间 T_c，也称为过渡过程时间或稳定时间。

对于过阻尼系统，一般以响应曲线由稳定值变化 10% 算起上升到稳定值的 90% 所经历的时间称为上升时间 T_r，也有规定为由 5% 上升到 95% 为上升时间的。对于欠阻尼系统，一般由 0 算起，上升到 100% 所经历的时间为上升时间。

响应曲线第一次达到稳定值的 50% 的时间称为延迟时间 T_d。这些都是反映过渡过程快慢的指标。

第四节　过程控制系统的类别

一、按划分过程控制类别的方式

由于划分过程控制类别的方式不同，过程控制系统有种种不同的名称。

1）按所控制的参数来分，有温度控制系统、压力控制系统、流量控制系统及液位控制系统等。

2）按控制系统的任务来分，有定值控制系统（反馈控制系统）、前馈控制系统、比值控制系统、均匀控制系统、分程控制系统及自适应控制系统。

3）按控制器的动作规律来分，有比例控制系统、比例积分控制系统、比例积分微分控制系统及位式控制系统等。

4）按控制系统是否构成闭合回路来分，有开环控制系统及闭环控制系统。

5）按控制装置处理的信号不同来分，有模拟控制系统及数字控制系统。

6）按是否采用计算机来分，有常规仪表控制系统及计算机控制系统等。

以上这些分类都只反映了不同控制系统的某一方面的特点，人们视具体情况可采用不同的分类，并无严格的规定。

二、按设定值的形式

过程控制主要是分析反馈控制的特性，按设定值的形式不同，可将过程控制系统分为如下三类。

1. 定值控制系统

工业生产过程中大多要求将被控量保持在规定的小范围附近不变，此规定值就是控制器的设定值。前述锅炉过热蒸汽温度控制就是要使蒸汽温度保持在规定值不变，只要被控量在设定值范围内波动，控制系统的工作就是正常的。在定值控制系统中，设定值是固定不变的，引起系统变化的只是扰动信号，可以认为以扰动量为输入的系统是定值控制系统。

2. 随动控制系统

生产过程中对被控量的要求是变化的，不可能规定一个固定的设定值。换句话说，控制系统的设定值是无规律变化的，自动控制的目的就是要使被控量相当准确而及时地跟随设定值变化。例如加热炉燃料与空气的混合比例控制，燃料量是按工艺过程的需要而手动或自动地不断改变，控制系统就要使空气量跟着燃料量的变化自动按规定的比例增减空气量，保证燃料经济地燃烧，这就是随动控制系统。自动平衡记录仪表的平衡机构是跟随被测信号的变化而自动达到平衡位置，也是一种随动控制系统。

3. 程序控制系统

控制系统的设定值是按生产工艺要求有规律变化的，自动控制的目的是要使被控量按规定的程序自动进行，以保证生产过程顺利完成，如工业炉及干燥窑等周期作业的加热设备，一般包含加热升温、保温后逐次降温等程序，设定值按此程序而自动地变化，控制系统就按设定程序自动进行下去，达到程序控制的目的。

上述各种反馈控制系统中，信号的传送都是连续变化的，故称为连续控制系统或模拟控制系统，统称为常规过程控制系统。在石油、化工、冶金、建材、陶瓷及电力等工业生产中，定值控制是主要的控制系统，其次是程序控制系统与随动控制系统。

第五节　过程控制系统发展概况

生产过程自动化是保持生产稳定、降低消耗、降低成本、改善劳动条件、促进文明生产、保证生产安全和提高劳动生产率的重要手段，是工业现代化的重要标志之一。

一、过程控制系统按发展阶段来分

1. 初期阶段

20 世纪 40 年代前后，生产过程自动化主要是凭生产实践经验，局限于一般的控制元件及机电式控制仪器，采用比较笨重的基地式仪表实现生产设备就地分散的局部自动控制。在设备与设备之间或同一设备中的不同控制系统之间，没有或很少有联系。

过程控制的目的主要是几种热工参数如温度、压力、流量及液位的定值控制，以保证产品质量和产量的稳定。

2. 仪表化阶段

20 世纪 50 年代起及以后 10 年间，先后出现了气动与电动单元组合仪表和巡回检测装置，因而实现了集中监控与集中操纵的控制系统，对提高设备效率和强化生产过程有所促进，适应了工业生产设备日益大型化与连续化发展的需要。随着仪表工业的迅速发展，对过程特性的认识，对仪表及控制系统的设计计算方法都有了较快的发展。但从过程控制设计构思来看，仍处于各控制系统互不关联或关联甚少的定值控制范畴，只是控制的品质有较大的提高。

3. 综合自动化阶段

20 世纪 60 年代至今，由于集成电路及计算机技术的飞速发展，由分散的机组或车间控制，向全车间、全厂甚至全企业的综合自动化发展，实现了过程控制最优化与管理调度自动化相结合的分散计算机控制系统。近年来，世界各工业发达国家全力进行工厂综合自动化技术的研究，力求在自动化技术、信息技术、计算机控制和各种生产加工技术的基础上，从生产过程全局出发，通过生产活动所需要的各种信息集成，把控制、优化、调度、管理、经营、决策融为一体，形成一个能适应各种生产环境和市场需求的、多变性的、总体最优的高质量、高效益、高柔性的管理生产系统。这是过程控制发展的一个新阶段。

二、按过程控制装置与系统的发展过程来分

过程控制的发展历程，就是过程控制装置（自动化仪表）与系统的发展历程，按照过程控制装置与系统的发展过程也可以将过程控制系统的发展过程分为三个阶段：

1. 局部自动化阶段（20 世纪 50~60 年代）

这一阶段的主要特点是：采用的过程检测控制仪表为基地式仪表和部分单元组合式仪表，而且多数是气动仪表。过程控制系统的结构方案绝大多数是单输入、单输出的单回路定值控制系统，逐步开发应用串级控制系统。过程控制的主要工艺参数为温度、压力、流量、液位等热工参数。过程控制的主要目的是保持工业生产过程的生产稳定，减少或消除生产过程中的主要扰动。过程控制系统设计、分析的理论基础是经典控制理论中的根轨迹法和频域法。

2. 模拟单元仪表控制阶段（20 世纪 60~70 年代）

在这一阶段中，工业生产过程出现了一个车间甚至于一个工厂的综合自动化，其主要特点：自动化仪表划分成各种标准功能单元，按需要可以组合成各种控制系统；控制仪表集中在控制室，生产现场各处的参数通过统一的模拟信号，送往控制室。操作人员可以在控制室监控生产流程各处的状况；适用于生产规模较大的多回路控制系统。

在过程控制系统结构方案的开发和应用方面，相继出现了各种复杂的常规控制系统和计算机控制系统，如均匀控制、比值控制、前馈控制、分程控制、选择性控制、多变量控制等。过程控制系统设计的理论基础，由经典控制理论发展到现代控制理论。

3. 集散控制阶段（20 世纪 70 年代中期至今）

计算机的出现，大大简化了控制功能的实现。最初，人们设想用一台计算机取代所有回路的控制仪表，实现直接数字控制（Direct Digital Control，DDC）。但 DDC 系统的故障危险

高度集中，一旦计算机出现故障，就会造成所有控制回路瘫痪，使生产过程风险加大。因此，DDC 系统并未得到广泛应用。

80 年代初，随着计算机性能提高、体积缩小，出现了内装 CPU 的数字控制仪表。基于"集中管理，分散控制"的理念，在数字控制仪表和计算机与网络技术基础上，开发了集中、分散相结合的集散型控制系统（Distributed Control System，DCS）。DCS 实行分层结构，将控制故障风险分散、管理功能集中，得到广泛应用。

随着 CPU 进入检测仪表和执行器，自动化仪表彻底实现了数字化、智能化。控制系统也出现了由智能仪表构成的现场总线控制系统（Fieldbus Control System，FCS）。FCS 系统把控制功能彻底下放到现场，依靠现场智能仪表便可实现生产过程的检测、控制。而用开放的、标准化的通信网络——现场总线，将分散在现场的控制系统的通信连接起来，实现信息集中管理。

在这个阶段里，现代工业生产过程自动化的程度很高，实现了全车间、全厂、甚至全企业无人或很少人参与操作管理，实现了过程控制最优化与现代化的集中调度管理相结合的方式。

三、我国的过程控制系统发展概况

我国化工生产部门早在 20 世纪 60 年代初就开始采用计算机作自动检测和数据处理，后来又在石油分馏装置上采用计算机自动而合理地调整模拟控制器的设定值，开始进行闭环计算机监控（Supervisory Computer Control，SCC），继而，又实现了某电站的电子计算机闭环控制。随后出现了采用数字计算机代替常规仪表的直接数字控制（DDC），并向最优化控制方向发展。20 世纪 80 年代中期，提出了现场总线的概念，至今现场总线控制系统（FCS）在我国已得到广泛的应用。在 20 世纪 70 年代，石油、化工、冶金及电站等重要的生产部门陆续采用计算机实现了 SCC 或 DDC，但是，采用大型计算机对全厂或主要车间进行全面最优控制并不成功，原因是当时的计算机硬件可靠性还不能完全满足要求，加上综合控制系统十分复杂，难以建立适合的数字模型。特别是反映生产过程运行状态的一些参数至今还不能获得可靠的信息，对以上这些问题已经并且正进行着不少研究，但尚未得到完全满意的结果。

微型计算机与微处理器的迅速发展对实现分级计算机控制起到了决定性的作用。微型计算机小巧灵活，控制的范围较小，数学模型容易建立，不同的算式也容易利用软件实现，用来实现机组一级的分散控制颇为方便。即使微型计算机（单板机或单片机）出了故障，影响面小，容易从上一级的分散控制系统中脱出，既易于检查修复，也不至于影响全局。另外，冗余技术的采用也使得计算机故障的影响降到最低。

总之，由于计算机硬件可靠性提高，成本降低，有直观的 CRT 显示，便于人机联系，它既没有模拟常规仪表那样数量多、仪表庞大的缺点，也不会出现采用大型计算机控制过于集中而一出故障就影响全局那样令人生畏的问题。可见，采用分散集中的计算机控制，引起人们的重视是不奇怪的，目前已广泛应用于生产过程控制中，并进行着大量的技术研究，对其不断更新和完善。

过程控制系统采用微处理器与计算机控制虽然发展较快，应用也日渐广泛，但常规仪表控制系统仍然大量应用于工业生产中。

思考题与习题

1-1　什么是过程控制系统?

1-2　典型的过程控制系统由哪几部分组成? 请举例说明。

1-3　与其他自动控制系统相比, 过程控制有哪些主要特点?

1-4　试说明定值控制系统稳态与动态的含义。为什么在分析过程控制系统的性能时更关注其动态特性?

1-5　评价过程控制系统的常用性能指标有哪些? 其中哪些是动态指标, 哪些是静态指标?

1-6　试说明过程控制系统的分类方法, 按设定值的形式不同可将过程控制系统分成哪几类?

1-7　简述过程控制系统的发展简史及各个阶段的主要特点。

第二章 信号的联络、传输及转换

信号制即信号标准，是指仪表之间采用的传输信号的类型和数值。控制仪表与装置在设计时，应力求做到通用性和相互兼容性，以便不同系列或不同厂家生产的仪表能够共同使用在同一控制系统中，彼此相互配合，共同实现系统的功能。要做到通用性和相互兼容性，首先必须统一仪表的信号制式。现场总线控制系统中，现场仪表与控制室仪表或装置之间采用双向数字通信方式。

第一节 联 络 信 号

仪表之间应由统一的联络信号来进行信号传输，以便使同一系列或不同系列的各类仪表连接起来，组成系统，共同实现控制功能。

一、联络信号的类型

控制仪表和装置常使用以下几种联络信号。

对于气动控制仪表，国际上已统一使用 20 ~ 100kPa 气压信号，作为仪表之间的联络信号。

对于电动控制仪表，其联络信号常见的有模拟信号、数字信号、频率信号等。

模拟信号和数字信号是自动化仪表及装置所采用的主要联络信号。本书着重讨论电模拟信号。

二、电模拟信号制的确定

电模拟信号有交流和直流两种。由于直流信号具有不受线路中电感、电容及负载性质的影响，不存在相移问题等优点，故世界各国都以直流电流或直流电压作为统一联络信号。

从信号取值范围看，下限值可以从零开始，也可以从某一确定的数值开始；上限值可以较低，也可以较高。取值范围的确定，应从仪表的性能和经济性作全面考虑。

不同的仪表系列，所取信号的上、下限值是不同的。例如 DDZ-Ⅱ 型仪表采用 0 ~ 10mA 直流电流和 0 ~ 2V 直流电压作为统一联络信号；DDZ-Ⅲ 型仪表采用 4 ~ 20mA 直流电流和 1 ~ 5V 直流电压作为统一联络信号；有些仪表则采用 0 ~ 5V 或 0 ~ 10V 直流电压作为联络信号，并在装置中考虑了电压信号与电流信号的相互转换问题。

信号下限从零开始，便于模拟量的加、减、乘、除、开方等数学运算和使用通用刻度的指示、记录仪表；信号下限从某一确定值开始，即有一个活零点，电气零点与机械零点分开，便于检验信号传输线是否断线及仪表是否断电，并为现场变送器实现两线制提供了可能性。

电流信号上限大，产生的电磁平衡力大，有利于力平衡式变送器的设计制造。但从减小直流电流信号在传输线中的功率损耗和缩小仪表体积，以及提高仪表的防爆性能来看，希望电流信号上限小些。

在对各种电模拟信号作了综合比较之后，国际电工委员会（IEC）将 4～20mA（DC）电流信号和 1～5V（DC）电压信号，确定为过程控制系统电模拟信号的统一标准。

第二节 电信号传输方式

一、模拟信号的传输

模拟信号传输指的是电流信号和电压信号的传输。电流信号传输时，仪表是串联连接的；而电压信号传输时，仪表是并联连接的。

1. 电流信号传输

如图 2-2-1 所示，一台发送仪表的输出电流同时传输给几台接收仪表，所有这些仪表应当串联。DDZ-Ⅱ型仪表即属于这种传输方式（电流传送—电流接收的串联制方式）。图中，R_o 为发送仪表的输出电阻。R_{cm} 和 R_i 分别为连接导线的电阻和接收仪表的输入电阻（假设接收仪表的输入电阻均为 R_i），由 R_{cm} 和 R_i 组成发送仪表的负载电阻。

由于发送仪表的输出电阻 R_o 不可能是无限大，在负载电阻变化时输出电流也将发生变化，从而引起传输误差。

电流信号的传输误差可表示为

$$\varepsilon = \frac{I_o - I_i}{I_o}$$

$$= \frac{I_o - \dfrac{R_o}{R_o + (R_{cm} + nR_i)}I_o}{I_o}$$

$$= \frac{R_{cm} + nR_i}{R_o + R_{cm} + nR_i} \times 100\% \qquad (2\text{-}2\text{-}1)$$

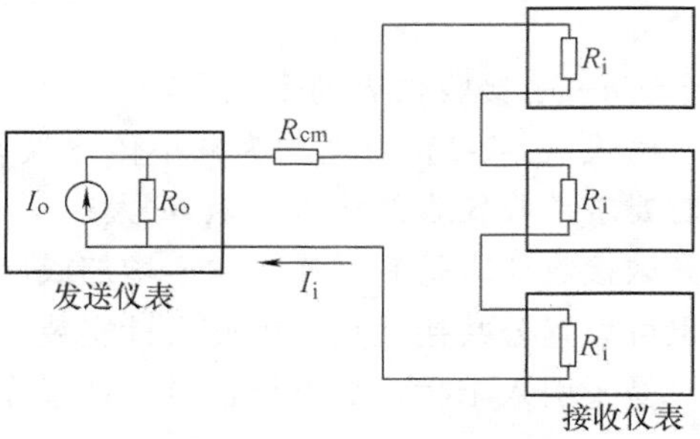

图 2-2-1 电流信号传输时仪表之间的连接

式中　n——接收仪表的个数。

为保证传输误差 ε 在允许范围之内，应要求 $R_o \gg R_{cm} + nR_i$，故有

$$\varepsilon \approx \frac{R_{cm} + nR_i}{R_o} \times 100\%$$

由式（2-2-1）可见，为减小传输误差，要求发送仪表的 R_o 足够大，而接收仪表的 R_i 及导线电阻 R_{cm} 应比较小。

实际上，发送仪表的输出电阻均很大，相当于一个恒流源，连接导线的长度在一定范围内变化时，仍能保证信号的传输精度，因此电流信号适于远距离传输。此外，对于要求电压输入的仪表，可在电流回路中串入一个电阻，从电阻两端引出电压，供给接收仪表，所以电流信号应用比较灵活。

电流传输也有不足之处。由于接收仪表是串联工作的，当一台仪表出故障时，将影响其他仪表的工作。而且各台接收仪表一般皆应浮空工作。若要使各台仪表皆有自己的接地点，则应在仪表的输入、输出之间采取直流隔离措施。这就对仪表的设计和应用在技术上提出了更高的要求。

2. 电压信号传输

一台发送仪表的输出电压要同时传输给几台接收仪表时，这些接收仪表应当并联（电压传送—电压接收的并联制方式），如图 2-2-2 所示。DDZ-Ⅲ型仪表即属于这种传输方式。

由于接收仪表的输入电阻 R_i 不是无限大，信号电压 U_o 将在发送仪表内阻 R_o 及导线电阻 R_{cm} 上产生一部分电压降，从而造成传输误差。

电压信号的传输误差可用如下公式表示，即

$$\varepsilon = \frac{U_o - U_i}{U_o} = \frac{U_o - \dfrac{\dfrac{R_i}{n}}{R_o + R_{cm} + \dfrac{R_i}{n}} U_o}{U_o}$$

$$= \frac{R_o + R_{cm}}{R_o + R_{cm} + \dfrac{R_i}{n}} \times 100\% \qquad (2\text{-}2\text{-}2)$$

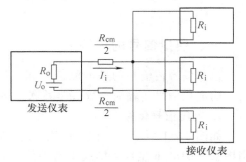

图 2-2-2 电压信号传输时仪表之间的连接

为减小传输误差 ε，应满足 $\dfrac{R_i}{n} \gg R_o + R_{cm}$，故有

$$\varepsilon \approx n \frac{R_o + R_{cm}}{R_i} \times 100\% \qquad (2\text{-}2\text{-}3)$$

式中　n——接收仪表的个数。

由式（2-2-3）可见，为减小传输误差，应使发送仪表内阻 R_o 及导线电阻 R_{cm} 尽量小，同时要求接收仪表的输入电阻 R_i 大些。

因接收仪表是并联连接的，增加或取消某个仪表不会影响其他仪表的工作，而且这些仪表也可设置公共接地点，因此设计安装比较简单。但并联连接的各接收仪表，输入电阻皆较高，易于引入干扰，故电压信号不适于作远距离传输。

二、变送器与控制室仪表间的信号传输

变送器是现场仪表，其输出信号送至控制室中，而它的供电又来自控制室。变送器的信号传送和供电方式通常有如下两种。

1. 四线制传输

供电电源和输出信号分别用两根导线传输，如图 2-2-3 所示。图中的变送器称为四线制变送器，目前使用的大多数变送器均是这种形式。由于电源与信号分别传送，因此对电流信号的零点及元器件的功耗无严格要求。

2. 两线制传输

变送器与控制室之间仅用两根导线传输。这两根导线既是电源线，又是信号线，如图 2-2-4 所示。图中的变送器称为两线制变送器。

采用两线制变送器不仅可节省大量电缆线和安装费用，而且有利于安全防爆。因此这种变送器得到了较快的发展。

要实现两线制变送器，必须采用活零点的电流信号。由于电源线和信号线共用，电源供给变送器的功率是通过信号电流提供的。在变送器输出电流为下限值时，应保证其内部的半

导体器件仍能正常工作。因此，信号电流的下限值不能过低。国际统一电流信号采用4～20mA（DC），为制作两线制变送器创造了条件。

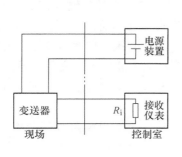

图 2-2-3 四线制传输

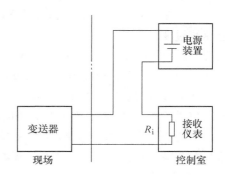

图 2-2-4 两线制传输

第三节 信号的转换

在信号的传输过程中，往往需要将电流信号转换为电压信号，以更方便地供信号的记录、显示和控制之用。这一功能主要由配电器来完成，它能将4～20mA直流电流信号转换成1～5V直流电压信号。

配电器是DDZ-Ⅲ系列电动单元组合仪表中辅助单元的一个品种。它可为现场安装的变送器提供一个隔离电源，同时又将变送器的4～20mA直流电流信号转换成隔离的1～5V直流电压信号，实现变送器与电源之间以及变送器与调节器之间双向隔离，可同时带两台两线制变送器或者一台四线制变送器工作。

一、配电器的原理

图2-3-1所示为配电器原理图。直流24V电源经直流稳压以后，给直流/交流变换器供

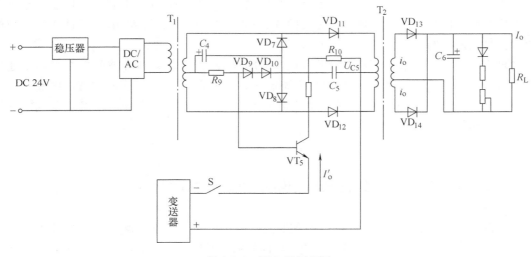

图 2-3-1 配电器原理图

电，直流/交流电源变换器产生方波电压，此方波电压经变压器 T_2 的二次侧输出。二次输出电压经整流滤波后，为两线制变压器提供一个隔离电源，完成能量传输。

信号传输则是这样完成的，当开关 S 断开时，切断了来自变送器的输入信号，因此没有信号电流流过变压器 T_2 的一次绕组，二次绕组输出端负载上也无输出电压。当开关 S 接通后，电容 C_5 上的电压 U_{C5} 通过晶体管 VT_5 向变送器提供电源电压，同时变送器的输出电流经由 VD_7、VD_8、VD_{11}、VD_{12} 组成的二极管调制器，被调制成方波电流，交替地通过 T_2 的一次绕组，所以在 T_2 的二次绕组中产生一个交变电流，该电流经整流滤波后在负载上得到隔离的电压信号 U_o，该电流正比于变送器的输出信号。

配电器有直流稳压器、直流/交流变换器和输入信号转化及输出电路等部分组成，其整机电路如图 2-3-1 所示。下面仅介绍直流稳压器和输入信号转换及输出电路。

1. 直流稳压器

直流稳压器的作用是为 DC/AC 变换器提供稳定的电源，它采用串联型负反馈稳压电路，如图 2-3-2 所示。

当电源电压升高或负载减小而使输出电压 U_o 增加时，由于稳压管 VZ_1、VZ_2 两端电压 U_Z 不变，因此，VT_1 和 VT_2 的 U_{be} 减小，流过 VT_1 和 VT_2 上的电流 I_c 也就减小，使 VT_1 和 VT_2 的管压降增加，导致 U_o 下降，达到稳压的目的。由于负载电流较大，所以调整管由两个中功率管并联组成。R_1 为基极限流电阻。

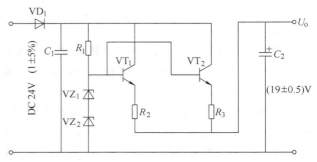

图 2-3-2　稳压器电路

2. 输入信号转换及输出电路

当配电器与变送器连接时，DC/AC 变换器的变压器二次绕组上的方波电压经 VD_{11}、VD_8、VD_{12}、VD_7 的全波整流作用，并经 C_5 滤波后作为变压器的电源电压。C_4 上的充电电压在二极管 VD_9、VD_{10} 上的压降为晶体管 VT_5 提供一个稳定的偏压，并保证 VT_5 工作于饱和区。当现场可能出现的短路故障引起过大的输入电流时，由于电阻 R_9 的负反馈作用，配电器能起到过电流限制作用。

来自变送器的电流信号 I'_o 经二极管 VD_{11}、VD_8、VD_{12}、VD_7，在方波的每个半周中通过信号隔离变压器 T_2 的一次绕组，从而将 I'_o 调制成方波电流，在 T_2 二次侧的感应电流，经二极管 VD_{13}、VD_{14} 整流和电容 C_6 滤波后输出电流 I_o，I_o 与 I'_o 成正比关系。I_o 经负载电阻的转换作用可得到 1~5V DC 的输出电压 U_o。

二、配电器的调校

下面以 DFP-2100 型双通道配电器为例说明配电器调校的方法和步骤。

1. 校验接线

配电器接线端子分为 A 和 B 两个端子板。其中 A 板为信号输入端子，①、②为第一通道输入端子，③、④第二通道输入端子；B 板为输出及电源端子，其中①、②为第一通道输出端子，③、④为第二通道输出端子，⑤、⑥为第二通道电压输出端子，⑦、⑧为第二通道电流输出端子，⑩为接地端子，⑪、⑫电源输入端子。

配电器调校接线图如图 2-3-3 所示。调校第一通道时，第二通道的输入端应接入一个 $2k\Omega$ 的电阻，通电 10min，待稳定后即可进行。

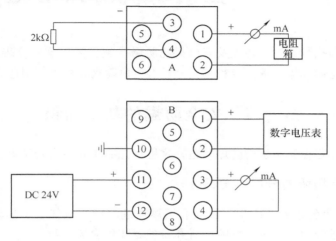

图 2-3-3　配电器调校接线图

2. 输出电压校验

首先输入 4mA 信号，调整相应的零点调整电阻，使配电器输出电压为 1V。然后输入 20mA 信号，调整相应的量程电位器，使输出为 5V。反复调整零点和满量程，使之达到精度要求后，即可测量其余各点，仪表误差都应在基本误差范围内。

3. 输出电流校验

输入 4~20mA 信号，测量输出电流，其数值应在基本误差范围内。一般情况下，输出电压能满足要求时，输出电流也能满足要求。

思考题与习题

2-1　什么是信号制?

2-2　电压信号传输和电流信号传输各有什么特点? 使用在何种场合?

2-3　说明现场仪表与控制仪表之间的信号传输及供电方式。0~10mA 的直流电流信号能否用于两线制传输方式? 为什么?

第三章　控制系统防爆措施

在讨论变送器和执行器时，要提及安全火花防爆措施，因为这些仪表安装在生产现场，如果现场存在易燃易爆气体、液体或粉末，一旦发生危险火花就可能引起燃烧或爆炸事故。

第一节　安全防爆的基本知识

为了详细探究过程控制系统的防爆问题，这里首先简要介绍安全防爆的基本知识。

一、爆炸危险场所的分类、分级

按照我国 1987 年公布的《中华人民共和国爆炸危险场所电气安全规程（试行）》的规定，将爆炸危险场所分为气体爆炸危险场所和粉尘爆炸危险场所两类，共五个级别。

1. 气体爆炸危险场所的区域等级

爆炸性气体或可燃蒸气与空气混合物形成的爆炸性气体混合物的场所，根据爆炸性气体混合物出现的频繁程度和持续时间分为以下三个区域等级。

（1）0 区　在正常情况下，爆炸性气体混合物连续、频繁地出现或长时间存在的场所。

（2）1 区　在正常情况下，爆炸性气体混合物有可能出现的场所。

（3）2 区　在正常情况下，爆炸性气体混合物不可能出现，仅在不正常情况下偶尔或短时间出现的场所。

2. 粉尘爆炸危险场所的区域等级

爆炸性粉尘或可燃纤维与空气混合爆炸性混合物的场所。根据爆炸性粉尘或可燃纤维与空气混合物出现的频繁程度和持续时间分为以下两个区域等级。

（1）10 区　在正常情况下，爆炸性粉尘或可燃纤维与空气的混合物可能连续、频繁地出现或长时间存在的场合。

（2）11 区　在正常情况下，爆炸性粉尘或可燃纤维与空气的混合物不可能出现，仅在不正常情况下偶尔或短时间出现的场所。

不同的等级区域对防爆电气设备选型有不同的要求，例如 0 区（或 10 区）要求选用本质安全型电气设备；1 区选用隔爆型、增安型等电气设备。

二、爆炸性物质的分类、分级与分组

1. 爆炸性物质的分类

通常将爆炸性物质分为三类：Ⅰ类物质——矿井甲烷；Ⅱ类物质——爆炸性气体、可燃蒸气；Ⅲ类物质——爆炸性粉尘、易燃纤维。

2. 爆炸性气体、蒸气的分级与分组

在规定的标准试验条件下，火焰不能传播的最大间隙称为最大试验安全间隙（maximum experimental safety gap，MESG）。

在规定的标准试验条件下，调节最小点燃电流，以甲烷的最小点燃电流为标准，定为1.0，其他物质的最小点燃电流与之比较，得出最小点燃电流比（minimum ignition current ratio，MICR）为：

某物质的最小点燃电流比＝某物质的最小点燃电流/甲烷最小点燃电流

爆炸性气体的分级与分组（Ⅰ、Ⅱ类）：在标准试验条件下，按照其最大试验安全间隙和最小引爆电流比分为三级。在没有明火源的条件下，不同物质加热引燃所需的温度是不同的，因为自燃点各不相同，按引燃温度可分为六组。如表3-1-1给出了部分示例。

表 3-1-1　部分爆炸性气体的分级与分组

类和级	最大试验安全间隙 $MESG$/mm	最小点燃电流比 $MICR$	引燃温度组别 t/℃					
			T1	T2	T3	T4	T5	T6
			>450	$450 \geqslant t > 300$	$300 \geqslant t > 200$	$200 \geqslant t > 135$	$130 \geqslant t > 100$	$100 \geqslant t > 85$
Ⅰ	$MESG = 1.14$	$MICR = 1$	甲烷					
ⅡA	$0.9 < MESG < 1.14$	$0.8 < MICR < 1$	氨、苯、一氧化碳、甲醇、乙烷、丙烷	丁烷、乙醇、丁醇、乙烯	汽油、硫化氢、环乙烷	乙醚、乙醛		亚硝酸、乙酯
ⅡB	$0.5 < MESG \leqslant 0.9$	$0.45 < MICR \leqslant 0.8$	民用煤气、二甲醇、环丙烷	环氧乙烷、环氧丙烷、丁二烯	异戊二烯	二乙醚、乙基甲基醚		
ⅡC	$MESG \leqslant 0.5$	$MICR \leqslant 0.45$	水煤气、氢气	乙炔			乙硫化碳	硝酸乙酯

由上可见，爆炸性气体、蒸气的最大安全间隙越小，最小点燃电流也越小。按最小点燃电流比分级与按最大安全间隙分级，两者结果是相似的。

3. 爆炸性粉尘的分级与分组

爆炸性粉尘和易燃纤维的分级与分组（Ⅲ类）：爆炸性粉尘和易燃纤维按照其物理性质分级、按照其自燃温度分组。爆炸性粉尘的分级是按粉尘的物理性质划分的：把非导电性的可燃粉尘与非导电性的可燃纤维列为A级；把导电性的爆炸性粉尘与火药、炸药粉尘列为B级。按照其自燃温度分组共分 $T1$-1、$T1$-2、$T1$-3 三组。示例见表3-1-2。

表 3-1-2　爆炸性粉尘的分级与分组

组别		$T1$-1	$T1$-2	$T1$-3
引燃温度 T/℃		$T > 270$	$270 \geqslant T > 200$	$200 \geqslant T > 140$
类和级	粉尘物质			
ⅢA	非导电性的可燃纤维	木棉纤维、烟草纤维、纸纤维、亚硫酸盐纤维、亚麻	木质纤维	
	非导电性的可燃粉尘	小麦、玉米、砂糖、橡胶、染料、聚乙烯、苯酚树脂	可可、米糖	
ⅢB	导电性的爆炸性粉尘	镁、铝、铝青铜、锌、钛、焦炭、炭黑	铝（含油）铁、煤	
	火药、炸药粉尘		黑火药	硝化棉、吸收药黑索金、特屈儿、泰安

三、防爆电气设备的分类、分组和防爆标志

1. 防爆电气设备的分类、分组

按照国家标准 GB　3836.1 规定，防爆电气设备分为两大类：Ⅰ类——煤矿用电气设备。Ⅱ类——工厂用电气设备。

Ⅱ类电气设备按爆炸性气体特性，可进一步分为ⅡA、ⅡB、ⅡC 三级。

工厂用电气设备的防爆形式共有八种：隔爆型（d）、本质安全型（i）、增安型（e）、正压型（p）、充油型（o）、充砂型（q）、浇封型（m）和无火花型（n）。本质安全型设备按其使用场所的安全程度又可分为 ia 和 ib 两个等级。

与爆炸性气体引燃温度的分组相对应，Ⅱ类电气设备可按最高表面温度分为 $T1 \sim T6$ 六组，见表 3-1-3。

表 3-1-3　Ⅱ类电气设备的最高表面温度分组

组别	$T1$	$T2$	$T3$	$T4$	$T5$	$T6$
最高表面温度 $t/℃$	450	300	200	135	100	85

2. 防爆标志

电气设备的防爆标志是在"Ex"防爆标记后依次列出防爆类型、气体级别和温度组别三个参量。

例如防爆标志 ExdⅡBT3 表示Ⅱ类隔爆型 B 级 T3 组，其设备适用于气体级别不高于Ⅱ类 B 级，气体引爆温度不低于 T3（200℃）的危险场所。又如 ExiaⅡCT5 表示Ⅱ类本质安全型 ia 等级 C 级 T5 组，其设备适用于所有气体级别、引燃温度不低于 T5（100℃）的 0 区危险场所。

第二节　防爆型控制仪表

在工业过程的许多生产场所存在着易燃易爆的气体、蒸气或固体粉尘，它们与空气混合成为具有火灾或爆炸危险的混合物，使其周围空间成为具有不同程度爆炸危险的场所。如果安装在这些场所的监测仪表和执行器产生的火花或热效应能量能点燃危险混合物，则会引起火灾或爆炸，造成巨大的人员和财产损失。因此，用于危险场所的控制仪表必须具有防爆的性能。

所谓安全火花是指该火花的能量不足以对其周围可燃介质构成点火源。若仪表在正常或事故状态所产生的火花均为安全火花，则称为安全火花型防爆仪表。

气动仪表从本质上说具有防爆性能。但随着工业的复杂化、大型化的发展对自动化要求的提高，电动仪表和装置逐渐占据了工业自动化的统治地位。这种发展趋势的关键技术之一就是解决现场仪表及整个系统的防爆问题。

为了解决电动仪表的防爆问题，长期以来人们进行了坚持不懈的努力。在安全火花防爆方法出现以前，传统的防爆仪表类型有充油型、充气型、隔爆型等。其基本思想是把可能产生危险火花的电路从结构上与爆炸型气体隔离开来。显然，这和安全火花防爆方法截然不同。安全火花仪表从电路设计开始就考虑防爆，把电路在短路、开断及误操作等各种状态下

可能发生的火花都限制在爆炸性气体的点火能量之下，是从爆炸发生的根本原因上采取措施解决防爆，安全火花防爆仪表的优点是很突出的。首先，它的防爆等级比结构防爆仪表高一级，可用于后者所不能胜任的氢气、乙炔等最危险的场所；其次，它长期使用不降低防爆等级。此外，这种仪表还可在运行中，用安全火花型测试仪器在危险现场进行带电测试和检修，因此被广泛用于石油、化工等危险场所的控制。

根据上节所介绍的内容可知，工厂用电气设备的防爆形式共有八种：隔爆型（d）、本质安全型（i）、增安型（e）、正压型（p）、充油型（o）、充砂型（q）、浇封型（m）和无火花型（n）。本质安全型设备按其使用场所的安全程度又可分为 ia 和 ib 两个等级。

常用的防爆型控制仪表是隔爆型和本质安全型两类仪表。

一、隔爆型仪表

隔爆型仪表具有隔爆外壳，仪表的电路和接线端子全部置于防爆壳体内，其表壳的强度足够大，隔爆结合面足够宽，它能承受仪表内部因故障产生爆炸性气体混合物的爆炸压力，并阻止内部的爆炸向外壳周围爆炸性混合物传播。这类仪表适用于 1 区和 2 区危险场所。

隔爆型仪表安装及维护正常时，能达到规定的防爆要求，但当揭开仪表外壳后，它就失去了防爆性能，因此不能在通电运行的情况下打开表壳进行检修或调整。

二、本质安全型仪表

本质安全型仪表（简称本安仪表）的全部电路均为本质安全电路，电路中的电压和电流被限制在一个允许的范围内，以保证仪表在正常工作或发生短接和元器件损坏等故障情况下产生的电火花和热效应不致引起其周围爆炸性气体混合物爆炸。

如前所述，本安仪表可分为 ia 和 ib 两个等级：ia 是指在正常工作、一个故障和两个故障时均不能点燃爆炸性气体混合物；ib 是指在正常工作和一个故障时不能点燃爆炸性气体混合物。

ia 等级的本安仪表可用于危险等级最高的 0 区危险场所，而 ib 等级的本安仪表只适用于 1 区和 2 区危险场所。

本安仪表不需要笨重的隔爆外壳，具有结构简单、体积小、重量轻的特点，可在带电工况下进行维护、调整和更换仪表零件的工作。

第三节　安　全　栅

安全栅是本安仪表的关联设备，一方面传输信号，另一方面控制流入危险场所的能量在爆炸性气体或混合物的点火能量以下，以确保系统的防爆性能。

安全栅的构成形式有多种，有电阻式、齐纳式、隔离式等。其中电阻限流式最简单，只在两根电源线（也是信号线）上串联一定的电阻，对进入危险场所的电流作必要的限制；其缺点是正常工作状况下电源电压受到衰减，且防爆定额低，使用范围不大。常用的有齐纳式安全栅和隔离式安全栅两种。

一、齐纳式安全栅

齐纳式安全栅利用齐纳二极管的击穿特性进行限压，用电阻进行限流，是一种应用较多的安全单元，其原理电路如图 3-3-1 所示。

当输入电压 U_i 在正常范围（24V）内时，齐纳管 VZ_1、VZ_2 上不动作，只有当输入出现过电压，达到齐纳管击穿电压（约 28V）时，齐纳管导通，于是大电流流过快速熔断器 FU，使熔丝很快熔断，一方面保护齐纳管不致损坏，同时使危险电压与现场隔离。在熔丝熔断前，

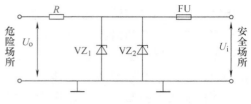

图 3-3-1　齐纳式安全栅

安全栅输出电压 U_o 不会大于齐纳管 VZ_1 的击穿电压 U_z，而进入现场的电流被限流电阻 R 限制在安全的范围之内。图中为保证限压的可靠性，用了两级齐纳管限压电路。

这种简单的齐纳式安全栅有两个不完善的地方。首先，限流电阻 R 的存在，对仪表正常范围内的工作仍有影响，这些电阻值取小了起不到限流作用，取大了影响仪表的恒流特性。理想的限流电阻在安全范围内应不起限流作用，即阻值为零；而当电流一旦超出安全范围时，其阻值骤增（动态电阻值为无穷大），起强烈的限制作用。显然，用固定电阻来限流是达不到这样的要求的。这个安全栅的另一个不足之处是负端需要接地，通常一个信号回路只允许一点接地，若有两点以上接地会造成信号通过大地短路或形成干扰。现在如果在安全栅上把一个端直接接了地，那么其他地方，如变送器、调节器等就不能再有接地点，这在使用中往往是不可行的。

图 3-3-2 是一种改进型的齐纳式安全栅。与图 3-3-1 表示的基本电路相比，它在两处做了重要改进：

1）这里增加了一套由齐纳管 VZ_3、VZ_4 和快速熔断器 FU_2、FU_2' 组成的限压电路，并取消了直接接地点，改为在背靠背连接的齐纳管中点接地。这样，在正常工作范围内，这些齐纳管都不导通，安全栅是不接地的。在事故情况下，输入出现过电压时，这些齐纳管导通，对输入过电压进行限制，并通过中间接地点，保证两根信号线上分别对地的电压不超过一定的数值。

2）这里用晶体管限流电路取代基本电路中的固定电阻，可以达到近于理想的限流效果。

图 3-3-2 中，限流电路用虚线框着，实际装置中为确保安全，用这样完全相同的两套电路串联，这里只画出了其中的一套。这个电路的工作原理是这样的，场效应晶体管 VT_3 工作于零偏压，作为恒流源向晶体管 VT_1 提供足够的基极电流，保证 VT_1 在信号电流为 4 ~ 20mA 的正常范围内处于饱和导通状态。因此，在正常工作时，安全栅的电阻很小，信号电流可十分流畅地通过。

在事故状态下，如果回路电流超过 24mA，则电阻 R_1 的压降将超过 0.6V，于是晶体管 VT_2 导通，使恒流管 VT_3 的电流一部分流向 VT_2，由于 VT_1 的基极电流被减小，VT_1 将退出饱和，在集电极-发射极间呈现一定电阻值，起到限流作用。随着回路电流的进一步加大，限流作用也愈加强烈，最终把电流限制在不超过 30mA。

这种经过改进的齐纳式安全栅对上面提到的两个问题有了较好的解决，因此在生产上有

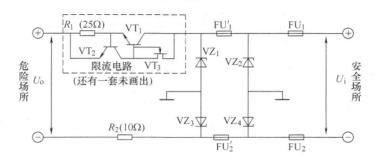

图 3-3-2 改进型的齐纳式安全栅原理图

一定的应用。

总的来说，齐纳式安全栅结构简单，价格便宜，防爆定额可以做得比较高，可靠性也比较好，被认为是防爆栅的一个重要的发展方向。不过，这种防爆栅要求特殊的快速熔断丝，由于齐纳二极管过载能力低，所以对熔丝的熔断时间和可靠性要求非常高，当电流超过安全值时，要求它能很快熔断。一般要求流过的电流为额定电流的 10 倍时，应在 1ms 的时间内熔断。这种快速熔断丝的制造有一定难度，对选材和制造工艺有很高的要求。即使满足了这些要求，熔丝的特性仍可能比较分散。由于熔丝是一次性使用的元件，无法进行逐个测试，所以有人认为这种安全栅的可靠性是不理想的。

二、隔离式安全栅

我国生产的 DDZ-Ⅲ 型仪表中，在要求较高的场合，安全栅采用隔离式的方案，以变压器作为隔离元件，分别将输入、输出和电源电路进行隔离，以防止危险能量直接窜入现场。同时用晶体管限压限流电路，对事故状况下的过电压或过电流作截止式的控制；虽然这种安全栅线路复杂，体积大，成本较高，但不要求特殊元件，便于生产，工作可靠，防爆定额较高，可达到交直流220V，故得到了广泛的应用。

DDZ-Ⅲ 型仪表的隔离式安全栅有两种：一种是和变送器配合使用的检测端安全栅，一种是和执行器配合使用的执行端安全栅。

1. 检测端安全栅

检测端安全栅作为现场变送器与控制室仪表和电源的联系纽带，一方面向变送器提供电源，同时把变送器送来的信号电流经隔离变压器1:1地传送给控制室仪表。在上述传递过程中，依靠双重限压限流电路，使任何情况下输往危险场所的电压和电流不超过30V、30mA（直流），从而确保危险场所的安全。

图 3-3-3 是这种安全栅的原理框图，24V 直流电源经直流/交流变换器变成 8kHz 的交流电压，经变压器 T_1 传递，一路经整流滤波和限压限流电路为变送器提供电源（仍为直流24V），另一路经整流滤波为解调放大器提供电源。从变送器获得的 4～20mA 信号电流经限压限流电路进入调制器，被调制成交流后，由变压器 T_2 耦合给解调放大器，经解调后恢复成 4～20mA 直流信号，输出给控制室仪表。所以，从信号传送的角度来看，安全栅是一个传递系数为1的传送器，被传送的信号经过调制→变压器耦合→解调的过程后，照原样送出。这里电源、变送器、控制室仪表之间除磁通联系之外，电路上是互相绝缘的。

图 3-3-4 是这种检测端安全栅的简化原理图，下面对照图 3-3-3，对各部分分别叙述。

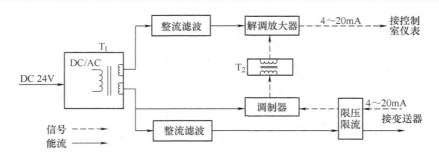

图 3-3-3　检测端安全栅的原理框图

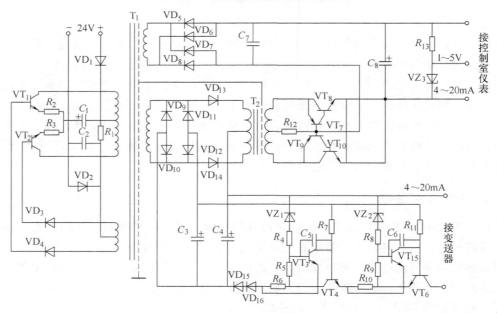

图 3-3-4　检测端安全栅的简化原理图

1）电源直流/交流变换器。它由晶体管 VT_1、VT_2、二极管 $VD_1 \sim VD_4$ 和变压器 T_1 等组成。这是个磁耦合自激多谐振荡器。

2）晶体管限压限流电路。图 3-3-4 的安全栅中为了可靠，串联使用两套完全相同的限压限流电路，晶体管 VT_3、VT_4、齐纳管 VZ_1 等为一套，晶体管 VT_5、VT_6、齐纳管 VZ_2 等为另一套。

为叙述方便，图 3-3-5 中画出了其中的一套，晶体管 VT_4 和变送器串联，执行限压限流动作。VT_4 的基极电路被晶体管 VT_3 控制，在正常工作中 VT_3 是不通的，VT_4 由电容 C_3 两端的整流滤波电压经电阻 R_7 取得足够的基极电流，处于饱和导通状态，变送器的 $4 \sim 20\mathrm{mA}$ 信号电流可十分流畅地通过限压限流电路。

看一下晶体管 VT_3 的基极发射极电路便可发现，如果电阻 R_5、R_6 上的压降超过 0.6V，VT_3 将开始导通，使晶体管 VT_4 的基极电流减小。若 VT_3 的电流很大，则经过 R_7 的电流将大部分或全部通过 VT_3，而不流入 VT_4 的基极，使晶体管 VT_4 退出饱和，进入放大或截止区。电路出现这种情况的原因可有如下两种：

1）电源出现过电压：图 3-3-5 中齐纳管 VZ_1 的击穿电压约为 30V。如果滤波电容 C_4 上的整流电压超过 30V，则齐纳管 VZ_1 导通，经电阻 R_4 向晶体管 VT_3 的基极提供电流，VT_3 导通且夺取 VT_4 的基极电流，使 VT_4 趋于关断，送往现场的电压 U_{AB} 将减小，起到限制电压的作用。

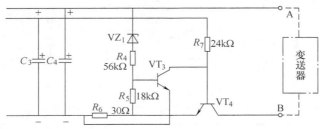

图 3-3-5　限压限流电路

2）变送器出现过电流：图中电阻 R_6 上信号电流在 20mA 的正常范围内时压降不超过 0.6V，另外由于电阻 R_5（18kΩ）的存在，R_6 上的压降即使稍微超过 0.6V，VT_3 也不会充分导通。如果变送器电流超过 25mA，R_6 上的压降将逐渐使 VT_3 充分导通，夺取 VT_4 的基极电流，使 VT_4 发挥作用，把流入现场的电流限制在 30mA 以内。

上述限压限流电路的特性曲线如图 3-3-6 所示。当滤波电容 C_4 的整流电压小于 30V 时，输出电压 $U_{AB} = U_{C4}$，晶体管 VT_4 不起任何限压作用，但 $U_{C4} > 30V$ 时，VT_4 很快趋于关断，随着 U_{C4} 的增大，U_{AB} 很快降为零。同理，电路的限流作用也是通过晶体管 VT_4 使输出电压 U_{AB} 降低来实现的。

这里需要说明的是，图 3-3-4 中限压限流晶体管 VT_4、VT_6 的耐压必须足够高。因为当电源出现过电压时，VT_4、VT_6 都处于关断状态，这样全部过电压都加在这两个晶体管上。DDZ-Ⅲ型仪表安全栅的防爆定额为交直流 220V，当这样高的事故电压加在安全栅的电源端时，实验测得的变压器 T_1 二次侧最大峰值电压约为 100V（按一、二次侧匝数比要超过 220V，但由于铁氧体磁心饱和，输出电压没有那样高）。为了安全，设计时按 220V 直接加到限压限流电路输入端考虑；再留些裕量，这些晶体管的反向击穿电压 U_{cbo} 取 350V。与限压限流电路串联的二极管 VD_{15}、VD_{16} 是为防止电压反向而设置的。

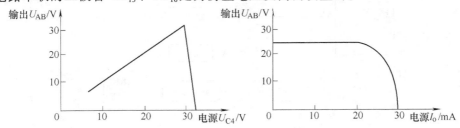

图 3-3-6　限压限流特性曲线

最后再讨论一下调制和解调放大部分。这部分的原理电路可单独画出，如图 3-3-7 所示。两线制变送器的电源是靠二极管 VD_9、VD_{10}、VD_{13}、VD_{14} 全波整流供给的。由于 VD_{13}、VD_{14} 是在电源正负半波交替工作的，因此将变压器 T_2 一次绕组的上下两半分别接入这两个二极管支路中时，在 VD_{13}、VD_{14} 的开关作用下，变送器的 4～20mA 直流信号电流将交替地进入变压器一次绕组的上下两部分，使其二次侧出现方波电压。这里，变压器 T_2 工作于电流互感器的工作方式，其二次侧负载阻抗很小。这样，在一、二次绕组匝数比为1:1的情况下，二次方波电流大小等于一次电流。

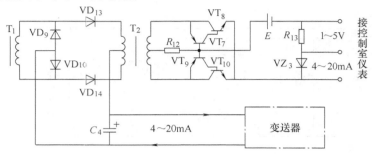

图 3-3-7　调制和解调放大电路

由于信号电流是单方向的，因此解调问题很简单，只要对电流互感器 T_2 的二次电流进行全波整流即可。为了产生恒流输出，这里用共基极电路作整流放大。考虑到共基极放大电路中晶体管的 β 越大，输入电流（发射极电流）与输出电流（集电极电流）之比越接近于1，故在解调放大电路中用 VT_7、VT_8 和 VT_9、VT_{10} 组成复合管，以增大等效 β 值，提高工作精度。图 3-3-7 中，电流互感器 T_2 的二次方波电流作为复合管的输入电流，经共基极放大电路后，产生的两个半波恒流输出，相加后，就得到与原来信号电流相等的 4~20mA 直流电流。此电流可直接供给控制室仪表，也可经电阻 R_{13}（250Ω）转化为 1~5V 的电压输出。齐纳二极管 VZ_3 是电流输出端的续流二极管，其击穿电压为 6~7V。当电流输出端上接有正常负载时它不工作，一旦外接负载电路切除，VD_{19} 便自动接入，保证输出回路继续连通。

这种安全栅的精度可达到 0.2 级。

2. 执行端安全栅

执行端安全栅框图如图 3-3-8 所示。24V 直流电源经磁耦合多谐振荡器变成交流方波电压，通过隔离变压器分成两路：一路供给调制器，作为 4~20mA 信号电流的斩波电压；另一路经整流滤波，给解调放大器、限压限流电路及执行器供给电源。

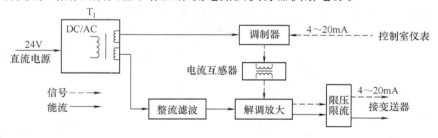

图 3-3-8　执行端安全栅框图

该安全栅中的信号通路是这样的，由控制室仪表来的 4~20mA 直流信号电流经调制器变成交流方波，通过电流互感器作用于解调放大电路，经解调恢复为与原来相等的 4~20mA 直流电流，以恒流源的形式输出。该输出经限压限流，供给现场的执行器。从整机功能来说，它和检测端防爆栅一样，是个传递系数为1的带限压限流装置的信号传送器，为了能用变压器实现输入、输出、电源电路之间的隔离，对信号和电源都进行了直流→交流→直流的变换处理。由于执行端安全栅中的各种环节和检测端安全栅大致相同，这里不再对执行端安全栅的线路作具体介绍。

必须说明，并非所有使用 DDZ-Ⅲ 型仪表的场合都要用安全栅组成安全火花防爆系统。系统是否需要防爆，必须根据生产场所的性质决定。凡没有燃烧和爆炸危险的场所，执行端就不需要安全栅，调节器输出可直接送到执行器。这时检测端安全栅也不需要。为了各输入回路能互相隔离以避免共地干扰，以及为防止公共电源为多台变送器供电时，万一其中一台短路造成其他仪表都断电的事故，DDZ-Ⅲ 型仪表中有一种称为

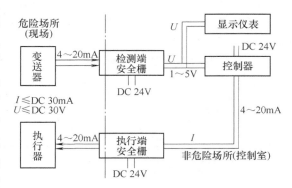

图 3-3-9　安全栅的接线简化示意图

"分电盘"的装置，可取代检测端安全栅，在变送器、电源、控制室仪表之间实现信号和电源的隔离传输，并具有一定的限制过电流能力。在不要求防爆的场合中使用，可节省投资。

由本节分析可知，安全栅一方面传输信号，另一方面控制流入危险场所的能量在爆炸性气体或混合物的点火能量以下，以确保系统的本安防爆性能，可以总结出安全栅的作用：信号的传输；能量的传输；限流、限压。

安全栅作为本安仪表的关联设备，在系统中的位置及接线示意图如图 3-3-9 所示。

第四节　安全火花防爆系统

首先必须清楚，安全火花防爆仪表和安全火花防爆系统是两个不同的概念。不要以为只要在现场全部选用安全火花防爆仪表，就组成了安全火花防爆系统。其实，把现场安全火花仪表与控制室简单地直接连接，构成的系统并不能保证安全防爆。因为对一台安全火花防爆仪表来说，它只能保证自己内部不发生危险火花，对控制室引来的电源线是否安全是无法保证的。如果从控制室引来的电源线没有采取限压限流措施，那么，在变送器接线端子上或传输途中发生短路、开路时，完全可能在现场产生危险火花，引起燃烧或爆炸事故。

现场仪表与控制室仪表之间通过防爆栅相连。防爆栅亦称安全保持器，是一种对送往现场的电压和电流进行严格限制的单元，可保证各种状态下进入现场的电功率在安全的范围之内，因而是组成安全火花防爆系统必不可少的环节。

当然，也不要误认为只要有了防爆栅，系统就一定是安全防爆系统了。因为防爆栅只能限制进入现场的瞬时功率，如果现场仪表不是安全火花型仪表，其中有较大的电感或电容储能元件，那么，当仪表内部发生短路、开路等故障时，储能元件上长期积累的电磁能量完全可能造成危险火花，引起爆炸。因此安全火花防爆仪表和安全栅是构成安全火花防爆系统的两个要素，二者缺一不可。

处于爆炸危险场所的控制系统必须使用防爆型控制仪表及其关联设备。在石油、化工等部门的生产现场，往往要求控制系统具有本质安全的防爆性能。在安全火花防爆系统的基础上，构成一个本安防爆系统的充分和必要的条件是：

1）在危险场所使用本质安全型防爆仪表，如本安型变送器、电-气转换器、电气阀门定位器等。

2）在控制室仪表与危险场所仪表之间设置安全栅，以限制流入危险场所的能量。

只有这样，才能保证事故状况下，现场仪表自身不产生危险火花，从危险现场以外也不引入危险火花。

图 3-4-1 表示本安防爆系统的基本结构。

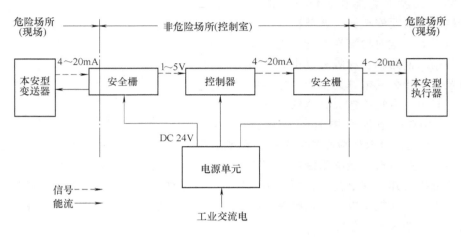

图 3-4-1　本安防爆系统的基本结构

下面就举一个实例来说明构成一个本安防爆系统的充要条件。图 3-4-2 所示为一个液位自动控制系统，在该系统中没有使用防爆型控制仪表和安全栅，如果现场存在易燃易爆气体、液体或粉末，而本系统又没有限制流入危险场所功能的安全栅，所以一旦发生危险火花就可能造成燃烧或爆炸事故，引起严重后果。

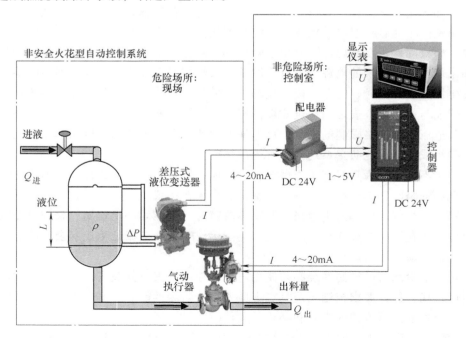

图 3-4-2　非本安防爆系统结构

　　而图 3-4-3 所示的液位自动控制系统采用本安防爆型控制仪表，且在控制室仪表与危险场所仪表之间设置安全栅，以限制流入危险场所的能量，从而保证在生产现场不会产生危险火花，组成了一个本安防爆系统。

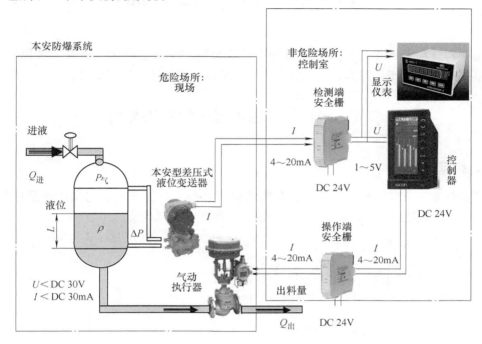

图 3-4-3　本安防爆系统结构

　　应当指出，使用本安仪表和安全栅是系统的基本要求，要真正实现本安防爆的要求，还需注意系统的安装和布线：按规定正确安装安全栅，并保证良好接地；正确选择连接电缆的规格和长度，其分布电容、分布电感应在限制值之内；本安电缆和非本安电缆应分槽（管）敷设，慎防本安回路与非本安回路混触等。详细规定可参阅安全栅使用说明书和国家有关电气安全规程。

思考题与习题

3-1　防爆电气设备如何分类？防爆标志 Exia Ⅱ AT5 和 Exd Ⅱ BT4 是何含义？

3-2　安全火花是什么概念？电动仪表怎样才能用于易燃易爆场所？

3-3　常用的防爆型控制仪表有哪几类？各有什么特点？

3-4　什么是安全栅？说明常用安全栅的构成和特点。

3-5　如果一个控制系统在现场全部选用了安全火花防爆仪表，是否就组成了安全火花防爆系统？为什么？

3-6　安全防爆系统指构成该系统的所有设备都应该是安全防爆的设备吗？为什么？

3-7　如何使控制系统实现本安防爆的要求？

第四章 变 送 器

变送器和转换器的作用是分别将各种工艺变量（如温度、压力、流量、液位）和电、气信号（如电压、电流、频率、气压信号等）转换成相应的统一标准信号。

第一节 变送器原理与构成

一、构成原理

变送器是基于负反馈原理工作的，其构成原理如图 4-1-1a 所示，它包括测量部分（输入转换部分）、放大器和反馈部分。

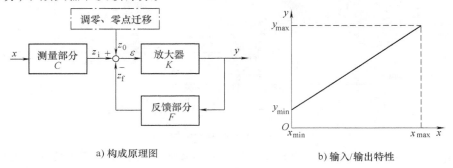

a) 构成原理图   b) 输入/输出特性

图 4-1-1 变送器的构成原理图和输入输出特性

测量部分用以检测被测量变量 x，并将其转换成能被放大器接受的输入信号 z_i（电压、电流、位移、作用力或力矩等信号）。

反馈部分则把变送器的输出信号 y 转换成反馈信号 z_f，再回送至输入端。z_i 与调零信号 z_0 的代数和同反馈信号 z_f 进行比较，其差值 ε 送入放大器放大，并转换成标准输出信号 y。

由图 4-1-1a 可以求得变送器输出与输入之间的关系为

$$y = \frac{K}{1 + KF}(Cx + z_0) \tag{4-1-1}$$

式中　K——放大器的放大系数；

　　　F——反馈部分的反馈系数；

　　　C——测量部分的转换系数。

当满足深度负反馈的条件，即 $KF \gg 1$ 时，式（4-1-1）变为

$$y = \frac{1}{F}(Cx + z_0) \tag{4-1-2}$$

式（4-1-2）也可从输入信号 z_i、z_0 同反馈信号 z_f 相平衡的原理导出。在 $KF \gg 1$ 时，输入放大器的偏差信号 ε 近似为零，故有 $z_i + z_0 \approx z_f$，由此同样可求得如上的输入/输出关系

式。如果 z_i、z_0 和 z_f 是电量，则把 $z_i + z_0 \approx z_f$ 称为电平衡；如果是力或力矩，则称为力平衡或力矩平衡。显然，可利用输入信号同反馈信号相平衡的原理来分析变送器的特性。

式（4-1-2）表明，在 $KF \gg 1$ 的条件下，变送器输出与输入之间的关系取决于测量部分和反馈部分的特性，而与放大器的特性几乎无关。如果转换系数 C 和反馈系数 F 是常数，则变送器的输出和输入将保持良好的线性关系。

变送器的输入/输出特性如图 4-1-1b 所示，x_{max}、x_{min} 分别为被测变量的上限值和下限值，也即变送器测量范围的上、下限值（图中 $x_{min} = 0$）；y_{max} 和 y_{min} 分别为输出信号的上限值和下限值。它们与统一标准信号的上、下限值相对应。

二、量程调整、零点调整和零点迁移

量程调整、零点调整和零点迁移是变送器的一个共性问题。

1. 量程调整

量程调整（满度调整）的目的是使变送器输出信号的上限值 y_{max}（统一标准信号的上限值）与测量范围的上限值 x_{max} 相对应。

图 4-1-2 所示为变送器量程调整前后的输入/输出特性。

由图可见，量程调整相当于改变输入/输出特性的斜率，也就是改变变送器输出信号 y 与被测变量 x 之间的比例系数。

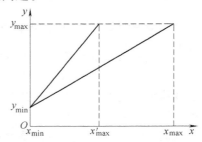

图 4-1-2 变送器量程调整前后的输入/输出特性

量程调整通常是通过改变反馈系数 F 的大小来实现的。F 大，量程就大；F 小，量程就小。有些变送器还可以通过改变转换系数 C 来调整量程。

2. 零点调整和零点迁移

零点调整和零点迁移的目的，都是使变送器输出信号的下限值 y_{min}（统一标准信号的下限值）与测量范围的下限值 x_{min} 相对应。在 $x_{min} = 0$ 时，为零点调整；在 $x_{min} \neq 0$ 时，为零点迁移。也就是说，零点调整使变送器的测量起始点为零，而零点迁移则是把测量起始点由零迁移到某一数值（正值或负值）。把测量起始点由零变为某一正值，称为正迁移；反之，把测量起始点由零变为某一负值，称为负迁移。图 4-1-3 所示为变送器零点迁移前后的输入/输出特性。

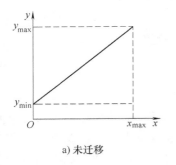 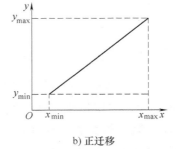 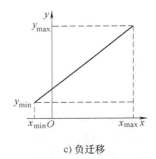

a) 未迁移　　　　　　b) 正迁移　　　　　　c) 负迁移

图 4-1-3 变送器零点迁移前后的输入/输出特性

由图 4-1-3 可以看出，零点迁移以后，变送器的输入/输出特性沿 x 坐标向右或向左平移了一段距离，其斜率并没有改变，即变送器的量程不变。进行零点迁移，再辅以量程调整，可以提高仪表的测量灵敏度。

由式（4-1-2）可知，变送器零点调整和零点迁移可通过改变调零信号 z_0 的大小来实现。当 z_0 为负时可实现正迁移；而当 z_0 为正时则可实现负迁移。

第二节　差压变送器

差压变送器是将液体、气体或蒸汽的压力、流量、液位等工艺变量转换成统一的标准信号，作为指示记录仪、控制器或计算机装置的输入信号，以实现对上述变量的显示、记录或自动控制。本节着重讨论电容式差压变送器。

一、电容式差压变送器的结构特点与工作原理

电容式差压变送器是 20 世纪 80 年代研制开发的新型差压变送器，它利用单晶硅谐振传感器，采用微电子表面加工技术，除了保证 ±0.2% 的测量准确度外，还可实现抵制静压、温漂对其影响。由于配备了低噪声调制解调器和开放式通信协议，目前的电容式差压变送器可实现数字无损耗信号传输。

敏感元件的中心感压膜片是在施加预张力条件下焊接的，其最大位移量为 0.1mm，既可使感压膜片的位移与输入差压成线性关系，又可以大大减小正负压室法兰的张力和力矩影响而产生的误差。中心感压膜片两侧的固定电极为弧形电极，可以有效地克服静压的影响和更有效起到单向过电压的保护作用。

采用两线制方式，输出电流为 DC 4～20mA 国际标准统一信号，可和其他接受 DC 4～20mA 信号的仪表配套使用，构成各种控制系统。

变送器设计小型化、品种多、型号全，可以在任意角度下安装而不影响其精度，量程和零点外部可调、安全防爆、全天候使用，即安装、调校和使用非常方便。

本节仅以 1151 系列电容式差压变送器为例，讨论电容式差压变送器的工作原理。

变送器由测量部件、转换电路、放大电路三部分组成，其构成框图如图 4-2-1 所示。

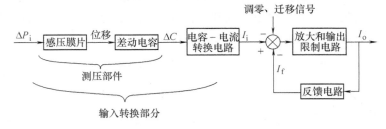

图 4-2-1　电容式差压变送器构成框图

输入差压 ΔP_i 作用于测压部件的中心感压膜片，使其产生位移 S，从而使感压膜片（可动电极）与两弧形电极（固定电极）组成的差动电容器的电容量发生变化。此电容变化量由电容-电流转换电路转换成直流电流信号，电流信号与调零信号的代数和与反馈信号进行比较，其差值送入放大电路，经放大后得到变送器整机的输出电流信号 I_o。

1. 测压部件

测压部件的作用是把被测差压 ΔP_i 转换成电容量的变化。它由正、负压测量室和差动电容敏感元件等部分组成。测压部件结构如图 4-2-2 所示。

差动电容敏感元件包括中心感压膜片 11（可动电极），正、负压侧弧形电极 12、10（固定电极），电极引线 1、2、3，正、负压侧隔离膜片 14、8 和基座 13、9 等。在差动电容敏感元件的空腔内充有硅油，用以传递压力。中心感压膜片和正、负压侧弧形电极构成的电容为 C_{i1} 和 C_{i2}，无差压输入时，$C_{i1} = C_{i2}$，其电容量为 150～170pF。

当被测压差 ΔP_i 通过正、负压侧导压口引入正、负压室，作用于正、负压侧隔离膜片上时，由硅油作媒介，将压力传到中心感压膜片的两侧，使膜片产生微小位移 ΔS，从而使中心感压膜片与其两边弧形电极的间距不等，如图 4-2-3 所示，结果使一个电容（C_{i1}）的容量减小，另一个电容（C_{i2}）的容量增加。

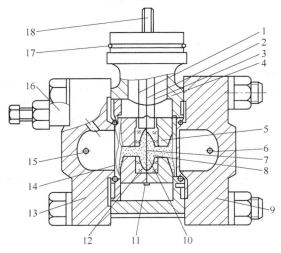

图 4-2-2　测压部件结构

1，2，3—电极引线　4—差动电容膜盒座　5—差动电容膜盒
6—负压侧导压口　7—硅油　8—负压侧隔离膜片　9—负
压侧基座　10—负压侧弧形电极　11—中心感压膜片
12—正压侧弧形电极　13—正压侧基座　14—正压侧
隔离膜片　15—正压侧导压口　16—放气排液螺钉
17—O 型密封环　18—插头

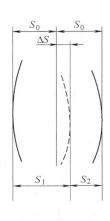

图 4-2-3　差动电容变化示意图

（1）膜片差压-位移转换　在 1151 变送器中，电容膜盒中的测量膜片是平膜片，平膜片形状简单，加工方便，但压力和位移是非线性的，只有在膜片的位移小于膜片厚度的情况下是线性的，膜片在制作时，无论测量高差压、低差压或微差压都采用周围夹紧并固定在环形基体中的金属平膜片作为感压膜片，以得到相应的差压-位移转换。

$$\Delta S = K_1 \cdot \Delta P_i \qquad (4-2-1)$$

式中　K_1——位移-差压转换系数。

由于膜片的工作位移小于 0.1mm，当测量较低差压时，则采用具有初始预紧应力的平膜片；在自由状态下被绷紧的平膜片，具有初始张力。这不仅提高线性，还减少了滞后。对厚度很薄，初始张力很大的膜片，其中心位移与差压之间也有良好的线性关系。

当测量较高差压时，膜片较厚，很容易满足膜片的位移小于膜片厚度的条件，所以这时位移与差压成线性关系。

可见，在 1151 变送器中，通过改变膜片厚度可得到变送器不同的测量范围，即测量较高差压时，用厚膜片；而测量较低差压时，用张紧的薄膜片；两种情况均有良好的线性，且测量范围改变后，其整机尺寸无多大变化。

（2）膜片位移-电容转换　中心感压膜片位移 ΔS 与差动电容的电容量变化示意图如图 4-2-3 所示。设中心感压膜片与两边弧形电极之间的距离分别为 S_1、S_2。

当被测差压 $\Delta P_i = 0$ 时，中心感压膜片与两边弧形电极之间的距离相等，设其间距为 S_0，则 $S_1 = S_2 = S_0$；在有差压输入，即被测差压 $\Delta P_i \neq 0$ 时，中心感压膜片在 ΔP_i 作用下将产生位移 ΔS，则有 $S_1 = S_0 + \Delta S$ 和 $S_2 = S_0 - \Delta S$。

若不考虑边缘电场影响，中心感压膜片与两边弧形电极构成的电容 C_{i1} 和 C_{i2}，可近似地看成是平行板电容器，其电容量可分别表示为

$$C_{i1} = \frac{\varepsilon A}{S_1} = \frac{\varepsilon A}{S_0 + \Delta S} \tag{4-2-2}$$

$$C_{i2} = \frac{\varepsilon A}{S_2} = \frac{\varepsilon A}{S_0 - \Delta S} \tag{4-2-3}$$

式中　ε——极板之间介质的介电常数；

A——弧形电极板的面积。

两电容之差为

$$\Delta C = C_{i2} - C_{i1} = \varepsilon A \left(\frac{1}{S_0 - \Delta S} - \frac{1}{S_0 + \Delta S} \right) \tag{4-2-4}$$

可见，两电容量的差值与中心感压膜片的位移 ΔS 成非线性关系，显然不能满足高精度的要求。但若取两电容量之差与两电容量和的比值，则有

$$\frac{C_{i2} - C_{i1}}{C_{i2} + C_{i1}} = \frac{\varepsilon A \left(\dfrac{1}{S_0 - \Delta S} - \dfrac{1}{S_0 + \Delta S} \right)}{\varepsilon A \left(\dfrac{1}{S_0 - \Delta S} + \dfrac{1}{S_0 + \Delta S} \right)} = \frac{\Delta S}{S_0} = K_2 \Delta S \tag{4-2-5}$$

式中　K_2——比例系数，$K_2 = \dfrac{1}{S_0}$。

式（4-2-5）表明：

1）差动电容的相对变化值 $\dfrac{C_{i2} - C_{i1}}{C_{i2} + C_{i1}}$ 与 ΔS 成线性关系，要使输出与被测差压成线性关系，就需要对该值进行处理。

2）$\dfrac{C_{i2} - C_{i1}}{C_{i2} + C_{i1}}$ 与介电常数 ε 无关，这点很重要，因为从原理上消除了灌充液介电常数随温度变化而变化给测量带来的误差，可大大减小温度对变送器的影响，变送器的温度稳定性好。

3）$\dfrac{C_{i2} - C_{i1}}{C_{i2} + C_{i1}}$ 的大小与电容极板间初始距离 S_0 有关，成反比关系，S_0 越小，差动电容的相对变化量越大，即灵敏度越高。

4）如果差动电容结构完全对称，则可以得到良好的稳定性。

2. 电容-电流转换电路

转换电路的作用是将差动电容的相对变化值 $\dfrac{C_{i2}-C_{i1}}{C_{i2}+C_{i1}}$ 成比例地转换成差动电流信号 I_i，并实现非线性补偿功能。转换电路如图 4-2-4 所示。它由振荡器、解调器、振荡控制放大器、线性调整电路等组成。

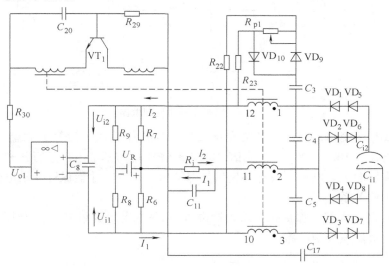

图 4-2-4　转换电路

（1）振荡器　振荡器用于向差动电容 C_{i1}、C_{i2} 提供高频电流，它由晶体管 VT_1、变压器 T_1 及有关电阻 R_{29}、R_{30} 和电容 C_{19}、C_{20} 组成，振荡器电路如图 4-2-5 所示。

图中，U_{o1} 为运算放大器 A_1 的输出电压，作为振荡器的供电电源，因此 U_{o1} 的大小可控制振荡器的输出幅度。变压器 T_1 有三组输出绕组，图中画出了输出绕组回路的等效电路，其等效电感为 L，等效负载电容为 C，它的大小主要取决于变送器测量元件的差动电容值。

振荡器为变压器反馈型振荡电路，在电路设计时，只要选择适当的电路元件参数，便可满足其相位和振幅条件。

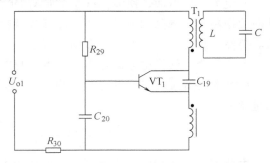

图 4-2-5　振荡器电路

等效电容 C 和输出绕组的电感 L 构成并联谐振回路，其谐振频率也就是振荡器的振荡频率，由等效电容 C 和输出绕组的电感 L 决定，约为 32kHz。振幅大小由运算放大器 A_1 决定。

（2）解调器　解调器主要由二极管 $VD_1 \sim VD_8$，电阻 R_1、R_4、R_5，热敏电阻 R_2 以及电容 C_1、C_2 等组成，与测量部分连接。解调和振荡控制电路如图 4-2-6 所示。

解调器的作用是将通过随差动电容 C_{i1}、C_{i2} 相对变化的高频电流，调制成直流电流 I_1 和 I_2，然后输出两组电流，即差动电流 I_i（$I_i = I_2 - I_1$）和共模电流 I_c（$I_c = I_1 + I_2$）。差动电

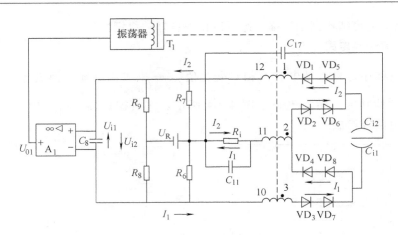

图 4-2-6　解调和振荡控制电路

I_i 随输入差压 ΔP_i 而变化，此信号与调零及反馈信号叠加后送入运算放大器 A_3 进行放大，再经功放、限流输出 DC 4～20mA 电流信号。共模信号 I_c 与基准电压进行比较，其差值经放大后，作为振荡器的供电电源，只有共模信号保持恒定不变，才能保证差动电流与输入差压之间成单一的比例关系。

（3）振荡控制放大器　振荡控制放大器由 A_1 和基准电压源组成，A_1 与振荡器、解调器连接，构成深度负反馈控制电路。

振荡控制放大器的作用是保证共模电流 I_c 为常数。

由图 4-2-6 可知，A_1 的输入端接受两个电压信号 U_{i1} 和 U_{i2}，U_{i1} 是基准电压 U_R 在 R_9 和 R_8 上的压降；U_{i2} 是 $I_2 + I_1$ 在 $R_6 /\!/ R_8$ 和 $R_7 /\!/ R_9$ 上的压降。这两个电压信号之差送入 A_1，经放大得到 U_{o1}，去控制振荡器。

假定 $I_1 + I_2$ 增加，使 $U_{i1} > U_{i2}$。则 A_1 的输出 U_{o1} 减小（U_{o1} 是以 A_1 的电源正极为基准），从而使振荡器的振荡幅值减小，变压器 T_1 输出电压幅值减小，直至 $I_1 + I_2$ 恢复到原来的数值。显然，这是一个负反馈的自动调节过程，最终使 $I_1 + I_2$ 保持不变。

上式表明，转换电路的输出差动电流与差动电容相对变化值之间呈线性关系。

（4）线性调整电路　由于差动电容检测元件中分布电容 C_0 的存在，差动电容的相对变化量变为

$$\frac{(C_{i2} + C_0) - (C_{i1} + C_0)}{(C_{i2} + C_0) + (C_{i1} + C_0)} = \frac{C_{i2} - C_{i1}}{C_{i2} + C_{i1} + 2C_0} \tag{4-2-6}$$

由此可知，在相同输入差压 ΔP_i 的作用下，分布电容 C_0 将使差动电容的相对变化量减小，使 $I_i = I_1 - I_2$ 减小，从而给变送器带来非线性误差。

为了克服这一误差，保证仪表精度，因而在电路中设置了线性调整电路。

非线性因素的总体影响是使输出呈现饱和特性，所以，随着差压的增加，该电路采用提高振荡器输出电压幅度，增大解调器输出电流的方法，来补偿分布电容所产生的非线性。线性调整电路由 VD_9、VD_{10}、C_3、R_{22}、R_{23} 等元器件组成，如图 4-2-7 所示。绕组 3-10 和绕组 1-12 输出的高频电压经 VD_9、VD_{10} 半波整流，电流 I_D 在 R_{22}、R_{P1}、R_{23} 形成直流压降，经 C_8 滤波后得到线性调整电压 U_{i3}。

$$U_{i3} = I_D(R_{22} + R_{P1}) - I_D R_{23} \tag{4-2-7}$$

因为 $R_{22} = R_{23}$，所以

$$U_{i3} = I_D R_{P1} \tag{4-2-8}$$

由此可见，线性调整电压 U_{i3} 的大小，通过调整 R_{P1} 电位器的阻值 R_{P1} 来决定；当 $R_{P1} = 0$ 时，$U_{i3} = 0$，无补偿作用。当 $R_{P1} \neq 0$ 时，$U_{i3} \neq 0$（U_{i3} 的方向如图所示）。该调整电压 U_{i3} 作用于 A_1 的输入端，使 A_1 的输出电压降低，振荡器供电电压 U_{o1} 增加，从而使振荡器振荡幅度增大，提高了差动电流 I_i，这样就补偿了分布电容所造成的误差。

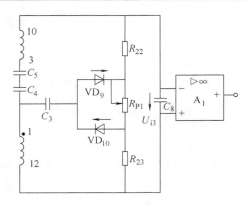

图 4-2-7　线性调整电路

3. 放大电路

放大及输出限制电路如图 4-2-8 所示。此电路主要由集成运算放大器 A_3 和晶体管 VT_3、VT_4 等组成。A_3 为前置放大器，VT_3、VT_4 组成复合管功率放大器，将 A_3 的输出电压转换成变送器的输出电流 I_o。电阻 R_{31}、R_{33}、R_{34} 和电位器 R_{P3} 组成反馈电阻网络，输出电流 I_o 经这一网络分流，得到反馈电流 I_f，I_f 送至放大器输入端，构成深度负反馈。从而保证使输出电流 I_o 与输入差动电流 I_i 之间成线性关系。调整 R_{P3} 电位器，可以调整反馈电流 I_f 的大小，从而调整变送器的量程。

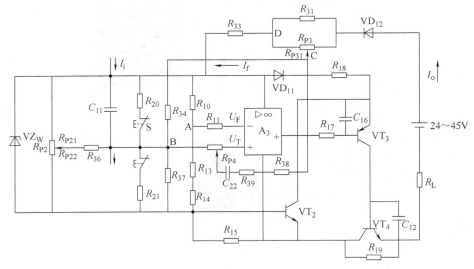

图 4-2-8　放大及输出限制电路

电路中 R_{P2} 为零点调整电位器，用以调整输出零点，S 为正、负迁移调整开关。用 S 接通 R_{20} 或 R_{21}，实现变送器的正向或负向迁移。

放大电路的作用是将转换电路输出的差动电流 I_i，放大并转换成 $4 \sim 20\text{mA}$ 的直流输出电流 I_o。

1）变送器的输出电流 I_o 与输入差压 ΔP_i 成线性关系。

2）在输入差压为下限值时，通过调整 R_{P2} 电位器使变送器输出电流为 4mA；当 R_{20} 接通时，则输入差压 ΔP_i 增加（保证输出电流 I_o 不变），从而实现正向迁移；当 R_{21} 接通时，则输入差压 ΔP_i 减小，从而实现负向迁移。

3）通过调整电位器 R_{P3} 可改变变送器量程，调整 R_{P3}，不仅调整了变送器的量程，而且也影响了变送器的零位信号。

同样调整 R_{P2} 不仅改变变送器的零位，而且也影响了变送器的满度输出，但量程不变；因此，在仪表调校时要反复调整零点和满度，直至都满足要求为止。

二、差压变送器的应用

1. 压力测量

压力是过程控制系统中的重要工艺参数之一。如果压力不符合要求，不仅影响生产效率，降低产品质量，有时还会造成生产事故，而且，许多过程参数（如流量、液位）均可转换成压力的测量，所以压力往往成为重要的基本物理量。因此为保证生产的正常进行，必须对生产中的重要参数——压力，按工艺要求进行测量与控制。

敞口容器与密闭带压容器在工业应用中是非常广泛的，压力变送器的安装方法与测量原理具体介绍如下：

（1）敞口容器

1）安装方法：差压变送器正压室接容器下部，负压室不用接。

2）测量原理：测量容器底部即可，即 $\Delta P = P_1 - P_2 = P_B + P_气 - P_气 = P_B$。

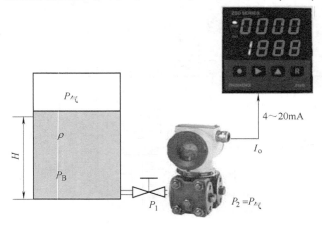

图 4-2-9　敞口容器

（2）密闭带压容器

1）安装方法：差压变送器正压室接容器下部，负压室接到容器上端。

2）测量原理：一般使用差压变送器，高压侧在容器底部，低压侧在容器顶部，底部为液体，顶部为容器内的密闭气体，密闭容器一定要减去这部分气体压力，即 $\Delta P = P_B - P_A$。

2. 流量测量

流体流量是指单位时间内流过管道或明渠某一截面流体的量，也称为瞬时流量，在某一时间间隔内流过某一截面的流体的量称为流过的总量，也称为积分流量或积累流量，总量除以得到总量的时间称为该段时间内的平均流量。

检测原理：被测流量经过节流装置再经由差压变送器转换成电压或电信号，最后经过开方器被分配在指示记录仪、比例积分器和控制器上。

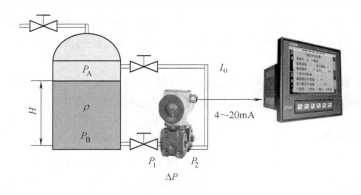

图 4-2-10 密闭带压容器

采用差压变送器进行流量检测方法的框图如图 4-2-11 所示。

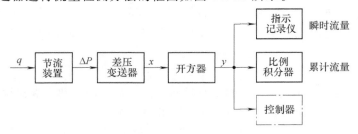

图 4-2-11 与节流装置配套的流量测量控制系统

图中节流装置将被测流量 q 转换成差压信号 ΔP（转换系数为 K_1），差压与流量成二次方关系：$\Delta P = K_1 q^2$。

差压变送器将 ΔP 成比例地转换成电压或电流信号 x（转换系数为 K_2）：$x = K_2 \Delta P$。故差压变送器的输出 x 也与被测流量成二次方关系：$x = K_1 K_2 q^2$。

图中开方器的作用是将差压变送器输出的 $1 \sim 5V$ 的直流非线性电压信号进行开方运算，运算后输出 $1 \sim 5V$ 或 $4 \sim 20mA$ 的直流线性信号，使被测流量与检测信号成线性关系。

开方器对信号 x 进行开方运算（开放系数为 K），即

$$y = K\sqrt{x} \qquad (4-2-9)$$

则可得

$$y = Kq\sqrt{K_1 K_2}$$

输出信号 y 与流量 q 成线性关系。

第三节 温度变送器

热电偶、热电阻是用于温度信号检测的一次元件，它需要和显示单元、控制单元配合，来实现对温度或温差的显示。目前，大多数计算机控制装置可以直接输入热电偶和热电阻信号，即把测量信号直接接入计算机控制设备，实现被测量温度的显示和控制。但是，在实际工业现场中，也不乏利用信号转换仪表先将传感器输出的电阻或者毫伏信号转换为标准信号输出，再把标准信号接入其他显示单元、控制单元，这种信号转化仪表即为温度变送器。温

度变送器可与各种分度号的热电偶或热电阻配合使用，将被测温度转换成统一的标准电流（或电压）信号，作为显示仪表或调节器的输入，以实现对被测温度的显示、记录或自动控制。

目前温度变送器的种类、规格比较多，有常规的 DDZ-Ⅲ 型温度变送器、一体化温度变送器、智能变送器等，以满足不同温度测量控制系统的设计及应用需求。

一、DDZ-Ⅲ 型温度变送器

DDZ-Ⅲ 型温度变送器是工业过程中广泛使用的一类模拟式温度变送器。它与各种类型的热电偶、热电阻配套使用，将温度或温差信号转换成 $4 \sim 20mA$、$1 \sim 5V$ 的统一标准信号输出。

常规的 DDZ-Ⅲ 型温度变送器有三个品种：直流毫伏变送器、热电偶温度变送器、热电阻温度变送器。前一种是将直流毫伏信号转换成 $4 \sim 20mA$ 和 $1 \sim 5V$ 的统一信号输出；后两种分别与热电偶、热电阻配合使用，将温度信号转换成与之成正比的 $4 \sim 20mA$ 和 $1 \sim 5V$ 的统一信号输出。

1. 主要特点

在过程控制领域，实现对温度的测量与控制，使用最多的是热电偶温度变送器和热电阻温度变送器，因为它结构简单，使用方便可靠，并具有如下主要特点：

1）采用低漂移、高增益的线性集成电路作为主放大器，提高了仪表的可靠性、稳定性及各项技术性能。

2）在热电偶及热电阻温度变送器中均采用了线性化处理电路，使变送器的输出与被测温度之间成线性关系，便于指示和记录。

3）在线路中采用了安全火花防爆措施，故可用于危险场所中的温度测量，从而扩大了应用领域。

2. 工作原理

DDZ-Ⅲ 型温度变送器在线路结构上分为量程单元和放大单元两个部分，如图 4-3-1 所示，二者分别设置在两块印制电路板上，用接插件相连接。其中，放大单元是通用的，量程单元则随测量范围、测量元件的不同而不同。下面分别介绍两个部分的工作原理。

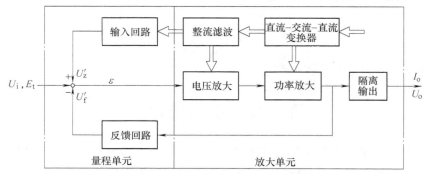

图 4-3-1　DDZ-Ⅲ 型温度变送器结构框图

（1）放大单元的工作原理　放大单元的作用是将量程单元输出的直流毫伏信号进行电压及功率放大，然后整流输出统一的 $4 \sim 20mA$ 标准电流信号和 $1 \sim 5V$ 标准电压信号。

温度变送器的放大单元是通用部件，它由集成运算放大器、功率放大器、输出回路、直流-交流-直流变换器等部分构成。

1）集成运算放大器。放大单元的运算电路与量程单元相连，直流毫伏转换器和热电偶温度变送器中采用同相输入电路，在电阻温度变送器中则采用反相输入电路。

2）功率放大器。功率放大电路的作用是把运算放大器输出的电压信号，转换成具有一定负载能力的电流信号。同时，通过隔离变压器实现隔离输出。

3）输出回路。输出回路是将输出变压器 T_0 的二次电压经桥式整流及阻容滤波得到 $4 \sim 20\text{mA}$ 的直流输出电流，供接指示仪表，该输出电流在 250Ω 的电阻上取得 $1 \sim 5\text{V}$ 的直流电压，作为记录仪表或调节器的输入信号。

4）直流-交流-直流（DC-AC-DC）变换器。DC-AC-DC 变换器用来对仪器进行隔离式供电。该变换器在 DDZ-Ⅲ 型仪表中是一种通用部件，除了温度变送器外，安全栅也要用它。它把电源供给的 24V 直流电压转换成一定频率（8kHz 左右）的交流方波电压，先由变压器隔离输出，再经过整流、滤波和稳压，提供直流电压。在温度变送器中，它既为功率放大器提供方波电源，又为集成运算放大器和量程单元提供直流电源。

（2）量程单元的工作原理 在温度变送器中，量程单元是直接与测量元件相连的部分，由于不同的测温范围和条件需要选择不同分度号的测温元件，因此量程单元也具有相应的分度号以适应各种测温元件。所以，量程单元不是通用的，其作用是根据输入信号的不同而实现热电偶冷端温度补偿、测量信号线性化、整机调零和调量程等。

直流毫伏变送器、热电偶温度变送器、热电阻温度变送器等，其作用不同。输入信号不同，测量范围不同，它们的量程单元也不同。

1）直流毫伏变送器量程单元。量程单元由输入回路和反馈回路组成。为了便于分析它的工作原理，将量程单元和放大单元中的运算放大器 IC_1 联系起来画在图 4-3-2 中。

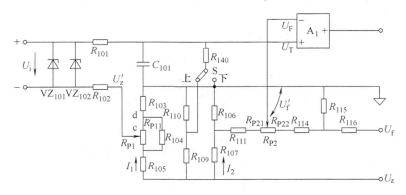

图 4-3-2   直流毫伏变送器量程单元电路原理图

输入回路中的电阻 R_{101}、R_{102} 及稳压管 VZ_{101}、VZ_{102} 分别起限流和限压作用，它使流入危险场所的电能量限制在安全电平以下。C_{101} 用以滤除输入信号 U_i 中的交流分量。电阻 R_{103}、R_{104}、R_{105} 及零点调整电位器 R_{P1} 等组成零点调整和零点迁移电路。桥路基准电压 U_z 由集成稳压器提供，其输出电压为 5V。

R_{109}、R_{110}、R_{140} 及开关 S 组成输入信号断路报警电路，如果输入信号开路，当开关置于"上"位置时，R_{110} 上的压降（0.3V）通过电阻 R_{140} 加到运算放大器 A_1 的同相端，这个输入电压足以使变送器输出超过 20mA；而当开关 S 置于 "下" 位置时，A_1 同相端接地，相当于输入回路输出信号 $U_i = 0$，变送器输出为 4mA。在变送器正常工作时，因 R_{140} 的阻值很大（7.5MΩ），而输入信号内阻很小，故报警电路的影响可忽略。

反馈回路由电阻 R_{106}、R_{107}、R_{111}、$R_{114} \sim R_{116}$ 及量程电位器 R_{P2} 等组成，电位器滑触点直接与运算放大器 A_1 反相输入端相连。反馈电压 U_f 引自放大单元功率放大电路射极电阻 R_4 的两端。因 R_4 的阻值很小，故在计算 A_1 反相输入端的电压 U_F 时，其影响可忽略不计。

由图 4-3-2 可知，A_1 同相输入端的电压 U_T 是变送器输入信号 U_i 和基准电压 U_z' 共同作用的结果；而它的反相输入端的电压 U_F（U_f'）则是由基准电压 U_z 和反馈电压 U_f 共同作用的结果。按叠加原理，运算放大器同相输入端和反相输入端的电压分别为

$$U_T = U_i + U_z' = U_i + \frac{R_{cd} + R_{103}}{R_{103} + R_{P1} /\!/ R_{104} + R_{105}} U_z \tag{4-3-1}$$

$$U_F = U_f' = \frac{R_{106} /\!/ R_{107} + R_{111} + R_{P21}}{R_{106} /\!/ R_{107} + R_{111} + R_{P2} + R_{114} + R_{115} /\!/ R_{116}} \frac{R_{115}}{R_{115} + R_{116}} U_f +$$

$$\frac{R_{P22} + R_{114} + R_{115} /\!/ R_{116}}{R_{106} /\!/ R_{107} + R_{111} + R_{P2} + R_{114} + R_{115} /\!/ R_{116}} \frac{R_{106}}{R_{106} + R_{107}} U_z \tag{4-3-2}$$

式中，R_{cd} 为电位器 R_{P1} 滑触点 c 点与 d 点之间的等效电阻，其值为

$$R_{cd} = \frac{R_{P11} R_{104}}{R_{P1} + R_{104}}$$

在线路设计时使

$$R_{105} \gg R_{104} /\!/ R_{P1} + R_{103}, R_{106} \gg R_{107}, R_{114} \gg R_{111} + R_{P2} + R_{106} /\!/ R_{107} + R_{115} /\!/ R_{116}$$

又 $U_f = I_o R_4 = \dfrac{U_o}{R_{15}} R_4 = \dfrac{U_o}{5}$

所以式（4-3-1）和式（4-3-2）可改写成

$$U_T = U_i + \frac{R_{cd} + R_{103}}{R_{105}} U_z \tag{4-3-3}$$

$$U_F = \frac{R_{106} + R_{111} + R_{P21}}{R_{111} + R_{114}} \frac{R_{115}}{R_{115} + R_{116}} \frac{U_o}{5} + \frac{R_{106}}{R_{107}} U_z \tag{4-3-4}$$

现设 $\alpha = \dfrac{R_{cd} + R_{103}}{R_{105}}$，$\beta = \dfrac{5(R_{111} + R_{114})(R_{115} + R_{116})}{(R_{106} + R_{111} + R_{P21}) R_{115}}$，$\gamma = \dfrac{R_{106}}{R_{107}}$

当 A_1 为理想运算放大器时，$U_T = U_F$，可从式（4-3-3）和式（4-3-4）求得

$$U_o = \beta[U_i + (\alpha - \gamma) U_z] \tag{4-3-5}$$

此式即为变送器输出与输入之间的关系式。这个关系式可以说明以下几点：

①　$(\alpha - \gamma) U_z$ 这一项表示了变送器的调零信号，改变 α 值可实现正向或负向迁移。更换电阻 R_{103} 可大幅度地改变零点迁移量。而改变 R_{104} 和调整电位器 R_{P1}，可在小范围内改变调零信号，它可以获得满量程的 ±5% 的零点调整范围。

②　β 为输入与输出之间的比例系数，由于输出信号 U_o 的范围（1～5V）是固定不变的，因而比例越大就表示输入信号范围也即量程范围越小。改变 R_{114} 可大幅度地改变变送器

的量程范围。而调整电位器 R_{P2}，可以小范围地改变比例系数，它可获得满量程的 ±5% 的量程调整范围。

③ 调整 R_{P2}，改变比例系数，不仅调整了变送器的输入（量程）范围，而且使调零信号也发生了变化，即调整量程会影响零位，这一情况与差压变送器相同。另一方面，调整 R_{P1} 不仅调整了零位，而且满度输出也会相应改变。因此在仪表调校时，零位和满度必须反复调整，才能满足精度要求。

2）热电偶温度变送器量程单元。为了便于分析，将量程单元和放大单元中的运算放大器 A_1 联系起来画于图 4-3-3（断偶报警电路略）。

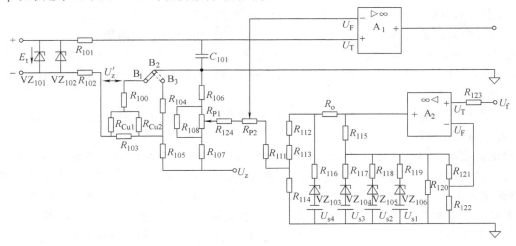

图 4-3-3 热电偶温度变送器量程单元电路原理图

输入信号 E_t 为热电偶所产生的热电动势。输入回路中阻容元件 R_{101}、R_{102}、C_{101}，稳压管 VZ_{101}、VZ_{102} 以及断偶报警（输入信号断路报警）电路的作用与直流毫伏变送器相同。零点调整、迁移电路以及量程调整电路的工作原理也与直流毫伏变送器大致相仿。所不同的是：①在热电偶温度变送器的输入回路中增加了由铜电阻 R_{Cu1}、R_{Cu2} 等元件组成的热电偶冷端温度补偿电路，同时把调零电位器 R_{P1} 移到了反馈回路的支路上；②在反馈回路中增加了由运算放大器 A_2 等构成的线性化电路。下面对这两种电路分别加以讨论。

① 热电偶冷端温度补偿电路。在两线制温度变送器中，冷端温度补偿中只用了一个铜电阻；而在四线制温度变送器中则用了两个铜电阻，并且这两个电阻的阻值在 0℃ 时都固定为 50Ω。当选用的热电偶型号不同时，需要调整阻值的是几个锰铜电阻或精密金属膜电阻。

由图 4-3-3 可知，运算放大器 A_1 同相输入端的电压 U_T 由输入信号 E_t 和冷端温度补偿电动势 U_z' 两部分组成。

$$U_T = E_t + U_z' = E_t + \frac{R_{100} + \dfrac{R_{cu1}R_{cu2}}{R_{103} + R_{cu1} + R_{cu2}}}{R_{100} + (R_{103} + R_{cu1}) \,/\!/\, R_{cu2} + R_{105}} U_z \qquad (4\text{-}3\text{-}6)$$

在电路设计时使 $R_{105} \gg R_{100} + (R_{103} + R_{cu1}) \,/\!/\, R_{cu2}$，则式（4-3-6）可改写为

$$U_T = E_t + \frac{1}{R_{105}}\Big(R_{100} + \frac{R_{cu1}R_{cu2}}{R_{103} + R_{cu1} + R_{cu2}}\Big) U_z \qquad (4\text{-}3\text{-}7)$$

　　此式表明，当冷端环境温度变化时，R_{Cu1}、R_{Cu2} 的阻值也随之变化，使式中第二项发生变化，从而补偿了由于环境温度变化引起的热电偶电动势的变化。

　　从式（4-3-7）还可知，当铜电阻的阻值增加时，补偿电动势 U'_z 将增加得越来越快，即 U'_z 随温度而变的特性曲线是呈下凹形的（二阶导数为正），而热电偶 $E_t - t$ 特性曲线的起始段一般也呈下凹形，两者相吻合。因此，这种电路的冷端补偿特性要优于两线制温度变送器的补偿电路。

　　补偿电路中，R_{105}、R_{103} 和 R_{100} 为锰铜电阻或精密金属膜电阻，它们的阻值决定于选用哪一类变送器和何种型号的热电偶。对热电偶温度变送器而言，R_{105} 已确定为 7.5kΩ。R_{100} 和 R_{103} 的阻值可按 0℃ 时冷端补偿电路 U'_z 为 25mV 和当温度变化 $\Delta t = 50℃$ 时 $\Delta E_t = \Delta U'_z$ 两个条件进行计算。也可以确定 R_{100} 的阻值，再按上述条件求取 R_{103} 和 R_{105} 的阻值。

　　图 4-3-3 中，当 B 端子板上的 B_2 与 B_3 端子相连接时，U'_z 等于 R_{104} 两端的电压，固定为 25mV，故可以 0℃ 为基准点，用毫伏信号来检查变送器的零点。当 B 端子板上的 B_1 与 B_2 端子相连接时，即将冷端温度补偿电路接入。

　　② 线性化原理及电路分析。线性化电路的作用是使热电偶温度变送器的输出信号（U_o、I_o）与被测温度信号 t 之间呈线性关系。

　　热电偶输出的热电动势 E_t 与所对应的温度 t 之间是非线性的，而且不同型号的热电偶或同型号热电偶在测温范围不同时，其特性曲线形状也不一样。例如铂铑 - 铂热电偶，$E_t - t$ 特性是下凹形的；而镍铬 - 镍铝热电偶的特性曲线，开始时呈下凹形，温度升高后又变为上凸形的了。在测量范围为 0～1000℃ 时的最大非线性误差，前者约为 6%，后者约为 1%。因此，为保证变送器的输出信号与被测温度之间呈线性关系，必须采取线性化措施。

　　a）线性化原理。热电偶温度变送器可画成图 4-3-4 所示的框图形式，将各部分特性描在相应位置上。由图可知，输入放大器的信号 $\varepsilon = E_t + U'_z - U'_f$，其中 U'_z 在热电偶冷端温度不变时为常数，而 E_t 和 t 的关系是非线性的。如果 U'_f 与 t 的关系也是非线性的，并且同热电偶 $E_t - t$ 的非线性关系相对应，那么，E_t 和 U'_f 的差值 ε 与 t 的关系也就呈线性关系了，ε 经线性放大器后的输出信号 U_o 也就与 t 呈线性关系。显然，要实现线性化，反馈回路的特性（$U'_f - U_o$ 的特性亦即 $U'_f - t$ 特性）需与热电偶的特性相一致。

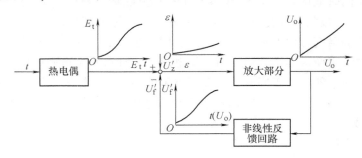

图 4-3-4　热电偶温度变送器线性化原理框图

　　b）线性化电路。即非线性运算电路实际上是一个折线电路，它是用折线法来近似表示热电偶的特性曲线的。例如图 4-3-5 所示为由 4 段折线来近似表示某非线性特性的曲线，图中，U_f 为反馈回路的输入信号，U_a 为非线性运算电路的输出信号，γ_1、γ_2、γ_3、γ_4 分别代表四段直线的斜率。折线的段数及斜率的大小由热电偶的特性来确定，一般情况下，用 4～

6 段折线近似表示热电偶的某段特性曲线时，所产生的误差小于 0. 2% 。

要实现如图 4-3-5 所示的特性曲线，可采用图 4-3-6 所示的典型运算电路结构。图中，VZ_{103}、VZ_{104}、VZ_{105}、VZ_{106} 为稳压管，它们的稳压值为 U_D，其特性是在击穿前，电阻极大，相当于开路，而当击穿后，动态电阻极小，相当于短路。U_{s1}、U_{s2}、U_{s3}、U_{s4} 为由基准电压回路提供的基准电压，对公共点而言，它们均为负值。基准电压回路由恒压电路（由晶体管 VT_{101}、稳压管 VZ_{107}、VZ_{108} 等构成）和电阻分压器 R_{125}、R_{132}、R_{126}、R_{131}、R_{127}、R_{130}、R_{128}、R_{129} 组成。R_a 为非线性运算电路的等效负载电阻。

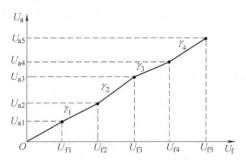

图 4-3-5　非线性运算电路特性曲线示例　　　图 4-3-6　非线性运算电路原理图

A_2、$R_{120} \sim R_{122}$、R_{115}、R_o、R_a 组成了运算电路的基本线路（见图 4-3-6），该线路决定了第一段直线的斜率 γ_1。当要求后一段直线的斜率大于前一段时，如图 4-3-5 中的 $\gamma_2 > \gamma_1$，则可在 R_{120} 上并联一个电阻，如 R_{119}，此时负反馈减小，输出 U_a 增大。如果要求后一段直线的斜率小于前一段，如图 4-3-5 中的 $\gamma_3 < \gamma_2$，则可在 R_a 上并联一个电阻，如 R_{116}，此时输出 U_a 减小。并联上去的电阻大小，决定于对新线段斜率的要求，而基准电压的数值和稳压管的击穿电压，则决定了什么时候由一段直线过渡到另一段直线，即决定折线的拐点。

下面按图 4-3-5 所示的特性曲线，以第一、二段直线为例进一步分析图 4-3-6 所示的运算电路。

i）一段直线，即 $U_f \leqslant U_{f2}$，这段直线要求斜率是 γ_1。

在此段直线范围内，要求 $U_c \leqslant U_D + U_{s1}$、$U_c < U_D + U_{s2}$、$U_c < U_D + U_{s3}$、$U_a < U_D + U_{s4}$。此时，$VZ_{103} \sim VZ_{106}$ 均未导通。这样，图 4-3-6 可以简化成图 4-3-7。当 A_2 为理想运算放大器时，则可由图 4-3-7 列出下列关系式：

$$\Delta U_f = \frac{R_{122}}{R_{121} + R_{122}} \Delta U_c \qquad (4\text{-}3\text{-}8)$$

$$\Delta U_c = \frac{(R_{121} + R_{122}) \; /\!/ \; R_{120}}{(R_{121} + R_{122}) \; /\!/ \; R_{120} + R_{115}} \Delta U_b \qquad (4\text{-}3\text{-}9)$$

$$\Delta U_a = \frac{R_a}{R_o + R_a} \Delta U_b \qquad (4\text{-}3\text{-}10)$$

将式（4-3-8）、式（4-3-9）和式（4-3-10）联立求解可得

$$\Delta U_a = \left[1 + \frac{R_{121}}{R_{122}} + \frac{R_{115}}{R_{122}} \left(1 + \frac{R_{121} + R_{122}}{R_{120}} \right) \right] \times \frac{R_a}{R_o + R_a} \Delta U_f \qquad (4\text{-}3\text{-}11)$$

对照图 4-3-5 可知

$$\gamma = \frac{\Delta U_a}{\Delta U_f} = \left[1 + \frac{R_{121}}{R_{122}} + \frac{R_{115}}{R_{122}}\left(1 + \frac{R_{121} + R_{122}}{R_{120}} \right) \right] \times \frac{R_a}{R_o + R_a} \tag{4-3-12}$$

由此可以看出，第一段直线的斜率是由电阻 R_{115}、$R_{120} \sim R_{122}$、R_o 和 R_a 确定的。γ_1 一般可以通过改变 R_{120} 的阻值来调整。

ii）二段直线，即 $U_{f2} < U_f \leqslant U_{f3}$，这段直线要求斜率是 γ_2，且 $\gamma_2 > \gamma_1$。

在此段直线范围内，要求 $U_D + U_{s1} < U_c \leqslant U_D + U_{s2}$、$U_c < U_D + U_{s3}$、$U_a < U_D + U_{s4}$。此时，$VZ_{106}$ 处于导通状态，而 $VZ_{103} \sim VZ_{105}$ 均未导通。这样，图 4-3-6 可以简化成图 4-3-8。由于 VZ_{106} 导通时的动态电阻和基准电压 U_{s1} 的内阻很小，因而此时相当于电阻 R_{119} 并联在电阻 R_{120} 上。

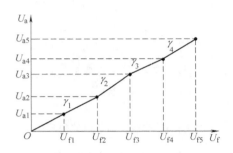

图 4-3-7　非线性运算原理简图之一

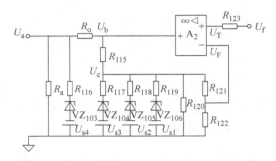

图 4-3-8　非线性运算原理简图之二

分析图 4-3-8 所示的电路可知

$$\Delta U_c = \frac{(R_{121} + R_{122}) /\!/ R_{120} /\!/ R_{119}}{(R_{121} + R_{122}) /\!/ R_{120} /\!/ R_{119} + R_{115}} \Delta U_b \tag{4-3-13}$$

将式（4-3-8）、式（4-3-10）和式（4-3-13）联立求解可得

$$\Delta U_a = \left[1 + \frac{R_{121}}{R_{122}} + \frac{R_{115}}{R_{122}}\left(1 + \frac{R_{121} + R_{122}}{R_{120}} \right) \right] \times \frac{R_a}{R_o + R_a} \Delta U_f \tag{4-3-14}$$

进而可求得第二段直线的斜率为

$$\gamma = \frac{\Delta U_a}{\Delta U_f} = \left[1 + \frac{R_{121}}{R_{122}} + \frac{R_{115}}{R_{122}}\left(1 + \frac{R_{121} + R_{122}}{R_{120} /\!/ R_{119}} \right) \right] \times \frac{R_a}{R_o + R_a} \tag{4-3-15}$$

比较第一、二段直线的斜率，即式（4-3-12）和式（4-3-15），可以看出 $\gamma_2 > \gamma_1$，即在 R_{120} 上并联一个电阻，可增加特性曲线的斜率。因此，根据所要求的斜率 γ_2，只要在已定的 γ_1 的基础上，选配适当阻值的 R_{119} 即可满足。

按照同样的方法，可求取第三、四段斜率的表达式，并根据所要求的斜率 γ_3、γ_4，选配相应的并联电阻的阻值，以使非线性运算电路的输出特性与热电偶的特性相一致，从而达到线性化的目的。

还需指出，由于不同测温范围时的热电偶特性不一样，因此在调整仪表的零点或量程时，必须同时改变非线性运算电路的结构和电路中有关元件的变量。

3）热电阻温度变送器量程单元。为便于分析，将量程单元和放大单元中的运算放大器

A_1 联系起来画于图 4-3-9。图 4-3-9 中 R_t 为热电阻，r_1、r_2、r_3 为其引线电阻，$VZ_{101} \sim VZ_{104}$ 为限压元件。R_t 两端的电压随被测温度 t 而变，此电压送至运算放大器 A_1 的输入端。零点调整、迁移以及量程调整电路与上述两种变送器基本相同。

热电阻温度变送器也具有线性化电路，但这一电路是置于输入回路之中。此外，变送器还设置了热电阻的引线补偿电路，以消除引线电阻对测量的影响。下面对这两种电路分别加以讨论。

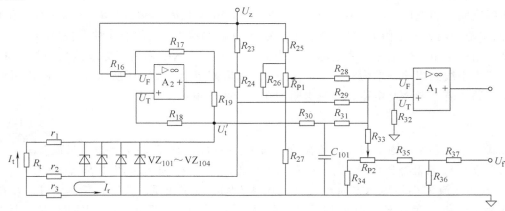

图 4-3-9 热电阻温度变送器量程单元电路原理图

① 线性化原理及电路分析。热电阻和被测温度之间也存在着非线性关系，例如铂热电阻，$R_t - t$ 特性曲线的形状是呈上凸形的，即热电阻阻值的增加量随温度升高而逐渐减小。由铂电阻线性可知，在 $0 \sim 500℃$ 的测量范围内，非线性误差最大约为 2%，这对于要求比较精确的场合是不允许的，因此必须采取线性化的措施。

热电阻温度变送器的线性化电路不采用拆线方法，而是采用正反馈的方法，将热电阻两端的电压信号 U_t 引至 A_2 的同相输入端，这样 A_2 的输出电流 I_t 将随 U_t 的增大而增大，即 I_t 随被测温度 t 升高而增大，从而补偿了热电阻随被测温度升高而其变化量逐渐减小的趋势，最终使得热电阻两端的电压信号 U_t 与被测温度 t 之间呈线性关系。

热电阻线性化电路原理图如图 4-3-10 所示。图中 U_z 为基准电压。A_2 的输出电流 I_t 流经 R_t 所产生的电压 U_t，通过电阻 R_{18} 加到 A_2 的同相输入端，构成一个正反馈电路。现把 A_2 看成是理想运算放大器，即偏置电流为零，$U_T = U_F$，由图 4-3-10 可求得

$$U_t = - I_t R_t \qquad (4-3-16)$$

$$U_F = \frac{R_{17}}{R_{16} + R_{17}} U_z - \frac{R_{16}(R_{19} + R_t)}{R_{16} + R_{17}} I_t \qquad (4-3-17)$$

由此可求得流过热电阻的电流 I_t 和热电阻两端的电压 U_t 分别为

$$I_t = \frac{R_{17}}{R_{16} R_{19} - R_{17} R_i} U_z = \frac{g U_z}{1 - g R_t} \qquad (4-3-18)$$

和

$$U_t = \frac{g R_t U_z}{1 - g R_t} \qquad (4-3-19)$$

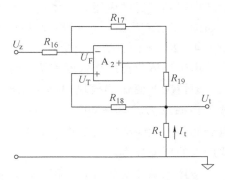

图 4-3-10 热电阻线性化电路原理图

式中 $g = \dfrac{R_{17}}{R_{16}R_{19}}$。

如果 $gR_t < 1$，即 $R_{17}R_t < R_{16}R_{19}$，则由式（4-3-18）可以看出，当 R_t 随被测温度的升高而增大时，I_t 将增大，而且从式（4-3-19）可知，U_t 的增加量也将随被测温度的升高而增大，即 U_t 和 R_t 之间呈下凹形函数关系。因此，只要恰当地选择元件变量，就可以得到 U_t 和 t 之间的直线函数关系。

实践表明，当选取 $g = 4 \times 10^{-4}\Omega^{-1}$，即取 $R_{16} = 10\text{k}\Omega$，$R_{17} = 4\text{k}\Omega$，$R_{19} = 1\text{k}\Omega$ 时，在 $0 \sim 500℃$ 测温范围内，铂电阻 R_t 两端的电压信号 U_t 和被测温度 t 间的非线性误差最小。

② 引线电阻补偿电路。为消除引线电阻的影响，热电阻采用三导线接法，如图 4-3-9 所示。三根引线的阻值要求为 $r_1 = r_2 = r_3 = 1\Omega$。由电阻 R_{23}、R_{24}、r_2 所构成的支路为引线电阻补偿电路。若不考虑此电路，则热电阻回路所产生的电压信号为

$$U_t' = U_t + 2i_t r \tag{4-3-20}$$

此式表明，若不考虑引线电阻的补偿，则两引线电阻的压降将会造成测量误差。

当存在引线电阻补偿电路时，将有电流 I_r 通过电阻 r_2 和 r_3。调整 R_{24}，使 $I_r = I_t$，则流过 r_3 的两电流大小相等而方向相反（见图 4-3-9），因而电阻 r_3 上不产生压降。I_t 在 r_1 上的压降 $I_t r_1$ 和 I_r 在 r_2 的压降分别通过电阻 R_{30}、R_{31} 和 R_{29} 引至 A_1 的反相输入端，由于这两个压降大小相等而极性相反，并且设计时取 $R_{29} = R_{30} + R_{31}$，因此引线 r_1 上的压降将被引线 r_2 上的压降所抵消，由此可见，三导线连接的引线补偿电路可以消除热电阻引线的影响。

应当说明，上述结论是在电流 $I_r = I_t$ 的条件下得到的。由于流过热电阻 R_t 的电流不是一个常数，因此 $I_r = I_t$ 只能在测温范围内某一点上成立，即引线补偿电路只能在这一点上全补偿。一般取变送器量程上限一点进行全补偿，就是说使补偿电路的 I_r 等于变送器量程上限时的 I_t。

二、一体化温度变送器

所谓一体化温度变送器，是指将变送器模块安装在测温元件接线盘或专用接线盒内的一种温度变送器。其变送器模块和测温元件形成一个整体，可以直接安装在被测工艺设备上，输出为统一标准信号。这种变送器具有体积小、质量小、现场安装方便等优点，因而在工业生产中得到广泛的应用。一体化温度变送器由测温元件和变送器模块两部分构成，其结构框图如图 4-3-11 所示。变送器模块把测温元件的输出信号 E_t 或 R_t 转换成为统一标准信号，主要为 $4 \sim 20\text{mA}$ 的直流电流信号。

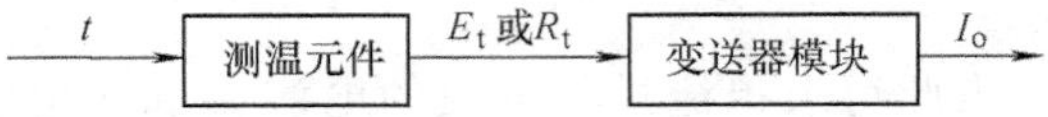

由于一体化温度变送器直接安装在现场，在一般情况下变送器模块内部集成电路的正常工作温度为 $-20 \sim 80℃$，超过这一范围，

图 4-3-11　一体化温度变送器结构框图

电子元件的性能会发生变化，变送器将不能正常工作，因此在使用中应该特别注意变送器模块所处的环境温度。

一体化温度变送器品种较多，其变送器模块大多数以一片专用变送器芯片为主，外接少量元器件构成。下面以用 AD693 构成的一体化温度变送器为例进行介绍。

1. AD693 构成的一体化热电偶温度变送器

AD693 构成的一体化热电偶温度变送器电路原理图如图 4-3-12 所示，它由热电偶、输入电路和 AD693 等组成。

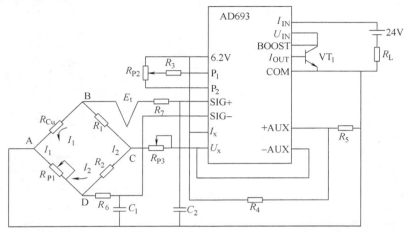

图 4-3-12 一体化热电偶温度变送器电路原理图

图 4-3-12 中，输入电路是一个冷端温度补偿器，B、D 是一个电桥的输出端，与 AD693 的输入端相连。R_{Cu} 为铜补偿电阻，通过改变电位器 R_{P1} 的阻值则可以调整变送器的零点。R_{P2} 和 R_3 起调整放大器转换系数的作用，即起到了量程调整的作用。

AD693 的输入信号 U_i 为热电偶所产生的热电动势 E 与电桥的输出信号 U_{BD} 的代数和，如果设 AD693 的转换系数为 K，可得变送器输出与输入之间的关系为

$$I_o = KU_i = KE_t + KI_1(R_{Cu} - R_{P1}) \tag{4-3-21}$$

从式（4-3-21）可以看出：变送器的输出电流 I_o 与热电偶的热电动势 E_t 成正比关系；R_{Cu} 的值随温度变化而变化，合理选择 R_{Cu} 的数值可使 R_{Cu} 随温度变化而引起的 I_1R_{Cu} 变化量近似等于热电偶因冷端温度变化所引起的热电动势的变化值，两者互相抵消。

2. AD693 构成的一体化热电阻温度变送器

AD693 构成的一体化热电阻温度变送器采用三线制接法，其电路原理图如图 4-3-13 所示，它与热电偶温度变送器的电路大致相仿，只是原来热电偶冷端温度补偿电阻 R_{Cu} 现用热电阻 R_t 代替。这时，AD693 的输入信号 U_i 为电桥的输出信号 U_{BD}，即

$$U_i = U_{BD} = I_1R_t - I_2R_{P1} = I_1\Delta R_t + I_1(R_{t0} - R_{P1}) \tag{4-3-22}$$

式中　I_1、I_2——桥臂电流，$I_1 = I_2$；

　　　　ΔR_t——热电阻随温度的变化量（从被测温度范围的下限值 t_0 开始）；

　　　　R_{t0}——温度 t_0 热电阻的电阻值；

　　　　R_{P1}——调零电位器的电阻值。

同样，可求得热电阻温度变送器的输出与输入之间的关系为

$$I_o = KI_1\Delta R_t + KI_1(R_{t0} - R_{P1}) \tag{4-3-23}$$

式（4-3-23）表明，变送器输出电流与热电阻阻值随温度的变化量成正比关系。热电阻温度变送器的零点调整、零点迁移以及量程调整，与前述的热电阻温度变送器的大致相同。

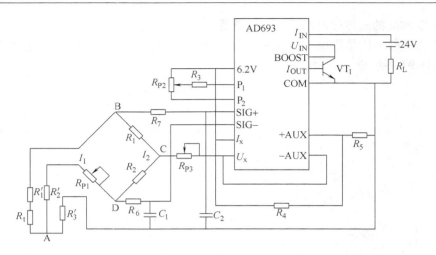

图 4-3-13　一体化热电阻温度变送器电路原理图

三、智能式温度变送器

智能式温度变送器有采用 HART 协议通信方式的，也有采用现场总线通信方式的，前者技术比较成熟，产品的种类也比较多；后者的产品近两年才问世，国内尚处于研究开发阶段。下面以 SMART 公司的 TT302 温度变送器为例进行介绍。

TT302 温度变送器是一种符合 FF 通信协议的现场总线智能仪表，它可以与各种热电阻或热电偶配合使用来测量温度，具有量程范围宽、精度高、环境温度和振动影响小、抗干扰能力强、质量小以及安装维护方便等优点。

TT302 温度变送器还具有控制功能，其软件中提供了多种与控制功能有关的功能模块，用户通过组态，可以实现所需求的控制策略。

1. TT302 温度变送器的硬件构成

TT302 温度变送器的硬件构成原理框图如图 4-3-14 所示，在结构上它由输入板、主电路板和液晶显示器组成。

（1）输入板　输入板包括多路转换器、信号调理板、A-D 转换器和信号隔离部分，其作用是将输入信号转换为二进制的数字信号，传送给 CPU，并实现输入板与主电路板的隔离。

输入板上的环境温度传感器用于热电偶的冷端温度补偿。

（2）主电路板　主电路板包括微处理器系统、通信控制器、信号整形电路、本机调试部分和电源部分，它是变送器的核心部件。

（3）液晶显示器　液晶显示器是一个微功耗的显示器，可以显示四位半数字和五位字母，用于接收 CPU 的数据并加以显示。

2. TT302 温度变送器的软件构成

TT302 温度变送器的软件分为系统程序和功能模块两大部分。系统程序使变送器各硬件电路能正常工作并实现所规定的功能，同时完成各组成部分之间的管理。功能模块提供了各种功耗，用户可以选择所需的功耗模块以实现所需求的功耗。

TT302 等智能式温度变送器还有很多功能，用户可以通过上位计算机或挂接在现场总线

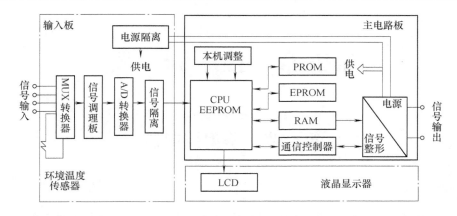

图 4-3-14 TT302 温度变送器的硬件构成原理框图

通信电缆上的手持式组态器，对变送器进行远程组态，可调用或删除功能模块；对于带液晶显示的变送器，也可以使用磁性编程工具对变送器进行本地调整。

思考题与习题

4-1 变送器和转换器的作用是什么？

4-2 什么是量程调整、零点调整和零点迁移，试举例说明。

4-3 差压变送器的作用什么？

4-4 电容式差压变送器如何实现差压-位移转换？差压-位移转换如何满足高准确度的要求？

4-5 试述电容式差压变送器的结构特点与工作原理。

4-6 简述敞口容器与密闭容器的安装方法与工作原理。

4-7 热电偶测量温度的基本原理和基本条件是什么？

4-8 热电偶的基本定律有哪些？

4-9 热电偶参考端温度补偿的方法有哪些？

4-10 在热电偶测温电路中采用补偿导线时，应如何连接？需要注意哪些问题？

4-11 与金属热电阻相比，热敏电阻的优缺点有哪些？

4-12 试简要分析 DDZ-Ⅲ 型温度变送器的主要特点及工作原理。

4-13 什么是一体化温度变送器？

4-14 一体化温度变送器对现场环境的要求是什么？

4-15 试述 TT302 温度变送器的硬件构成。

第五章 控 制 器

第一节 基型控制器

一、概述

基型控制器（又称基型调节器）对来自变送器的 $1\sim5V$ 直流电压信号与给定值相比较所产生的偏差进行 PID 运算，输出 $4\sim20mA$（DC）的控制信号。该控制器还具有偏差（或测量值、给定值）指示、输出指示、内外给定及软、硬手操和正、反作用切换等功能。

本节分析全刻度指示的基型控制器，其主要性能指标为：控制精度 $<0.5\%$，测量和给定信号指示准确度 $\pm1\%$，比例度 $2\%\sim500\%$，积分时间 $0.01\sim25min$（分两档）；微分时间 $0.04\sim10min$，负载电阻 $250\sim750\Omega$，输出保持特性 $-0.1\%/h$。

该控制器由控制单元和指示单元两部分组成。控制单元包括输入电路、PD 电路、PI 电路、输出电路以及软手操电路和硬手操电路等。指示单元包括测量信号指示电路和给定信号指示电路。基型控制器的构成框图如图 5-1-1 所示。

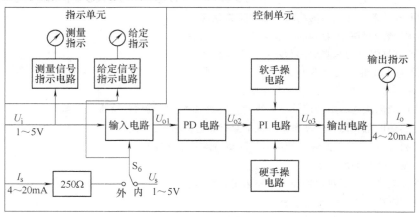

图 5-1-1 基型控制器的构成框图

测量信号和内给定信号均为 DC $1\sim5V$，它们都通过各自的指示电路，由双针指示表来显示。两指示值之差即为控制器的输入误差。

外给定信号为 $4\sim20mA$ 的直流电流，通过 250Ω 的精密电阻转换成 DC $1\sim5V$ 的电压信号。内外给定由开关 S_6 来选择，在外给定时，仪表面板上的外给定指示灯亮。

控制器的工作状态有 "自动"、"软手操"、"硬手操" 和 "保持" 四种，由开关 S_1、S_2 进行切换。

当控制器处于自动状态时，测量信号和给定信号在输入电路内进行比较后产生偏差，然后对此偏差进行 PID 运算，并通过输出电路将运算电路的电压信号转换成 $4\sim20mA$ 的直流

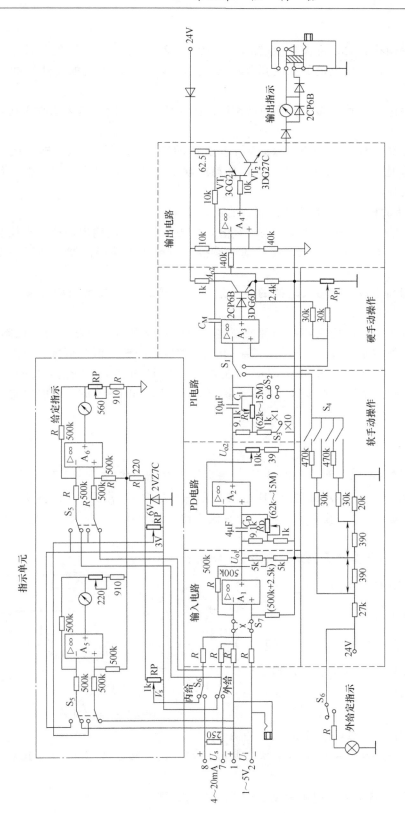

图 5-1-2 全刻度指示调节器线路原理图

输出电流。

当控制器处于软手操状态时，可操作扳键 S_4（见图 5-1-2）。S_4 处于不同的位置，可分别使控制器处于保持状态、输出电流的快速增加（或减小）以及输出电流的慢速增加（或减小）。

当控制器处于硬手操状态时，移动硬手动操作杆，能使控制器的输出迅速地改变到需要的数值。

本控制器"自动⇌软手操"的切换是双向无平衡无扰动的，"硬手操→软手操"或"硬手操→自动"的切换也是无平衡无扰动的，只有自动或软手操切换到硬手操时，必须预先平衡方可达到无扰动切换。

开关 S_7 可改变偏差的极性，借此选择控制器的正、反作用。

此外，在控制器的输入端与输出端还分别附有输入检测插孔和手动输出插孔，当控制器出现故障需要维修时，可利用这些插孔，无扰动地换接到便携式手动操作器，进行手动操作。

本控制器由于采用高增益、高输入阻抗的集成运算放大器，具有较高的积分增益（高达 10^4）和良好的保持特性。

在基型控制器的基础上，可构成各种特种控制器，如抗积分饱和控制器、前馈控制器、输出跟踪控制器、非线性控制器等；也可附加某些单元，如输入报警、偏差报警、输出限幅单元等；还可构成与工业控制计算机联用的控制器，如统计过程控制系统（Statistical Process Control，SPC）用控制器和直接数字控制系统（Direct Digital Controls，DDC）备用控制器。

二、输入电路

如图 5-1-3 所示，输入电路是对输入信号 U_i 与给定信号 U_s 进行综合的，其输出 U_{o1} 则是以 10V 为基准的电压信号。U_{o1} 一方面送至 PD 电路，另一方面取 U_{o1} 作为 A_1 的负反馈。其实这是一比例放大器，输出 U_{o1} 和输入 U_i 与 U_s 之差成正比。如图 5-1-4 所示，它是图 5-1-3 的等效电路。

按图 5-1-4 等效电路分析其运算关系，由图 5-1-4a 可得

$$U_T = \frac{1}{3}(U_s + U_B) \qquad (5\text{-}1\text{-}1)$$

同理，由图 5-1-4b 可得

$$U_F = \frac{1}{3}\left(U_i + U_B + \frac{1}{2}U_{o1}\right) \qquad (5\text{-}1\text{-}2)$$

对于理想运算放大器，$U_T = U_F$，故可得

$$U_{o1} = 2(U_s - U_i) \qquad (5\text{-}1\text{-}3)$$

由以上各式可见：

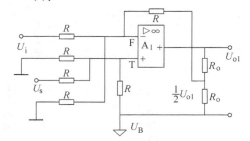

图 5-1-3　输入电路

① 输入电路的输出 U_o 是 U_s 与 U_i 之差的两倍。

② 由于采用了电平移动，将两个以零伏为基准的输入信号转换成以 U_B（ = 10V）为基准的输出信号 U_{o1}。

由式（5-1-1）可见，若不采用电平移动，即 $U_B = 0$ 时，则

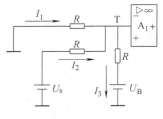

a) 同相端输入等效电路

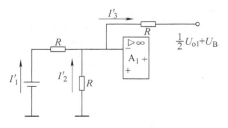

b) 反相端输入等效电路

图 5-1-4　输入电路的等效电路

$$U_F = U_T = \frac{1}{3}U_s$$

因 $U_s = 1 \sim 5\text{V}$，显然难以满足运算放大器共模电压允许范围的要求。

三、PD 电路

如图 5-1-5 所示，PD 电路是对 U_{o1} 进行比例微分运算的。图 5-1-5 中 R_{PD} 为微分电阻，C_D 为微分电容，R_{PP} 为比例电阻。调整 R_{PD}、R_{PP} 可以改变调节器的微分时间和比例系数。U_{o1} 通过 C_D、R_{PD} 进行微分运算，再经比例放大后输出为 U_{o2}，它作为 PI 电路的输入信号。

如图 5-1-6 所示，PD 电路由无源 PD 电路与比例运算电路串联组成。由图 5-1-5 可见，当开关 S 置于"通"时，A_2 的同相输入端是由 R_{PD}、C_D 等组成的无源 PD 电路。设 A_2 为理想运算放大器，其输入阻抗为无穷大，并且输出电阻为零，则可不考虑放大器的影响，可单独分析 U_T 与 U_{o1} 的关系。由图 5-1-6a 可得

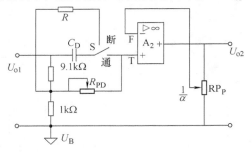

图 5-1-5　PD 电路

$$U_T(s) = \frac{U_{o1}(s)}{n} + \frac{n-1}{n}U_{o1}(s)\frac{R_{PD}}{R_{PD} + \frac{1}{C_D s}} = \frac{1}{n}\frac{1 + nR_{PD}C_D s}{1 + R_{PD}C_D s}U_{o1}(s) \tag{5-1-4}$$

因为

所以
$$U_F(s) = U_T(s)$$

$$U_{o2}(s) = \alpha U_T(s) = \frac{\alpha}{n}\frac{1 + nR_{PD}C_D s}{1 + R_{PD}C_D s}U_{o1}(s) \tag{5-1-5}$$

为了把式（5-1-5）表示成一般形式，设 $K_D = n$，为微分增益；$T_D = nR_{PD}C_D = K_D R_{PD}C_D$，为微分时间，故

$$U_{o2}(s) = \frac{\alpha}{K_D}\frac{1 + T_D s}{1 + \frac{T_D}{K_D}s}U_{o1}(s) \tag{5-1-6}$$

当开关 S 置于"断"时，电路只有比例作用，C_D 将通过 R_{PD} 并联在 9.1kΩ 电阻两端，C_D 上的电压始终跟随 9.1kΩ 电阻上的压降，从而保证 S 从"断"切换到"通"时，输出信号保持不变，即对控制过程无扰动。

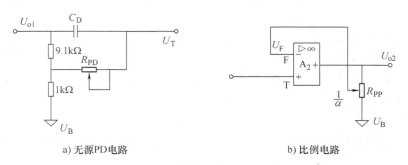

a) 无源PD电路　　　　　　　　　b) 比例电路

图 5-1-6　PD 电路的构成

四、PI 电路

如图 5-1-7 所示，PI 电路是对 U_{o2} 进行比例积分运算的。图 5-1-7 中 R_{PI} 为积分电阻，C_M 为积分电容，S_1、S_2 为联动开关，S_3 为积分换档开关。A_3 的输出经电阻与二极管接至射极跟随器，使输出为正，便于加输出限幅。为了便于分析，可把射极跟随器等包括在 A_3 中，则图 5-1-7 可简化成图 5-1-8。

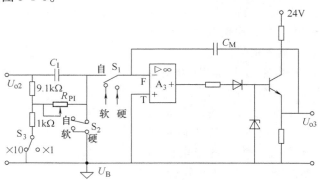

图 5-1-7　PI 电路

为了进一步分析，现以 S_3 置于 "×10" 档为例（$m = 10$），根据 A_3 反相端电流总和为零的原则可得

$$\frac{U_{o2}(s) - U_F(s)}{\frac{1}{C_I s}} + \frac{\frac{U_{o2}(s)}{m} - U_F(s)}{R_{PI}} - \frac{U_{o3}(s) - U_F(s)}{\frac{1}{C_M s}} = 0 \qquad (5\text{-}1\text{-}7)$$

对于运算放大器 A_3 有

$$U_{o3}(s) = -KU_F(s) \qquad (5\text{-}1\text{-}8)$$

式中　K——运算放大器 A_3 的电压增益。

解式（5-1-7）和式（5-1-8）并简化可得

$$U_{o3}(s) = \frac{-\dfrac{C_I}{C_M}\left(1 + \dfrac{1}{mR_{PI}C_I s}\right)}{1 + \dfrac{1}{K}\left(1 + \dfrac{C_I}{C_M}\right) + \dfrac{1}{KR_{PI}C_M s}} U_{o2}(s)$$

$$(5\text{-}1\text{-}9)$$

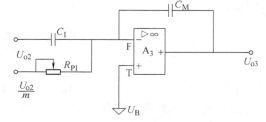

图 5-1-8　PI 电路简化图

由于 $K \geqslant 10^5$，则 $\dfrac{1}{K}\left(1 + \dfrac{C_I}{C_M}\right) \ll 1$，可忽略不计，则得

$$U_{o3} = -\frac{\dfrac{C_I}{C_M}\left(1 + \dfrac{1}{T_I s}\right)}{1 + \dfrac{1}{K_I T_I s}}U_{o2}(s) \tag{5-1-10}$$

式中　T_I——积分时间，$T_I = mR_{PI}C_I$；

　　　K_I——积分增益，$K_I = \dfrac{KC_M}{mC_I}$。

五、调节器的传递函数

本调节器是采用 P-PD-PI 串联形式来实现 PID 控制规律的。综上分析可得调节器的传递函数框图如图 5-1-9 所示。

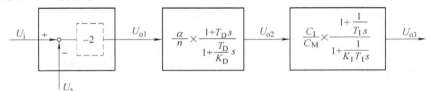

图 5-1-9　调节器的传递函数框图

调节器的传递函数为

$$W_o(s) = \frac{U_{o3}(s)}{U_i(s) - U_s(s)} = K_P F \frac{1 + \dfrac{1}{FT_I s} + \dfrac{T_D}{F}s}{1 + \dfrac{1}{K_I T_I s} + \dfrac{T_D}{K_D}s} \tag{5-1-11}$$

式中　F——相互干扰系数，$F = 1 + \dfrac{T_D}{T_I}$；

　　　K_P——比例增益，$K_P = \dfrac{2a}{n}\dfrac{C_I}{C_M}$。

由于存在相互干扰系数 F，当 $F \neq 1$ 时，实际（整定参数）比例带 δ^*、积分时间 T_I^*、微分时间 T_D^* 与调节器 δ、T_I、T_D 的刻度值（$F = 1$ 时）也不同，其关系为

$$\delta^* = \frac{\delta}{F} \qquad T_I^* = FT_I \qquad T_D^* = \frac{T_D}{F}$$

六、输出电路

输出电路是一个电平移动的"电压—电流"转换电路，即将 PI 电路以 $U_B = 10\text{V}$ 为基准的 DC 1～5V 输出信号转换为以零伏为基准的 DC 4～20mA 信号。

如图 5-1-10 所示，其电路的运算关系由 A_4、$R_1 \sim R_5$、R_f 等决定。在图中 $R_3 = R_4$，若令 $R_1 = R_2 = 4R_3$，根据理想运算放大器的分析方法可得

$$\frac{24 - U_B}{R_2 + R_3} = \frac{U_r - U_B}{R_2} \tag{5-1-12}$$

所以

$$U_r = \frac{24}{R_2 + R_3}R_2 + \frac{R_3}{R_2 + R_3}U_B = \frac{4 \times 24}{5} + \frac{1}{5}U_B \tag{5-1-13}$$

又 $\dfrac{U_f - U_F}{R_4} = \dfrac{U_F - (U_{o3} + U_B)}{R_1}$，所以

$$U_f = \frac{R_1}{R_1 + R_4}U_f + \frac{R_1}{R_1 + R_4}(U_{o3} + U_B) = \frac{4}{5}U_f + \frac{1}{5}(U_{o3} + U_B) \tag{5-1-14}$$

由于 $U_f = U_T$ 所以

$$U_f = 24 - \frac{U_{o3}}{4} \tag{5-1-15}$$

由图 5-1-10 可得

$$U_f = 24 - I'_o R_f \tag{5-1-16}$$

比较式（5-1-15）与式（5-1-16），可得

$I'_o = \dfrac{U_{o3}}{4R_f}$。

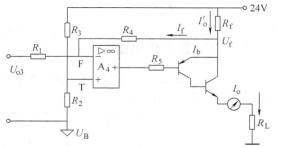

图 5-1-10　输出电路

在本调节器中，$U_{o3} = DC\ 1 \sim 5V$，$R_f = 62.5\Omega$，故调节器的输出 $I_o \approx I'_o = DC\ 4 \sim 20mA$。

七、手动操作电路

手动操作电路是在 PI 电路中附加软手动操作电路和硬手动操作电路而成的，如图 5-1-11 所示，其中 $S_{4-1} \sim S_{4-4}$ 为软手动操作开关；R_{P1} 为硬手动操作电位器；S_1、S_2 为自动、软手动、硬手动联动切换开关。

手动操作分硬手动操作和软手动操作。所谓软手动操作，就是调节器的输出电流与手动输入电压信号成积分关系；所谓硬手动操作，就是调节器的输出电流与手动输入电压信号成比例关系。

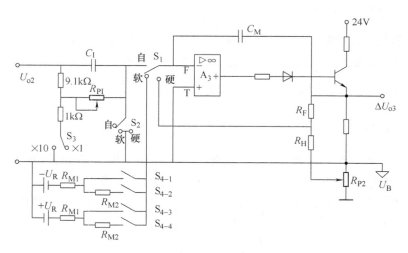

图 5-1-11　手动操作电路

1. 软手动操作电路

图 5-1-11 中，当 S_1、S_2 置于软手动位置时，按下 S_{4-1} ~ S_{4-4} 中的任一开关，即可得到图 5-1-12 所示的软手动操作电路。其实这是一个反相输入的积分运算电路。

当按下 S_{4-1} 或 S_{4-2} 时，$U_R < 0$（相对于 U_B 而言），U_{o3} 积分上升；当按下 S_{4-3} 或 S_{4-4} 时，$U_R > 0$（相对于 U_B 而言），U_{o3} 则积分下降。

S_{4-1} ~ S_{4-4} 四个开关可分别进行快、慢两种积分上升或下降的手动操作。S_{4-1}、S_{4-3} 为快速；S_{4-2}、S_{4-4} 为慢速。

当 S_{4-1} ~ S_{4-4} 都处在断开位置时，为保持电路下端浮空，$U_F = U_T = 0V$（相对于 U_B 而言），C_M 上的电压无放电回路而长时间保持不变，即 $U_{o3} = U_{CM}$，调节器输出能长时间保持不变。

2. 硬手动操作电路

图 5-1-11 中，当 S_1、S_2 置于硬手动时，R_F 与 C_M 并联即得到如图 5-1-13 所示的硬手动电路。由于硬手动输入信号 U_H 为变化缓慢的直流信号，可忽略 C_M 的影响。当 $R_F = R_H$ 时，硬手操电路成为比例增益为 1 的比例电路 $U_{o3} = -U_H$，U_H 将随硬手操杆位置而变，从而使调节器的输出随之而变化。

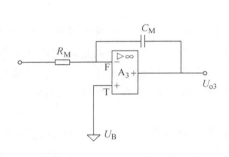

图 5-1-12　软手动电路

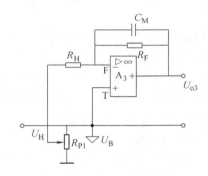

图 5-1-13　硬手动电路

八、指示电路

本调节器的输入信号指示电路和给定信号指示电路相同。如图 5-1-14 所示，现以输入信号指示电路为例作介绍。

图 5-1-14 所示是一个比例运算的差动电平移动电路，将零伏为基准的 DC 1 ~ 5V 输入信号转换为以 U_B 为基准的 DC 1 ~ 5mA 信号并用电流表指示。

当 S 置于测量位置时，电流表指示测量值 U_i 在 A_5 同相输入端为

$$U_T = \frac{1}{2}(U_i + U_B) \tag{5-1-17}$$

在反相输入端为

$$U_F = \frac{1}{2}(U_o + U_B) \tag{5-1-18}$$

由于 $U_T = U_F$，所以 $U_i = U_o$，于是流过电流指示表的电流为

$$I_o = \frac{U_o}{R_0} = \frac{U_i}{R_0} \tag{5-1-19}$$

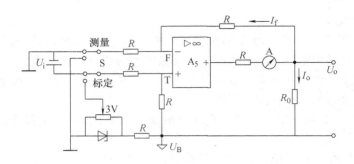

图 5-1-14 输入信号指示电路

从而实现了电压—电流的转换。

当 S 置于标定位置时，A_5 同相端输入 3V 的标定电压信号，通过该电路转换为 3mA，这时双针电流表的两指针均应指示在 50% 的位置。否则可调整电流指示表 A 的机械零点和量程电阻 R_0。

第二节　数字 PID 控制器

PID 控制器是控制系统中应用最广泛的一种控制器，在工业过程控制中得到了普遍的应用。过去 PID 控制器通过硬件模拟实现，但随着微型计算机的出现，特别是现代嵌入式微处理器的大量应用，原先 PID 控制器中由硬件实现的功能都可以用软件来代替实现，从而形成了数字 PID 算法，实现了由模拟 PID 控制器到数字 PID 控制器的转变。与模拟 PID 控制器相比，数字 PID 控制器有以下优点：

1）对于具有纯滞后环节的控制对象，采用常规 PID 调节规律对纯滞后环节进行调节，其效果很不理想。因此，尽管几十年前人们就对纯滞后补偿控制进行了研究并找出了控制规律，但用模拟调节器很难实现复杂的控制规律。用数字 PID 控制器进行纯滞后补偿控制，则很容易实现复杂的控制规律，从而可保证高精度及其他高性能指标。

2）采用常规模拟调节器与数字调节器可实现 PID 调节，但为了得到满意的控制效果，有时需要在控制过程中的一段时间内进行 PI 控制，在一段时间内进行 PD 控制，或需要在线改变 PID 参数。在此情况下也只有采用数字 PID 控制器在线修改控制方案才能轻而易举地达到控制要求。

一、数字 PID 控制器算法

在连续控制系统中，模拟调节器最常用的控制规律是 PID 控制，其控制规律形式为

$$u(t) = K_P\left[e(t) + \frac{1}{T_I}\int_0^t e(t)\,\mathrm{d}t + T_D\frac{\mathrm{d}e(t)}{\mathrm{d}t}\right] \tag{5-2-1}$$

式中　$e(t)$ ——调节器输入函数，即给定量与输出量的偏差；

　　　$u(t)$ ——调节器输出函数；

　　　K_P ——比例系数；

　　　T_I ——积分时间常数；

　　　T_D ——微分时间常数。

因为式（5-2-1）表示的调节器的输入函数及输出函数均为模拟量，所以计算机是无法对其进行直接运算的。为此，必须将连续形式的微分方程化成离散形式的差分方程。

取 T 为采样周期，k 为采样序号，$k = 0, 1, 2, \cdots, i, \cdots, \quad k$，因采样周期 T 相对于信号变化周期是很小的，这样可以用矩形法算面积，用向后差分代替微分，即

$$\left. \begin{aligned} \int_0^t e(t)\,\mathrm{d}t &= \sum_{i=0}^k e_i T \\ \frac{\mathrm{d}e(t)}{\mathrm{d}t} &= \frac{e(k) - e(k-1)}{T} \end{aligned} \right\} \tag{5-2-2}$$

根据式（5-2-1）和式（5-2-2）控制器输出形式，可得到不同的控制算式。

1. 位置型 PID 控制算式

式（5-2-1）可写成

$$u(k) = K_\mathrm{P}\left[e(k) + \frac{1}{T_\mathrm{I}} \sum_{i=0}^k e_i T + T_\mathrm{D} \frac{e(k) - e(k-1)}{T} \right] \tag{5-2-3}$$

式中 $u(k)$——采样时刻 k 时的输出值；

$e(k)$——采样时刻 k 时的偏差值；

$e(k-1)$——采样时刻 $k-1$ 时的偏差值。

式（5-2-3）中的输出量 $u(k)$ 为全量输出。它对应于被控对象的执行机构（如调节阀）每次采样时刻应达到的位置，因此，式（5-2-3）称为 PID 位置控制算式。这即是 PID 控制规律的离散化形式。

2. 增量型 PID 控制算式

应指出的是，按式（5-2-3）计算 $u(k)$ 时，输出值与过去所有状态有关，计算时要占用大量的内存和花费大量的时间，为此，将式（5-2-3）化成递推形式：

$$u(k-1) = K_\mathrm{P}\left[e(k-1) + \frac{1}{T_\mathrm{I}} \sum_{i=0}^{k-1} e_i T + T_\mathrm{D} \frac{e(k-1) - e(k-2)}{T} \right] \tag{5-2-4}$$

式（5-2-3）减去式（5-2-4），经整理后可得

$$u(k) = u(k-1) + K_\mathrm{P}\left\{ e(k) - e(k-1) + \frac{T}{T_\mathrm{I}}e(k) + \frac{T_\mathrm{D}}{T}[e(k) - 2e(k-1) + e(k-2)] \right\}$$

$$\tag{5-2-5}$$

按式（5-2-5）计算在时刻 k 时的输出量 $u(k)$，只需用到采样时刻 k 的偏差值 $e(k)$，以及向前递推一次及两次的偏差值 $e(k-1)$、$e(k-2)$ 和向前递推一次的输出值 $u(k-1)$，这大大节约了内存和计算时间。

应该注意的是，按 PID 的位置控制算式计算输出量 $u(k)$ 时，若计算机出现故障，输出量的大幅度变化，将显著改变被控对象的位置（如调节阀门突然加大或减小），可能会给生产造成损失。为此，常采用增量型控制，即输出量是两个采样周期之间控制器的输出增量 $\Delta u(k)$。由式（5-2-5），可得

$$\begin{aligned} \Delta u(k) &= u(k) - u(k-1) \\ &= K_\mathrm{P}\left\{ e(k) - e(k-1) + \frac{T}{T_\mathrm{I}}e(k) + \frac{T_\mathrm{D}}{T}[e(k) - 2e(k-1) + e(k-2)] \right\} \end{aligned} \tag{5-2-6}$$

式（5-2-6）称为 PID 增量式控制算式。式（5-2-5）和式（5-2-6）在本质上是一样的，

但增量式算式具有下述优点：

1）计算机只输出控制增量，即执行机构位置的变化部分，误动作影响小。

2）在进行手动/自动切换时，控制量冲击小，能够较平滑地过渡。

二、采样周期的选择

从 Shannon 采样定理可知，只有当采样频率达到系统信号最高频率的两倍或两倍以上时，才能使采样信号不失真地复现原来的信号。由于被控对象的物理过程及参数变化比较复杂，因此系统有用信号的最高频率是很难确定的。采样定理仅从理论上给出了采样周期的上限，实际采样周期要受到多方面因素的制约。

从系统控制质量的要求来看，希望采样周期取得小些，这样更接近于连续控制，使控制效果好些。

从执行机构的特性要求来看，由于过程控制中通常采用电动调节阀或气动调节阀，因此它们的响应速度较低。如果采样周期过短，执行机构来不及响应，仍然达不到控制的目的。所以，采样周期不能过短。

从系统的快速性和抗干扰的要求出发，要求采样周期短些；从计算工作量来看，则又希望采样周期长些，这样可以控制更多的回路，保证每个回路有足够的时间来完成必要的运算。

因此，选择采样周期时，必须综合考虑。一般应考虑如下因素：

1）采样周期应比对象的时间常数小得多，否则，采样信号无法反映瞬变过程。

2）采样周期应远小于对象扰动信号的周期，一般使扰动信号周期与采样周期成整数倍关系。

3）当系统纯滞后占主导地位时，应按纯滞后大小选取 T，尽可能使纯滞后时间接近或等于采样周期的整数倍。

4）考虑执行器的响应速度，如果执行器的响应速度比较慢，那么过小的采样周期将失去意义。

5）在一个采样周期内，计算机要完成采样、运算和输出三件工作，采样周期的下限是完成这三件工作所需要的时间（对单回路而言）。

由上述分析可知，采样周期受各种因素的影响，有些是相互矛盾的，必须视具体情况和主要的要求作出折中的选择。表 5-2-1 给出了一些常见控制参数的经验采样周期，可供我们参考。需说明的是，表中给出的是采样周期 T 的上限。随着计算机技术的发展和成本的下降，一般可以选取更短一点的采样周期。采样周期越短，控制精度越高，数字控制系统就越接近连续控制系统。

表 5-2-1　常用被控参数的经验采样周期

被控参数	采样周期/s	备　　　注
流量	1 ~ 5	优先选用 1 ~ 2s
压力	3 ~ 10	优先选用 6 ~ 8s
液位	6 ~ 8	
温度	15 ~ 20	或取纯滞后时间
成分	15 ~ 20	

思考题与习题

5-1 基型调节器由几部分组成？各组成部分的作用如何？

5-2 基型调节器的输入电路为什么采用差动输入和电平移动方式？偏差差动电平移动电路怎样消除导线电阻引起的运算误差？

5-3 什么叫无扰动无平衡切换？全刻度指示调节器怎样实现这种操作的？

5-4 什么是硬手动操作和软手动操作？各用在什么条件下？

5-5 在基型控制器的 PD 电路中，如何保证开关 S 从断位置切至通位置时输出信号保持不变？

5-6 试分析基型控制器产生积分饱和现象的原因。若将控制器的输出加以限幅，能否消除这一现象？为什么？怎样解决？

5-7 与模拟 PID 控制器相比，数字 PID 控制器有哪些优点？

5-8 与位置式 PID 相比，增量式算式具有哪些优点？

5-9 采样周期的选择受哪些因素的影响？

第六章 执 行 器

第一节 概 述

在控制仪表中，变送器是信息的源头，控制器是信息的处理，执行器是信息的终端，因此也称执行器为终端元件（final element）。生产过程的信息从变送器引入，经控制器或 DCS 运算处理后输出操作指令给执行器控制生产过程，或由操作员站发出的人工操作指令给执行器控制生产过程。执行器将操作指令进行功率放大，并转换为输出轴相应的转角或直线位移，连续地或断续地去推动各种控制机构，如控制阀门、挡板，控制操纵变量变化，以完成对各种被控参量的控制。

一、执行器在自动控制系统中的作用

每个过程控制回路都有一个最终控制单元，该设备用于操作过程变量。对于大多数化工和石化过程，最终控制单元调整物料的流量（固体、液体和气体的进料和产品）间接地调整了输入和输出过程的能量流。有很多方法可以操纵原料的流量和进入或输出过程的能量流。例如，驱动泵的速度、螺旋传送带或送风机，都是可以调整的。能够实现这个目标的简单而广泛采用的方法是使用控制阀。但是，随着变频技术的发展，用变频器控制泵和风机转速来控制流体流量的方式开始增多，因为这种方式既节约能源，又能提高控制质量，但这种方式的投资较大。

执行机构的特性对控制系统的影响丝毫不比其他环节小，即使采用了最先进的控制器和昂贵的计算机，若执行环节上设计或选用不当，整个系统就不能发挥作用。

控制阀直接与介质接触，常常在高压、高温、深度冷冻、极毒、易燃、易爆、易渗透、高黏度、易结晶、闪蒸、汽蚀和高压差等状况下工作，使用条件恶劣，因此，它是控制系统的薄弱环节。如果执行器选择或使用不当，往往会给生产过程自动化带来困难。在许多场合下，会导致自动控制系统的控制质量下降，控制失灵，甚至因介质的易燃、易爆、有毒而造成严重的生产事故。因此，必须对执行器的设计、安装、调试和维护给予高度重视。例如，有的控制回路怎样也稳定不好，一直振荡，若在选择上作了改进，将线性特性阀芯改为对数特性阀芯或改变流向之后，控制品质大有改善。又如，有些控制过程中出现持续振荡，原因不在于控制器的比例度的过大或过小，而是由于阀门填料函的干摩擦太大，动作很不灵活。再如，控制阀的泄漏将造成厂区污染，甚至造成事故等。因此，应重视控制阀的作用，加强维护和保养。

二、执行器的构成

执行器主要由执行机构和控制机构两部分组成，如图 6-1-1 所示。控制机构也称为调节机构、调节阀或控制阀。执行器和执行机构是两个不同的概念，如果执行机构安装在调节阀

上，二者的组合应称为执行器，或者说，带有调节阀的执行机构是执行器，执行机构是执行器的组成部分之一。

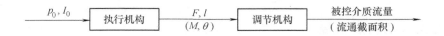

图 6-1-1 执行器的构成框图

执行机构是指产生推力（F 或力矩 M）或位移（直线位移 l 或者角位移 θ）的装置，调节机构是指直接改变能量或物料输送量的装置，通常指控制阀（调节器）。如果把测量变送装置比作是眼睛，调节器是大脑，那么执行器相当于人工控制中人的手脚。

执行器还可以配备一定的辅助装置，常用的辅助装置有阀门定位器和手操机构。阀门定位器利用负反馈原理，它根据控制器来的输出信号调节控制阀的阀门部件，使阀门精确定位。手操机构用于人工直接操作执行器，在能源中断或执行机构失灵的情况下，保证生产的正常运行。

三、执行器的分类及特点

执行器按驱动能源可分成电动执行器、气动执行器和液动执行器三大类，即以压缩空气为能源的气动执行器；以电为能源的电动执行器；以高压液体为能源的液动执行器。它们的特点及应用场合见表 6-1-1。

表 6-1-1 三种执行器的比较

比较项目＼种类	电动执行器	气动执行器	液动执行器	比较项目＼种类	电动执行器	气动执行器	液动执行器
结构	复杂	简单	简单	维护检修	复杂	简单	简单
体积	小	中	大	作用场合	隔爆型及防火防爆	防火防爆	要注意火化
配管配线	简单	较复杂	复杂	价格	高	低	高
推力	小	中	大	频率响应	宽	窄	窄
动作滞后	小	大	小	温度影响	较大	较小	较大

通过表 6-1-1 的简单比较显见，气动调节阀（又称控制阀或气动执行器）是以压缩空气为动力能源的一种自动执行器。它具有结构简单、动作可靠、性能稳定、价格低廉、维修方便和防火防爆等特点，不仅能与气动调节仪表、气动单元组合仪表配用，而且通过电—气转换器、电—气阀门定位器还能与电动调节仪表、电动单元组合仪表配套。它广泛地应用于化工、石油、冶金、电站和轻纺等工业部门中。电动执行器采用电动执行机构。电动执行器的执行机构和调节机构是分开的两部分，其执行机构分角行程和直行程两种，都是以两相交流电动机为动力的位置伺服机构，作用是将输入的直流电流信号线性地转换为位移量。它的优点是能源取用方便、信号传输速度快和便于远传，缺点是结构复杂、价格昂贵。电动执行机构安全防爆性能差，电动机动作不够迅速，且在行程受阻或阀杆被扎住时电动机容易受损。尽管近年来电动执行器在不断改进并有扩大应用的趋势，但从总体上看不及气动执行机构应

用得普遍。液动执行器的推力最大，但目前使用不多。本节主要介绍电动和气动执行器。三种执行器除执行机构不同外，所用的调节机构（调节阀）都相同。所以，本节介绍的气动调节阀的特性及其选用方法对三者都适用。

四、控制阀的发展前景

从早期的单座阀、双座阀、角型阀、三通阀、隔膜阀、蝶阀和球阀，到近代的套筒阀、偏心旋转阀，控制阀经历了近一个世纪的发展历程。当今控制阀的重点是在可靠性、解决特殊疑难阀的使用问题上。目前，我国使用的产品以单座阀、双座阀、套筒阀为主导产品（占 70% 左右），产品陈旧落后，控制阀笨重、产品规格繁多、泄漏量大、控制阀堵卡是目前控制阀存在的问题，其原因主要有两方面：一方面在于结构的缺陷，片面追求出厂性能，忽视阀的可靠性；另一方面，由于使用的阀的功能不齐全，需要其他产品来适应各种不同的场合，造成了品种规格繁多，对控制阀使用、计算、选型、调校、维护和备件等要求特别高。

近年来，工业生产规模不断扩大，并向大型化、高温高压化发展，对工业自动化提出了更高的要求。为了适应工业自动化的需要，在气动执行机构方面除薄膜执行机构外，已发展有活塞执行机构、长行程执行机构和滚筒膜片执行机构等产品。在电动执行机构方面，除角行程执行机构外，已发展有直行程执行机构和多转式执行机构等产品。在控制阀方面，除直通单座、双座调节阀外，已发展有高压调节阀、蝶阀、球阀、偏心旋转调节阀等产品。同时，套筒调节阀和低噪声调节阀等产品也正在发展中。

随着电子产品不断进步，尤其是可靠性的进一步提高，使得 20 世纪 90 年代国外电动执行机构产生了质的飞跃，其突出的表现是：①可靠性极高，可以在 5 ~ 10 年内免维修；②重量大幅度下降，比老式的 DKZ、DKJ 的电动执行机构轻 70% ~ 80%；③外观也得到了极大的改善；④性能提高，调整简化，使用更加方便、简单。正由于电动执行机构的可靠性得到了根本上的解决，电动调节阀将逐步取代传统的"气动阀 + 电气阀门定位器 + 气源"的组合方式。特别是智能式电动执行机构的面世，将使得电动调节阀在工业生产中得到越来越广泛的应用。

第二节　电动执行机构

电动执行器的执行机构和调节机构是分开的两部分，其执行机构分角行程和直行程两种，都是以两相交流电动机为动力的位置伺服机构，作用是将输入的直流电流信号线性地转换为位移量。电动执行器有角行程和直行程两种，如图 6-2-1、图 6-2-2 所示，它将输入的直流信号线性地转换成位移量。

这两种执行机构电气原理完全相同，均是以两相交流电动机为动力的位置伺服机构，仅减速器不同。下面讨论角行程执行机构。

角行程执行机构的输入信号为 DC 4 ~ 20mA，输入电阻为 250Ω，输出轴转矩为 16N·m、40N·m、100N·m、250N·m、600N·m、1600N·m、4000N·m、6000N·m、10000N·m，输出轴转角为 90°，全行程时间为 2s，基本误差为 ±2.5%，变差为 1.5%。

图 6-2-1　角行程电动执行器　　　　　　　　　图 6-2-2　直行程电动执行器

一、基本构成和工作原理

角行程电动执行机构由伺服放大器和伺服电动机两部分组成。图 6-2-3 所示为电动执行机构的组成框图。

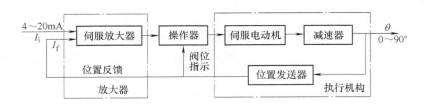

图 6-2-3　电动执行机构的组成框图

该执行机构适用于操纵蝶阀、挡板等转角式调节机构。来自调节器的 I_i 作为伺服放大器的输入信号，它与位置反馈信号 I_f 相比较，所得差值信号经功率放大后，驱使两相伺服电动机转动，再经减速器减速，带动输出轴改变转角 θ。若差值为正，伺服电动机正转，输出轴转角增大；若差值为负，伺服电动机反转，输出轴转角减小。

输出轴转角位置经位置发送器转换成相应的反馈电流 I_f，回送到伺服放大器的输入端，当反馈信号 I_f 与输入信号 I_i 相平衡，即差值为零时，伺服电动机停止转动，输出轴就稳定在与输入信号 I_i 相对应的位置上。因此通常把电动执行器的执行机构看做一个比例环节。

其输出轴转角 θ 与输入信号 I_i 的关系为

$$\theta = KI_i \tag{6-2-1}$$

式中　K——比例系数。

电动执行机构还可以通过电动操作器实现控制系统的自动操作和手动操作的相互切换。当操作器的切换开关切向"手动"位置时，由正、反操作按钮直接控制电动机的电源，以实现执行机构输出轴的正转和反转，进行遥控手动操作。

二、伺服放大器

伺服放大器由信号隔离器、综合放大电路、触发电路和固态继电器等组成，如图 6-2-4 所示。它将来自控制器的输入信号和位置反馈信号进行综合比较，将差值放大，以足够的功率去驱动伺服电动机旋转。

该伺服放大器使用信号隔离器代替原伺服放大器中的前置磁放大器，且采用过零触发的

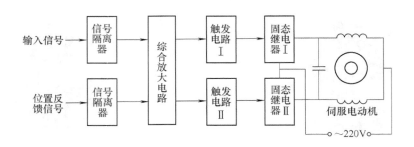

图 6-2-4　伺服放大器原理框图

固体继电器技术，因而具有体积小、反应灵敏、抗干扰能力强、性能稳定、工作可靠等优点。

1）信号隔离器将输入信号、位置反馈信号与放大器电路进行相互隔离，其实质是一个隔离式电流—电压转换电路，它把输入的 4～20mA 电流转换成 1～5V 电压，送至综合放大电路。隔离器采用光电隔离集成电路，其精度为 0.1%～0.25%，绝缘电阻大于 50MΩ。

2）综合放大电路由集成运算放大器 A_1 和 A_2 组成，如图 6-2-5 所示。A_1 将输入信号和位置反馈信号相减，得到偏差信号，A_2 再将其放大。R_{P1} 为调零电位器，调节 R_{P1} 使在输入信号和位置反馈信号相等时，放大电路输出为零。电位器 R_{P2} 用来调整放大倍数，通常为 60。

3）触发电路由比较器 A_3、A_4 组成，如图 6-2-5 所示。正偏差时，若 $U_o > U_g$，则 A_3 输出为正，使固态继电器 I 工作。负偏差时，若 $U_o < -U_g$，则 A_4 输出为正，使固态继电器 II 动作。无偏差或偏差小于死区（$2U_g$）时，固态继电器 I、II 均不动作。

4）固态继电器是一个无触点功率放大器件，由触发电路控制其功率输出，去驱动伺服电动机。

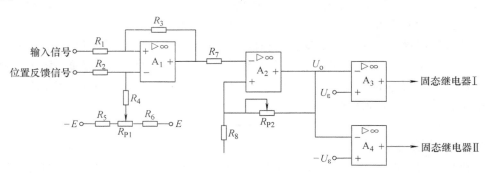

图 6-2-5　综合放大和触发电路

三、执行机构

执行机构由伺服电动机、减速器和位置发送器三部分组成。它接受伺服放大器或操作器的输出信号，控制伺服电动机的正、反转，再经减速器减速后变成输出转矩去推动调节机构动作。与此同时，位置发送器将调节机构的角位移转换成相应的直流电流信号，用以指示阀位，并反馈到伺服放大器的输入端，去平衡输入电流信号。

1. 伺服电动机

伺服电动机的作用是将伺服放大器输出的电功率转换成机械转矩，并且当伺服放大器没有输出时，电动机又能可靠地制动。

伺服电动机特性与一般电动机不同。由于执行机构工作频繁，经常处于起动工作状态，故要求电动机具有低起动电流、高起动转矩的特性，且有克服执行机构从静止到动作所需的足够转矩。电动机的特性曲线如图 6-2-6 所示，图中，1、2 分别为普通异步电动机与伺服电动机的特性。

伺服电动机的结构与普通笼型异步电动机相同，由转子、定子和电磁制动器等部件构成。电磁制动器设在电动机后输出轴端，制动线圈与电动机绕组并联。当电动机通电时，制动线圈同时得电，由此产生的电磁力将制动片打开，使电动机转子自由旋转。当电动机断电时，制动线圈同时失电，制动片靠弹簧力将电动机转子刹住。

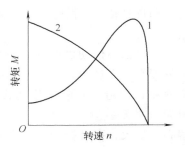

图 6-2-6 电动机特性曲线

1—普通异步电动机

2—伺服电动机

2. 减速器

减速器把伺服电动机高转速、小转矩的输出功率转换成执行机构输出轴的低转速、大转矩的输出功率，以推动调节机构。它采用正齿轮和行星齿轮机构相结合的机械传动结构。

内行星齿轮传动机构如图 6-2-7 所示，它由系杆（偏心轴）H、摆轮 Z_1、内齿轮 Z_2、销轴 P 和输出轴 V 等构成。系杆 H 偏心的一端是摆轮 Z_1 的转轴，摆轮空套在该转轴上。当系杆转动时，摆轮的轴心 O_2 也随之转动，同时摆轮又与固定不动的内齿轮 Z_2 相啮合，这样，摆轮产生两种运动，即往复摆动和绕自身轴心 O_2 的转动。在摆轮上有几个销轴孔，输出轴 V 的销轴 P 插入销轴孔内，销轴孔比销轴大些，所以摆轮的往复摆动对 V 轴没有影响，而它的自转则经 V 轴输出。

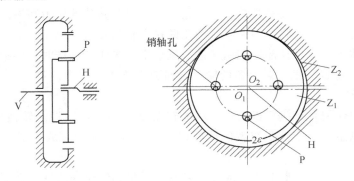

图 6-2-7 内行星齿轮传动机构

Z_1—摆轮即齿轮 1 Z_2—内齿轮即齿轮 2 H—系杆 V—输出轴 P—销轴

行星齿轮机构的减速比由摆轮和内齿轮的齿数来决定，即

$$i = -\frac{z_2 - z_1}{z_1} \qquad (6\text{-}2\text{-}2)$$

式中 i——减速比；

z_1——摆轮的齿数；

z_2——内齿轮的齿数。

一般 z_2 和 z_1 之差为 $1 \sim 4$，故减速比可达很大。式中负号表示摆轮和系杆的转动方向相反。

执行机构的减速器按输出功率的不同，可分为单偏心机构和双偏心机构两种。图 6-2-8 为一级圆柱齿轮传动和一级行星齿轮的单偏心轴传动机构结构示意图。电动机输出轴上的正齿轮 2 带动与偏心轴 6 联为一体的齿轮 3 转动，偏心轴带动齿轮 4（摆轮），沿内齿轮 12 作摆动和自身转动，摆轮的自转通过销轴 5 和联轴器 7 带动输出轴 9 转动，作为执行机构的输出。

在单偏心传动机构中，偏心轴上只套有一个摆轮，因此它具有结构简单，制造、安装方便的优点，但无力平衡装置，在高速运转时，偏心力很大，而且摆轮和内齿轮的啮合对中心轴的径向作用也很大，所以这种结构不适用于高转速、大转矩的传动机构。

在输出转矩较大的执行机构中，可采用双偏心传动机构。它与单偏心机构的区别只是在一根轴上套有两段偏心轴，两段偏心轴上各套有一个摆轮，两个摆轮与内齿轮的啮合处正好相差 $180°$，因此在工作时对中心轴的径向作用力减小，离心力也相互抵消，可以在高转速、大转矩情况下工作。

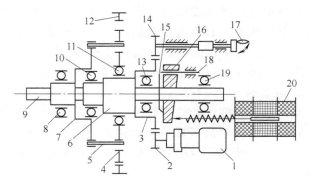

图 6-2-8　单偏心轴传动机构结构示意图

1—伺服电动机　2, 3, 4, 14—齿轮　5—销轴、销套　6—偏心轴
7—联轴器　9—输出轴　8, 10, 11, 13, 19—轴承　12—内齿轮
15—弹簧片　16—凸轮　17—手动部件　18—限位销
20—差动变压器

减速器输出轴的另一端装有弹簧片和凸轮，凸轮借弹簧片的压力和输出轴一起转动。凸轮上有限位槽，用机座上的限位销来限制凸轮即输出轴的转角。

在减速器箱体上装有手动部件，用来进行就地手动操作，操作时只要把手柄拉出使齿轮 14 与齿轮 3 啮合，摇动手柄，减速器的输出轴即随之转动。

3. 位置发送器

位置发送器的作用是将执行机构输出轴的转角（$0 \sim 90°$）线性地转换成 $4 \sim 20mA$ 的直流电流信号，用以指示阀位，并作为位置反馈信号 I_f 反馈到伺服放大器的输入端，以实现整机负反馈。

差动变压器是位置发送器的主要部件，它将执行机构的位移线性地转变成电压输出。差动变压器的结构示意图和原理图如图 6-2-9 所示。

为了得到比较好的线性，差动变压器采用三段式结构。在一个三段式线圈骨架上，中间有一段绕有一个励磁线圈，作为一次侧，由铁磁谐振稳压器供电。两边对称地绕有两个完全相同的二次绕组，它们反相串联，其感应电动势的差值作为输出。在线圈骨架中有一个可动铁心，如图 6-2-9a 所示。铁心与凸轮斜面是靠弹簧压紧相接触的，因此当输出轴旋转时，将带动凸轮使铁心左右移动。凸轮斜面将保证铁心位置与输出轴之转角呈线性关系。

差动变压器二次绕组的感应电压分别为 U_{34} 和 U_{56}，见图 6-2-9b，由于两个二次绕组匝数相等，故输出交流电压 U_o 的大小取决于铁心的位置。交流电压 U_o 经整流滤波，并通过电压—电流转换器得到与差动变压器铁心位置相对应的直流反馈电流。

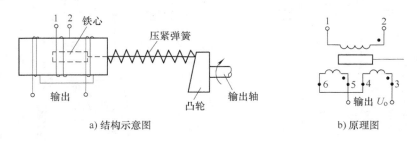

a) 结构示意图　　　　　　　　　　　　b) 原理图

图 6-2-9　差动变压器

第三节　气动执行机构

气动执行机构接受电—气转换器（或电—气阀门定位器）输出的 20～100kPa 气压信号，并将其转换成相应的输出力和推杆直线位移，以推动调节机构动作。气动执行机构有薄膜式和活塞式两种，常见的气动执行机构均属薄膜式，它的特点是结构简单、动作可靠、维修方便、价格低廉，但输出行程较小，只能直接带动阀杆。活塞式执行机构的特点是输出推力大，行程长，但价格较高，只用于特殊需要的场合。

一、气动薄膜式执行机构

1. 结构

（1）传统型气动执行机构　传统型的气动薄膜式执行机构有正作用和反作用两种形式。国产的正作用式执行机构称为 ZMA 型，反作用式执行机构称为 ZMB 型。较大口径的控制阀都是采用正作用式执行机构。图 6-3-1a 为正作用式气动薄膜式执行机构（ZMA）结构图。当信号压力通过上膜盖 1 和波纹膜片 2 组成的气室时，在膜片上产生一个推力，使推杆 5 下移并压缩弹簧 6。当弹簧的作用力与信号压力在膜片上产生的推力相平衡时，推杆稳定在一个对应的位置上，推杆的位移即执行机构的输出，也称行程。图 6-3-1b 所示为反作用式气动薄膜式执行机构（ZMB）结构图。

（2）轻型气动执行机构　轻型气动执行机构在结构上采用多个弹簧，如图 6-3-2 所示为采用双重弹簧的轻型执行机构。

弹簧都内装在薄膜气室中，具有结构紧凑、重量轻、高度降低、动作可靠、输出推力大等特点。本例采用双重弹簧结构，把大弹簧套在小弹簧外，两个弹簧工作高度相同，刚度却不相同，但总刚度是两个弹簧刚度之和。这样就能降低整个执行机构的总高度，使结构更加紧凑。

2. 特性

若不计膜片的弹性刚度及推杆与填料之间的摩擦力，在平衡状态时，气动薄膜式执行机构的力平衡方程式可表示为

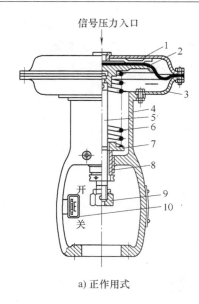

a) 正作用式

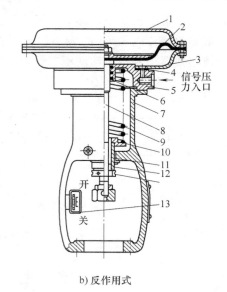

b) 反作用式

图 6-3-1　气动薄膜式执行机构结构图

a）1—上膜盖　2—波纹膜片　3—下膜盖　4—支架　5—推杆　6—压缩弹簧　7—弹簧座
8—调节杆　9—螺母　10—行程标尺

b）1—上膜盖　2—波纹膜片　3—下膜盖　4—密封膜片　5—密封环　6—填块　7—支架
8—推杆　9—压缩弹簧　10—弹簧座　11—调节杆　12—螺母　13—行程标尺

$$l = \frac{A_e}{C_s} p_1 \qquad (6\text{-}3\text{-}1)$$

式中　p_1——气室内的气体压力，在平衡状态时，p_1 等
　　　　　于控制器的输出压力 p_0；

　　　A_e——膜片有效面积；

　　　l——弹簧移位，即推杆的位移（又称行程）；

　　　C_s——弹簧刚度。

　　式（6-3-1）说明在平衡状态时，推杆位移 l 和输入信号 p_1 之间成比例关系，如图 6-3-3 中虚线所示。图中，推杆的位移用相对变化量 l/L 的百分数表示。

　　考虑到膜片的弹性、弹簧刚度 C_s 的变化及阀杆与填料之间的摩擦力，将使执行机构产生非线性偏差和正、反行程变差，如图 6-3-3 中实线所示。通常执行机构的非线性偏差小于 ±4%，正、反行程变差小于 2.5%。实际使用中，将阀门定位器作为气动执行器的组成部分，可减小非线性偏差和变差。

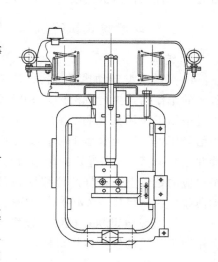

图 6-3-2　采用双重弹簧的
轻型执行机构

　　在动态情况下，输入信号管线存在一定的阻力，而且信号管线和薄膜气室也可以近似为一个气容。因此执行机构可看成是一个阻容环节，薄膜气室内的压力 p_1 和控制器输出压力 p_0 之间的关系可以写为

$$\frac{p_1}{p_0} = \frac{1}{RCs + 1} = \frac{1}{Ts + 1} \qquad (6\text{-}3\text{-}2)$$

式中　　R——从控制器到执行机构间导管的气阻；

　　　　C——薄膜气室及引压导管的气容；

　　　　T——时间常数，$T = RC$。

综合式（6-3-1）和式（6-3-2）可得控制阀推杆位移 l 与控制器输出压力 p_0 之间的关系为

$$\frac{l}{p_0} = \frac{A_e}{(Ts + 1)C_s} = \frac{K}{Ts + 1} \qquad (6\text{-}3\text{-}3)$$

式中　　K——执行机构的放大系数，$K = A_e/C_s$。

由式（6-3-3）可知，气动薄膜式执行机构的动态特性为一阶滞后环节，其时间常数的大小与薄膜气室大小及引压导管的长短和粗细有关，一般为数秒到数十秒之间。

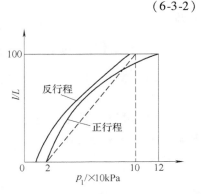

图 6-3-3　气动薄膜式执行机构
输入输出静态特性

二、气动活塞式执行机构

气动活塞式执行机构属于强力气动执行机构，如图 6-3-4 所示。气动活塞式执行机构的主要部件为气缸和活塞，活塞在气缸内随其两侧差压的变化而移动。活塞的两侧可分别输入一个固定信号和可变信号，或两侧都输入可变信号。这种执行机构的输出特性有比例式及两位式两种。两位式是根据输入活塞两侧操作压力的大小，活塞从高压侧被推向低压侧，使推杆从一个位置到另一个极端位置。比例式是在两位式的基础上加有阀门定位器，使推杆位移和信号压力成比例关系。其气缸允许操作压力高达 0.5MPa，且无弹簧推力，因此输出推力很大，特别适用于高静压、高压差、大口径场合。

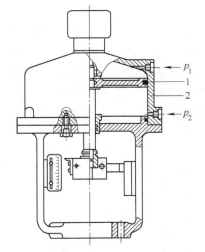

图 6-3-4　气动活塞式执行机构结构图
1—活塞　2—气缸

第四节　电—气转换及阀门定位器

一、电—气转换

电—气转换器是将电动仪表输出的 4～20mA 直流电流信号转换成可被气动仪表接受的 20～100kPa 标准气压信号，以实现电动仪表和气动仪表的联用，构成混合控制系统，发挥电、气仪表各自的优点。

电—气转换器的主要性能指标：基本误差为 ± 0.5% ；变差为 ± 0.5% ；灵敏度为 0.05% 。

二、气动仪表的基本元件

气动仪表由气阻、气容、弹性元件、喷嘴挡板机构和功率放大器等基本元件组成。

1. 气阻

气阻与电子线路中的电阻相似，它可以改变气路中的气体流量。在流体成层流状态时，气阻的大小与两端的压降成正比，与流过的流量成反比，可表示为

$$R = \frac{\Delta P}{M} \tag{6-4-1}$$

式中　R——气阻；

　　　ΔP——气阻两端的压降；

　　　M——气体的质量流量。

气阻有恒气阻（如毛细管、小孔等）与可调气阻（变气阻）以及线性气阻与非线性气阻之分。流过气阻的流体为层流状态时，气阻呈现为线性；而在流过气阻的流体为紊流状态时，气阻呈现为非线性。

2. 气容

气容在气路中的作用与电容在电路中的作用相似，它是一个具有一定容积的气室，是储能元件，其两端的气压不能突变。气容分固定气容和弹性气容两种，气容结构原理图如图 6-4-1 所示。

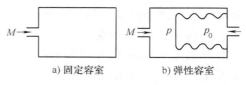

a) 固定容室　　　b) 弹性容室

图 6-4-1　气容结构原理图

根据气体状态方程，固定气容可表示为

$$C = \frac{V}{RT} \tag{6-4-2}$$

式中　V——气室体积；

　　　R——气体常数；

　　　T——气体热力学温度。

由此可见，当温度 T 不变时，气容量 C 与气室的容积 V 成正比，由于固定气室的容积恒定，因此，固定气室的气容量为恒值。

弹性气容的表达式为

$$C = \frac{A_e^2}{C_b}\rho\left(1 - \frac{dp_0}{dp}\right) + \frac{V}{RT} \tag{6-4-3}$$

式中　A_e——波纹管的有效面积；

　　　C_b——波纹管的刚度系数；

　　　ρ——气体密度。

由此可知，弹性气容在工作过程中容积 V 发生变化，则气容量 C 也随之改变，当波纹管内、外压力的变化量不相等时，气容量还与弹性气容的结构变量和内、外压力变化量的比值有关。当内、外压力的变化量相等时，即 $dp_0 = dp$ 时，则弹性气容就变为固定气容。

3. 弹性元件

弹性元件为适应不同的工作目的，可做成不同的结构和形状。它们包括各种不同形状的弹簧、波纹管、金属膜片和非金属膜片等。这些不同结构和形状的弹性元件，在气动仪表中分别用来产生力，存储机械能，缓冲振动，把某些物理量（力、差压、温度）转换为位移，在仪器的连接处产生一定的操纵拉力等。

弹性元件的质量指标有：弹性特性、刚度与灵敏度、滞后与迟滞量、弹性后效现象等。

弹性特性——弹性元件的变形与作用力或其他变量之间的关系。

刚度与灵敏度——通常把使弹性元件产生单位形变（位移）所需的作用力或力矩称为弹性元件的刚度。刚度的倒数称为灵敏度。

弹性滞后与迟滞量——在弹性元件的弹性范围内，逐渐加载和卸载的过程中，弹性特性不重合的现象叫做弹性元件的弹性滞后现象。迟滞量表征滞后最大值。用相对量表示，即弹性元件的正、反行程的位移最大变差 Γ_{max} 与最大位移量 s_{max} 的百分比。

弹性后效现象——弹性元件在弹性变形范围内，其位移（形变）不能立即和所施载荷相对应，需经一段时间后，才能达到相应的载荷形变。弹性元件的弹性后效有时达 2% ~ 3%。

弹性元件的滞后现象和后效现象是弹性元件的缺点，为减小其影响，常用特种合金（如铍青铜）来制作弹性元件。

4. 喷嘴挡板机构

喷嘴挡板机构的作用是把微小的位移转换成相应的压力信号，它由恒节流孔（恒气阻）、节流气室和喷嘴挡板所形成的变节流孔（变气阻）组成，图 6-4-2 为其结构图，图 6-4-3 为其背压和挡板位移特性。

图 6-4-2 中，恒节流孔是一孔径 d 为 0.1 ~ 0.25mm，长为 5 ~ 20mm 的毛细管；喷嘴直径 D 为 0.8 ~ 1.2mm。喷嘴挡板构成一个变气阻，气阻值决定于喷嘴挡板间的间隙 δ。喷嘴和恒节流孔之间的气室直径约 2mm。140kPa 的气源压力 p_s 经恒节流孔进入节流气室，再由喷嘴挡板的间隙排出。当挡板的位置改变时，气室压力 p_B（常称喷嘴背压）也改变。

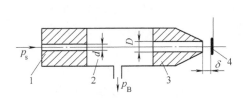

图 6-4-2 喷嘴挡板结构图
1—恒节流孔 2—节流气室 3—喷嘴 4—挡板

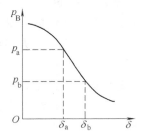

图 6-4-3 喷嘴背压和挡板位移特性

当 δ 在 δ_a ~ δ_b 区间变化时，p_B 和 δ 呈线性关系。δ_a ~ δ_b 是喷嘴挡板的工作区，只有百分之几毫米的变化范围，其间 p_B 有 8kPa 变化量。可见，喷嘴挡板机构把微小的位移变化量转换成相当大的气压信号。p_B 的变化量经功率放大器放大 10 倍后，输出压力为 20 ~ 100kPa。

5. 功率放大器

功率放大器将喷嘴挡板的输出压力和流量都放大，目前广泛采用耗气式放大器，它由壳

体、膜片、锥阀、球阀、簧片、恒气阻等组
成。图 6-4-4 为功率放大器结构原理图。

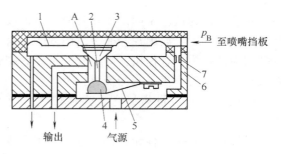

　　当输入信号（喷嘴背压）p_B 增大时，金
属膜片受力而产生向下的推力，此力克服簧
片的预紧力，推动阀杆下移，使球阀开大，
锥阀关小，A 室的输出压力增大。锥阀与球
阀都是可调气阻，这两个可调气阻构成一个
节流气室（A）。当阀杆产生位移时，同时改
变锥阀与球阀的气阻值。一个增加，另一个
减小，即改变了节流气室的分压系数。因此，
对于一定的背压 p_B 就有一输出值与之相对应。

图 6-4-4　功率放大器结构原理图
1—膜片　2—阀杆　3—锥阀　4—球阀
5—簧片　6—壳体　7—恒气阻

三、电—气转换器的工作原理和结构

　　电—气转换器是基于力矩平衡原理工作的，其结构形式有多种，现以具有正、负两个反
馈波纹管的电—气转换器为例讨论其工作原理。转换器由电流—位移转换部分、位移—气压
转换部分、气动功率放大器和反馈部件组成，如图 6-4-5 所示。

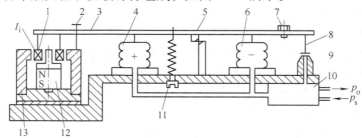

图 6-4-5　电—气转换器结构图
1—动圈　2—限位螺钉　3—杠杆　4—正反馈波纹管　5—十字簧片支承　6—负反馈波纹管
7—平衡锤　8—挡板　9—喷嘴　10—气动放大器　11—调零弹簧　12—铁心　13—磁钢

　　电流—位移转换部分包括动圈、磁钢系统、杠杆和支承；位移—气压转换部分包括杠杆
系统及喷嘴挡板；气动功率放大器将喷嘴的背压进行功率放大后输出气压 p_o；反馈部件为
正、负反馈波纹管。

　　当输入电流 I_i 进入动圈后，产生的磁通与永久磁钢在空气隙中的磁通相互作用，而产
生向上的电磁力，带动杠杆绕支承转动，安装在杠杆右端的挡板靠近喷嘴，使其背压升高，
经气动放大器进行功率放大后，输出压力 p_o。p_o 送给负反馈波纹管产生向上的负反馈力，p_o
同时送给正反馈波纹管产生向上的正反馈力，以抵消一部分负反馈的影响。因而不需太大的
输入力矩就可达到平衡，从而可以缩小磁钢与动圈尺寸以及动圈距簧片支承的距离，大大减
小整个转换器的体积。平衡锤用以平衡整个活动系统的质量，使转换器在倾斜位置上仍能正
常工作，同时也可以提高其抗振性能。作用在杠杆上的力如下：

　　1）测量力 $F_i = K_i I_i$，K_i 为电磁结构常数。

　　2）负反馈力 $F_{f1} = p_o A_1$，A_1 为负反馈波纹管的有效面积。

　　3）正反馈力 $F_{f2} = p_o A_2$，A_2 为正反馈波纹管的有效面积。

4）当杠杆转动角度 φ 时，十字簧片产生的附加力矩为 $M_\varphi = C\varphi$，C 为杠杆系统的等效转角刚度；φ 为杠杆转角。C 和 φ 一般都很小，故附加力矩可略而不计。

5）调零作用力 F_0：通过调零弹簧施加于主杠杆上的作用力。

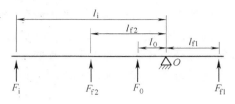

图 6-4-6 杠杆的受力平衡图

图 6-4-6 为杠杆的受力平衡图。O 点为杠杆的支点。按力矩平衡原理可得

$$F_i l_i + F_{f2} l_{f2} + F_0 l_0 = F_{f1} l_{f1} \tag{6-4-4}$$

将 F_i、F_{f2} 和 F_{f1}，代入式（6-4-4），经整理后得

$$p_o = \frac{K_i l_i}{A_1 l_{f1} - A_2 l_{f2}} I_i + \frac{F_0 l_0}{A_1 l_{f1} - A_2 l_{f2}} \tag{6-4-5}$$

由式（6-4-5）可知以下几点：

1）输入电流与输出电流 p_o 呈比例关系。改变 l_{f1} 和 l_{f2} 可调节转换器量程，改变 F_0 可调节转换器零点。式中第二项用以确定转换器输出压力的起始值（20kPa）。

2）当第一项分母（$A_1 l_{f1} - A_2 l_{f2}$）取得较小时，便能减小 $K_i l_i$，从而可缩小转换器的体积。但测量力矩和反馈力矩之差也不能取得过小。为了保证精度，要求它们比附加力矩大得多。

3）第二项分母值与两个波纹管面积之差有关，故波纹管面积随温度变化对输出的影响可以相互抵消，即起到温度补偿作用。

四、阀门定位器

阀门定位器与气动控制阀配套使用，是气动控制阀的主要附件。它接受控制器的输出信号，然后成比例地输出信号至执行机构，当阀门移动后，其位移量又通过机械装置负反馈到阀门定位器，因此定位器和执行机构构成了一个闭环系统，图 6-4-7 所示为阀门定位器功能示意图。来自控制器的输出信号 p_0 经比例放大后输出 p_1，用以控制执行机构动作，位置反馈信号再送回定位器，由此构成一个使阀杆位移与输入压力成比例关系的负反馈系统。

阀门定位器能够增加执行机构的输出功率，减少控制信号的传递滞后，克服阀杆的摩擦力和消除不平衡力的影响，加快阀杆的移动速度，提高信号与阀位间的线性度，从而保证控制阀的正确定位。

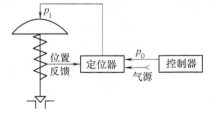

图 6-4-7 阀门定位器功能示意图

1. 气动阀门定位器

气动阀门定位器品种很多，按其工作原理可分成位移平衡式和力（力矩）平衡式两大类。本节介绍力（力矩）平衡式阀门定位器。

（1）动作原理 如图 6-4-8 所示，它是按力平衡原理工作的，当输入波纹管 1 的信号压力 p_0 增加时，主杠杆 2 绕支点 15 逆时针转动，挡板 13 靠近喷嘴 14，喷嘴背压增加并经功率放大器 16 放大后，通入到执行机构 8 的薄膜气室，因其压力增加而使阀杆向下移动，并带动反馈杆 9 绕支点 4 转动，反馈凸轮 5 也跟着作逆时针方向转动，通过滚轮 10 使副杠杆 6 绕支点 7 顺时针转动，并将反馈弹簧 11 拉伸，弹簧 11 对主杠杆 2 的拉力与信号压力 p_0 作用在波纹管 1 上的力达到力矩平衡时仪表达到平衡状态。此时，一定的信号压力 p_0 就对应于一定的阀门位置。弹簧 12 是调零弹簧，调其预紧力可使挡板初始位置变化。弹簧 3 是迁移弹簧，在分程控制系统中用来改变波纹管对主杠杆作用力的初始值，以使定位器在接受不同输入信号范围（20～60kPa 或 60～100kPa）时，仍能产生相同的输入信号。

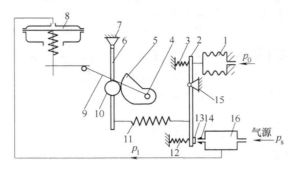

图 6-4-8　力平衡式阀门定位器

1—波纹管　2—主杠杆　3—迁移弹簧　4—凸轮支点　5—凸轮　6—副杠杆　7—支点
8—执行机构　9—反馈杆　10—滚轮　11—反馈弹簧　12—调零弹簧
13—挡板　14—喷嘴　15—主杠杆支点　16—放大器

（2）结构特点

①　采用组合式结构，只要把气动薄膜式阀门定位器的单向放大器换成双向放大器就可以与活塞式执行机构配套使用，有多用性。

②　切换开关用活塞式的 O 形圈密封结构，它比起位移平衡式阀门定位器中采用的平衡板式切换开关，不但加工方便，而且气路阻力小。

③　改变反馈杆长度就可以实现行程调整。将正作用定位器中的波纹管从主杠杆的右侧换到左侧，调节调零弹簧，使定位器的起始压力输出为 100kPa，就能实现反作用调节。

2. 阀门定位器的应用场合

（1）增加执行机构的推力　通过提高定位器的气源压力来增大执行机构的输出力，可克服介质对阀芯的不平衡力，也可克服阀杆与填料间较大的摩擦力或介质对阀杆移动产生的较大阻力。因此阀门定位器能用于高压差、大口径、高压、高温、低温及介质中含有固体悬浮物或黏性流体的场合。

（2）加快执行机构的动作速度　控制器与执行机构距离较远时，为了克服信号的传递滞后，加快执行机构的动作速度，必须使用阀门定位器，一般用于两者相距 60m 以上的场合。

（3）实现分程控制　分程控制时，两台定位器由一个控制器来操纵，每台定位器的工作区间由分程点决定，假定分程点为 50%，则控制器输出 0～50% 时，第一台定位器输出 0～100%，第二台定位器输出为 0；控制器输出 50%～100% 时，第二台定位器输出 0～100%，第一台定位器输出一直保持在 100%。

（4）改善控制阀的流量特性　通过改变反馈凸轮的几何形状可改变控制阀的流量特性，这是因为反馈凸轮形状的变化，改变了执行机构对定位器的反馈量变化规律，使定位器的输出特性发生变化，从而改变了定位器输入信号与执行机构输出位移间的关系，即修正了流量特性。

3. 电—气阀门定位器

配薄膜执行机构的电—气阀门定位器的动作原理图如图 6-4-9 所示，它是按力矩平衡原理工作的。当信号电流通入线圈 AB 时，它与永久磁钢作用后，对主杠杆产生一个力矩，于是挡板靠近喷嘴，经放大器放大后，送入薄膜气室使杠杆向下移动，并带动反馈杆绕其支点转动，连在同一轴上的反馈凸轮也作逆时针方向转动，通过滚轮使副杠杆绕其支点偏转，拉伸反馈弹簧。当反馈弹簧对主杠杆的拉力与永久磁钢及线圈在主杠杆上的力两者力矩平衡时，仪表达到平衡状态，此时，一定的信号电流就对应一定的阀门位置。

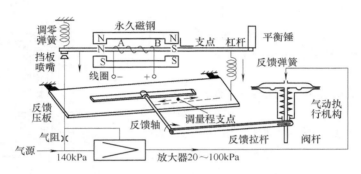

图 6-4-9 电—气阀门定位器的动作原理图

在以下情况下需要采用阀门定位器：

1）需要对阀门作精确调整的场合。

2）管道口径较大或阀门前后压差较大等会产生较大不平衡力的场合。

3）为防止泄漏而需要将填料压得很紧，例如高压、高温或低温等场合。

4）调节介质粘滞度较高等情况。

第五节 调 节 机 构

调节机构又称控制阀（或调节阀），是一个局部阻力可以改变的节流元件。控制阀是按照控制器（调节器或操作器）所给定的信号大小和方向，使阀芯在阀体内移动，改变了阀芯与阀座之间的流通面积，即改变了阀的阻力系数，被控介质的流量相应地改变，以实现调节流体流量，达到控制工艺变量的目的。

一、控制阀结构

控制阀的结构包括阀体、调整机构、阀座和执行器。阀体中有一个孔允许液体或气体流过。调整机构（trim）是用来调节流量的，可以是栓、球、盘或门。阀座中主要是保护材料（典型的是金属或者软聚合物），这些材料放在阀体孔的周围，以保证阀门的关闭，并在有腐蚀性的或固体物品流过阀门时延长阀的使用寿命。控制阀设计成直线的（升杆）或者旋转的。直线阀门通常又称整体阀（globe valve），它的开关是通过在阀体孔和阀座之间垂直移动阀杆而实现的。旋转阀（rotary valve）的开关是通过旋转阀门开关 90°（又称四分之一旋转阀）而实现的，这些阀门通常用来作为开关阀或者流量调整控制阀。执行机构提供开关阀门的力矩。旋转阀更为紧凑、便宜和易于维护。四分之一旋转阀的主要类型包括直通阀、蝶阀、球阀和旋转球阀。

图 6-5-1 所示为常用的直通单座阀，它由上阀盖、下阀盖、阀体、阀座、阀芯、阀杆、填料和压板等零部件组成。执行机构输出的推力通过阀杆使阀芯产生上、下方向的位移。上、下阀盖都装有衬套，对阀芯移动起导向作用，由于上、下都导向，因此称为双导向。阀盖上的斜孔使阀盖内腔和阀后内腔互相连通，阀芯位移时，阀盖内腔的介质很容易经斜孔流入阀后，不致影响阀芯的移动。

由于调节机构直接与被控介质接触，为适应各种使用要求，阀体、阀芯有不同的结构，使用的材料也各不相同，现介绍其中常用的形式。

1. 阀的结构形式

根据不同的使用要求，阀的结构形式有很多，主要有以下几种。

（1）直通单座阀　如图 6-5-2a、b 所示，阀体内只有一个阀芯和一个阀座。此阀的特点是泄漏量小，不平衡力大，因此它适用于泄漏量要求严格、压差较小的场合。

（2）直通双座阀　如图 6-5-2c 所示，阀体内有两个阀芯和阀座。它与同口径的单座阀相比，流通力大 20% ~ 25%。优点是允许压差大，缺点是泄漏量大。本阀适用于阀两端压差较大、泄漏量要求不高的场合；不适宜用于高黏度和含纤维的场合。

（3）角形阀　此阀的结构形式如图 6-5-2d 所示。阀体为直角形，其流路简单，阻力小，适用于

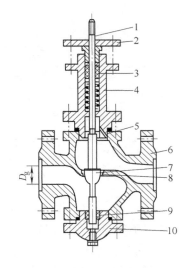

图 6-5-1　直通单座阀
1—阀杆　2—压板　3—填料　4—上阀盖
5—斜孔　6—阀体　7—阀芯　8—阀座
9—衬套　10—下阀盖

高压差、高黏度、含悬浮物和颗粒状物料流量的控制。此阀一般用于底进侧出，稳定性较好。在高压场合下，为了延长阀芯使用寿命，可采用侧进底出，但在小开度时容易发生振荡。

（4）三通阀　此阀的结构形式如图 6-5-2e、f 所示。阀体上有三个通道与管道相连，三通阀分为分流型和合流型。使用中流体温差应小于 150℃，否则会使三通阀变形，造成泄漏或损坏。

（5）蝶阀　此阀的结构形式如图 6-5-2g 所示。挡板靠转轴的旋转来控制流体流量。它由阀体、挡板、挡板轴和轴封等部件组成。此阀结构紧凑、成本低、流通能力大，特别适用于低压差、大口径、大流量气体和带有悬浮物流体的场合，但泄漏量较大。此阀的流量特性在转角达到 70° 前和等百分比特性相似，70° 以后工作不稳定，特性不好，所以蝶阀通常在 0 ~ 70° 转角范围内使用。

（6）套筒阀　此阀的结构形式如图 6-5-2h 所示。套筒阀又叫笼式阀，阀内有一个圆柱形套筒。根据流通能力的大小，套筒的窗口可为四个、两个或一个。利用套筒导向，阀芯可在套筒中上、下移动。由于这种移动改变了节流孔的面积，从而实现流量控制。

此阀具有不平衡力小、稳定性好、噪声低、互换性和通用性强，拆装、维修方便等优点，因而得到了广泛应用。但它不宜用于高温、高黏度、含颗粒和结晶的介质控制。

（7）偏心旋转阀　此阀的结构形式如图 6-5-2i 所示。此阀也是一种新型结构的调节阀。球面阀芯的中心线与转轴中心偏移，转轴带动阀芯偏心旋转，使阀芯向前下方进入阀座。此阀具有体积小、重量轻、使用可靠、维修方便、通用性强、流体阻力小等优点，适用于黏度较大的场合。在石灰、泥浆等流体中，它具有较好的使用性能。

（8）高压阀　此阀的结构形式如图 6-5-2j 所示。高压阀是一种适用于高静压和高压差控制的特殊阀门，多为角形单座，额定工作压力可达 32000kPa。为了提高阀的寿命，根据流体分级降压的原理，目前已采用多级阀芯高压阀。

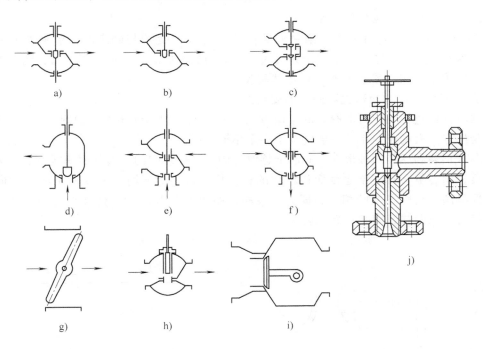

图 6-5-2　阀的结构形式

2. 阀芯形式

根据阀芯的动作形式可分为直行程阀芯和角行程阀芯两大类。其中直行程阀芯又分为下列几种。

（1）平板型阀芯　如图 6-5-3a 所示。此阀芯结构简单，具有快开特性，可作两位控制用。

（2）柱塞型阀芯　如图 6-5-3b、c、d 所示。其中图 b 的特点是上、下可倒装，以实现正、反控制作用，阀的特性常见的有线性和等百分比两种；图 c 适用于角形阀和高压阀；图 d 为球形、针形阀芯，适用于小流量阀。

（3）窗口型阀芯　如图 6-5-3e 所示。它适用于三通控制阀，左边为合流型，右边为分流型，阀特性有直线、等百分比和抛物线三种。

（4）多级阀芯　如图 6-5-3f 所示。它是把几个阀芯串接在一起，起逐级降压作用，用

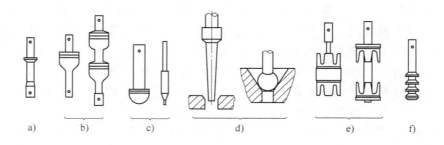

图 6-5-3　直行程阀芯

于高压差阀，可防止汽蚀破坏作用。

图 6-5-4 所示为角行程阀芯。通过阀芯的旋转运动改变其与阀座间的流通截面积。其中，图 a 为偏心旋转阀芯，它适用于偏转阀；图 b 为蝶形阀芯，它适用于蝶阀；图 c 为球形阀芯，它适用于球阀。图中所画为 O 形球阀和 V 形球阀。

3. 流体对阀芯的作用形式和阀芯的安装形式

根据流体通过控制阀时对阀芯的作用方向，分为流开阀和流闭阀，如图 6-5-5 所示。流开阀稳定性好，有利于控制，一般情况下多采用流开阀。

阀芯有正装和反装两种形式：阀芯下移时，阀芯与阀座间的流通截面积减小的称为正装阀；相反，阀芯下移时，流通截面积增加的称为反装阀。对于图 6-5-5a 所示的双导向正装阀，只要将阀杆与阀芯下端相接，即为反装阀，如图 6-5-5b 所示。公称直径 $D_g < 25\text{mm}$ 的阀，一般为单导向式，因此只有正装阀。

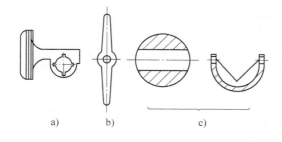

图 6-5-4　角行程阀芯

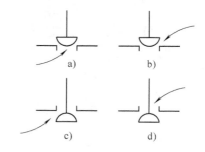

图 6-5-5　两种不同流向的阀
a)、d) 流开阀　b)、c) 流闭阀

二、控制阀的流量系数

1. 控制阀的流量方程

当流体经过控制阀时，由于阀芯、阀座所造成的流量面积的局部缩小，形成局部阻力，使流体在该处产生能量损失。对于不可压缩流体，由能量守恒原理可知，控制阀上的能量损失可表示为

$$H = \frac{p_1 - p_2}{\rho g} \qquad (6-5-1)$$

式中　H——单位质量流体的能量损失；

　　　g——重力加速度；

　　　ρ——流体密度；

　p_1，p_2——控制阀前、后压力。

如果控制阀的开度不变，流体的密度不变，那么单位质量流体的能量损失与流体的动能成正比，即

$$H = \xi \frac{\omega^2}{2g} \tag{6-5-2}$$

式中　ω——流体的平均流速；

　　　ξ——控制阀阻力系数，与阀门结构形式、开度和流体的性质有关。

流体的平均流速算式为

$$\omega = Q/A \tag{6-5-3}$$

式中　Q——流体体积流量；

　　　A——控制阀接管流通面积，$A = \pi D_g/4$，D_g 为阀公称直径。

由式（6-5-1）、式（6-5-2）和式（6-5-3），可得控制阀流量方程为

$$Q = K \frac{A}{\sqrt{\xi}} \sqrt{\frac{(p_1 - p_2)}{\rho}} \tag{6-5-4}$$

式中　K——与量纲有关的常数。

若式（6-5-4）各项采用如下单位：

A 为 cm^2；ρ 为 g/cm^3；p_1、p_2 为 100kPa；Q 为 m^3/h；则

$$Q = \frac{A}{\sqrt{\xi}} \times \frac{3600}{10^4} \times \sqrt{\frac{2 \times 10^5}{10^3} \times \frac{p_1 - p_2}{\rho}} = 5.09 \frac{A}{\xi} \sqrt{\frac{\Delta p}{\rho}} \tag{6-5-5}$$

式（6-5-5）即为不可压缩流体情况下控制阀实际应用的流量方程。当 $(p_1 - p_2)/\rho$ 不变时，流量 Q 仅随阻尼系数 ξ 的变化而变化。控制阀就是按照输入信号通过改变阀芯行程来改变阻力系数，从而达到控制流体介质流量的目的。

2. 流量系数定义

控制阀流量系数用来表示控制阀在某些特定条件下，单位时间内通过的流体的体积或重量。流量系数通常用符号 C 表示。目前国际上对流量系数 C 的定义略有不同，表6-5-1列出了国际上常用的三种流量系数的定义。

表 6-5-1　流量系数的定义

符号	单位制	定义	互相关系
K_V	国际单位制	控制阀全开，阀前后压差为 100kPa，温度为 5 ~ 40℃ 的水（密度为 $1g/cm^3$），每小时流经阀门的体积数，用 m^3 表示	$K_V = 1.01C$ $K_V = 0.865 C_V$
C	工程单位制	控制阀全开，阀前后压差为 $1kg/cm^2$，温度为 5 ~ 40℃ 的水（密度为 $1g/cm^3$），每小时流经阀门的体积数，用 m^3 表示	$C = 0.9903 K_V$ $C = 0.857 C_V$ 我国曾长期使用

（续）

符号	单位制	定义	互相关系
C_V	英制单位	控制阀全开，阀前后压差为 1lb/in^2，温度为 60 ℉ 的水，每分钟流经阀门的加仑数，用美国加仑 US gal 表示	$C_V = 1.156K_V$ $C_V = 1.167C$

根据流量系数 C 的定义，在式（6-5-4）中，令 $p_1 - p_2 = 100\text{kPa}$，$\rho = 1$，可得

$$C = 10K\frac{A}{\sqrt{\xi}}$$

因此，对于其他的阀前后压降和介质密度，则有

$$C = \frac{10Q}{\sqrt{(p_1 - p_2)/\rho}} \tag{6-5-6}$$

由此可以看出，流量系数取决于流通面积 A（控制阀的公称直径 D_g）和阻力系数 ξ。阻力系数 ξ 的大小与流体种类、性质、工况以及控制阀的结构尺寸等因素有关。同类结构的控制阀有相近的阻力系数 ξ，相同口径和结构的控制阀其流量系数大致相等，口径大，流量系数就大。同口径不同结构的控制阀阻力系数 ξ 不同，流量系数也各不相同。为了表示控制阀的容量，规定以阀全开时的流量系数作为其额定流量系数，用 C_{100} 表示。C_{100} 是表示阀流通能力的参数。它作为每种控制阀的基本参数，由阀门制造厂提供给用户。

例如，一台额定流量系数为 32 的控制阀，表示阀全开且其两端的压差为 100kPa 时，每小时最多能通过 32m³ 的水量。

3. 流量系数计算

根据我国有关规定，控制阀计算采用国际单位制，即使用 K_V。流量系数计算式可由控制阀的流量方程即式（6-5-4）直接获得，若将式中 Δp 的单位取为 kPa，则不可压缩流体 K_V 值的计算公式可写为

$$K_V = \frac{10Q\sqrt{\rho}}{\sqrt{\Delta p}} \tag{6-5-7}$$

式中　Q——流过控制阀的体积流量，m^3/h；

　　Δp——阀前后压差，kPa；

　　ρ——流体密度，g/cm^3。

式（6-5-7）适用于不可压缩流体。对于气体或蒸汽等可压缩流体，由于节流前后密度发生了变化，因此需要将此式加以修正。但这些公式在工程使用中有时会与实测值有较大偏差。迄今为止的研究表明，在下列情况下还需对此式作进一步的修正：

1）当流体在阀体内形成阻塞流时。液体和气体都会发生阻塞流。

2）当流体处于非湍流流动状态时。如高黏度或低流速流体的层流状态。

3）阀两端与工艺管道间装有过渡管件时。

其中以阻塞流的影响最大。各种情况下流量系数 K_V 的计算公式见表 6-5-2。

表中，膨胀系数法是目前国际上推荐的修正方法，这种方法引入了临界压差比 X_T，因而考虑了压力恢复系数的影响并以实际的实验数据为依据，提高了计算精度，尤其是对高压力恢复阀更为显著，平均密度法和膨胀系数法适用于可压缩流体的流量系数计算，对于可压缩流体，本节主要介绍用膨胀系数法计算流量系数时的修正方法。除表中所列公式外，工程上也采

用其他方法计算 K_V 值，有关流量系数更详细的计算方法可参阅控制阀工程设计资料。

表 6-5-2 控制阀流量系数计算公式

流体	判别条件	计算公式
液体	非阻塞流 $\Delta p < F_L^2(p_1 - F_F p_V)$	$K_V = 10 Q_L \sqrt{\dfrac{\rho_L}{\Delta p}}$
	阻塞流 $\Delta p \geqslant F_L^2(p_1 - F_F p_V)$	$K_V = 10 Q_L \sqrt{\dfrac{\rho_L}{\Delta p_T}}, \quad \Delta p_T = F_L^2(p_1 - F_F p_V)$
	低雷诺数液体	$K_V' = K_V / K_R, \quad K_V = 10 Q_L \sqrt{\dfrac{\rho_L}{\Delta p}}$

流体	判别条件	平均密度法	膨胀系数法
气体	非阻塞流 $\dfrac{\Delta p}{p_1} < 0.5$	一般气体 $K_V = \dfrac{Q_N}{3.8} \sqrt{\dfrac{\rho_N(273+t)}{\Delta p(p_1+p_2)}}$ 高压气体 $K_V = \dfrac{Q_N}{3.8} \sqrt{\dfrac{\rho_N(273+t)}{\Delta p(p_1+p_2)}} \sqrt{Z}$	非阻塞流 $X < F_K X_T$ $K_V = \dfrac{Q_N}{5.19 p_1 Y} \sqrt{\dfrac{T_1 \rho_N Z}{X}}$ 或 $K_V = \dfrac{Q_N}{24.6 p_1 Y} \sqrt{\dfrac{T_1 M Z}{X}}$ 或 $K_V = \dfrac{Q_N}{4.57 p_1 Y} \sqrt{\dfrac{T_1 G_0 Z}{X}}$
	阻塞流 $\dfrac{\Delta p}{p_1} \geqslant 0.5$	一般气体 $K_V = \dfrac{Q_N}{3.3} \sqrt{\dfrac{\rho_N(273+t)}{p_1}}$ 高压气体 $K_V = \dfrac{Q_N}{3.3} \sqrt{\dfrac{\rho_N(273+t)}{p_1}} \sqrt{Z}$	阻塞流 $X \geqslant F_K X_T$ $K_V = \dfrac{Q_N}{2.9 p_1} \sqrt{\dfrac{T_1 \rho_N Z}{k X_T}}$ 或 $K_V = \dfrac{Q_N}{13.9 p_1} \sqrt{\dfrac{T_1 M Z}{k X_T}}$ 或 $K_V = \dfrac{Q_N}{2.58 p_1} \sqrt{\dfrac{T_1 G_0 Z}{k X_T}}$

流体	判别条件	平均密度法	膨胀系数法
蒸汽	非阻塞流 $\Delta p / p_1 < 0.5$	$K_V = \dfrac{W_s}{0.00827 K'} \dfrac{1}{\sqrt{\Delta p(p_1+p_2)}}$	非阻塞流 $X < F_K X_T$ $K_V = \dfrac{W_s}{3.16 Y} \dfrac{1}{\sqrt{X p_1 \rho_s}}$ 或 $K_V = \dfrac{W_s}{1.1 p_1 Y} \sqrt{\dfrac{T_1 Z}{X M}}$
	阻塞流 $\Delta p / p_1 \geqslant 0.5$	$K_V = \dfrac{140 W_s}{K' p_1}$	阻塞流 $X \geqslant F_K X_T$ $K_V = \dfrac{W_s}{1.78} \dfrac{1}{\sqrt{k X_T p_1 \rho_s}}$ 或 $K_V = \dfrac{W_s}{0.62 p_1} \sqrt{\dfrac{T_1 Z}{k X_T M}}$

流体	判别条件	1. 液体与非液化气体 2. 液体与蒸汽,其中蒸汽占绝大部分	3. 液体与蒸汽,其中液体占绝大部分
两相流	非阻塞流 $\Delta p < F_L^2(p_1 - p_V)$ $X < F_K X_T$	$K_V = \dfrac{W_g + W_L}{3.16} \dfrac{1}{\sqrt{\Delta p \rho_e}}$ 式中,$\rho_e = \dfrac{W_g + W_L}{\dfrac{W_g}{\rho_g Y^2} + \dfrac{W_L}{\rho_L}}$ 或 $\rho_e = \dfrac{W_g + W_L}{\dfrac{8.5 T_1 W_g}{M p_1 Y^2 Z} + \dfrac{W_L}{\rho_L}}$ 或 $\rho_e = \dfrac{W_g + W_L}{\dfrac{T_1 W_g}{2.64 p_1 \rho_N Y^2 Z} + \dfrac{W_L}{\rho_L}}$	$K_V = \dfrac{W_g + W_L}{3.16 F_L} \dfrac{1}{\sqrt{\rho_m p_1(1 - F_F)}}$ 式中,$\rho_m = \dfrac{W_g + W_L}{\dfrac{W_g}{\rho_g} + \dfrac{W_L}{\rho_L}}$ 或 $\rho_m = \dfrac{W_g + W_L}{\dfrac{8.5 T_1 W_g}{M p_1} + \dfrac{W_L}{\rho_L}}$ 或 $\rho_m = \dfrac{W_g + W_L}{\dfrac{T_1 W_g}{2.64 p_1 \rho_N} + \dfrac{W_L}{\rho_L}}$

（续）

<table>
<tr><td rowspan="1">符号及单位</td><td>Q_L——液体体积流量，m^3/h；Δp——阀前、后压差，kPa；ρ_L——控制阀入口温度条件下的液体密度，g/cm^3；Δp_T——临界压差；p_1、p_2——阀前、后绝对压力，kPa；p_v——液体饱和蒸汽压力，kPa；F_L——压力恢复系数；F_F——临界压力比系数；F_R——雷诺数修正系数；t——摄氏温度，℃；Q_N——标准状态下气体流量，m^3/h；ρ_N——标准状态下气体密度，kg/m^3；Z——气体压缩系数，可从有关手册中查出；Y——膨胀系数，可由式（6-5-12）求得；X——压差比，$X = \Delta p/p_1$；T_1——阀入口处流体温度，K；G_o——对空气的相对密度；M——气体分子量；k——气体绝热指数（比热容比）；X_T——临界压差比；F_K——比热容比系数；W_s——蒸汽质量流量，kg/h；ρ_s——蒸汽阀前密度，kg/m^3；K'——蒸汽修正系数；W_g、W_L——气体质量流量、液体质量流量，kg/h；ρ_g——控制阀入口压力、温度条件下气体密度，kg/m^3；ρ_e、ρ_m——两相流有效密度，kg/m^3</td></tr>
</table>

三、流量系数的修正

1. 阻塞流对流量系数的影响

所谓阻塞流是指，当阀前压力 p_1 保持恒定而逐步降低阀后压力 p_2 时，流经控制阀的流量会增加到一个最大极限值 Q_{max}，此时若再继续降低 p_2，流量也不再增加，此极限流量成为阻塞流。如图 6-5-7 所示，当阀压降大于 $\sqrt{\Delta p_{max}}$ 时，就会出现阻塞流。当出现阻塞流时，控制阀的流量与阀前后压降 $\Delta p = p_1 - p_2$ 的关系已不再遵循式（6-5-5）的规律。此时，如果再按式（6-5-5）计算流量，其值会大大超过阻塞流时的最大流量 Q_{max}。因此，在计算流量系数时首先要确定控制阀是否处于阻塞流情况。

1）对于不可压缩流体，其压力在阀内的变化情况如图 6-5-6 所示。图中阀前静压为 p_1，通过阀芯后流束断面积最小，成为缩流，此处流速最大而静压 p_{vc} 最低，以后流束断面积逐渐扩大，流速减缓，压力逐渐上升到阀后压力 p_2，这种压力回升现象称为压力恢复。而 $p_1 - p_2 = \Delta p$ 为不可恢复的压力损失。则当 p_{vc}（缩流断面处的压力）小于入口处温度下流体介质的饱和蒸汽压力 p_v 时，部分液体发生相变蒸发为气体，形成气泡，夹在液体中形成两相流流出控制阀，此过程称为闪蒸。当发生闪蒸时，会出现极限流量。继续降低 p_{vc} 便会形成阻塞流，此时阀前后压差增大，流量不再增大，如图 6-5-7 所示。产生阻塞流时的 p_{vc} 用 p_{vcr} 表示，其值与流体介质物理性质有关，即

$$p_{vcr} = F_F p_v \tag{6-5-8}$$

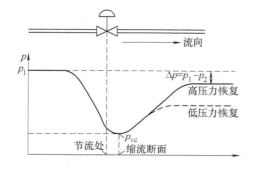

图 6-5-6　控制阀前后压力分布图

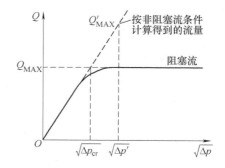

图 6-5-7　p_1 恒定时 Q 与 $\sqrt{\Delta p}$ 的关系曲线

式中，F_F 是液体临界压力比系数，它是阻塞流条件下的缩流断面压力与阀入口温度下的液体饱和蒸汽压力 p_v 之比，是 p_v 与液体临界压力 p_c 之比的函数，可由图 6-5-8 查得或由下式近似求得

$$F_F = 0.96 - 0.28 \sqrt{p_v/p_c}$$

(6-5-9)

式中，p_v、p_c 可从各类介质的物理数据表中查出。

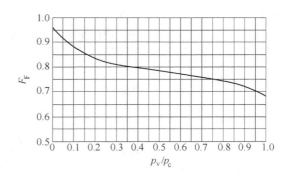

图 6-5-8　液体临界压力比系数 F_F

为了能在计算流量系数时事先确定产生阻塞流时的阀压差 Δp_{cr}，引入了压力恢复系数 F_L，定义为

$$F_L = \sqrt{\frac{\Delta p_{cr}}{\Delta p_{vcr}}} = \sqrt{\frac{(p_1 - p_2)_{cr}}{p_1 - p_{vcr}}}$$

(6-5-10)

F_L 是阀体内部几何形状的函数，试验表明，对一特定形式的控制阀，F_L 是一个固定常数，它只与阀的结构、流路形式有关。它表示控制阀内流体流经节流处后动能变为静能的恢复能力。F_L 只用于不可压缩流体。

由式（6-5-10）可见，只要能求得 p_{vcr} 值，便可得到不可压缩流体是否形成阻塞流的判断条件，显然，$F_L^2 (p_1 - p_{vcr})$ 即为产生阻塞流时的阀压降 Δp_{cr} ［又叫临界压差，常用 Δp_T 表示，$\Delta p_T = F_L^2 (p_1 - F_F p_v)$］，因此，当 $\Delta p \geqslant F_L^2 (p_1 - p_{vcr})$ 或 $\Delta p = F_L^2 (p_1 - F_F p_v)$ 时，为阻塞流情况，需对流量系数计算公式进行修正，此时只要以 $F_L^2 (p_1 - F_F p_v)$ 取代 Δp 代入式（6-5-7）或表 6-5-2 的液体流量系数计算公式中，便可求得正确的流量系数；当 $\Delta p < F_L^2 (p_1 - p_{vcr})$ 或 $\Delta p < F_L^2 (p_1 - F_F p_v)$ 时，为非阻塞流情况，无需修正。

一般 $F_L = 0.5 \sim 0.98$。当 $F_L = 1$ 时，$(p_1 - p_2)_{cr} = p_1 - p_{vcr}$，可以想象为阀前后压差由 p_1 直接下降到 p_{vcr}，与假设理想流体时推导的结果一样。F_L 越小，Δp 比 $p_1 - p_{vcr}$ 小得越多，即压力恢复越大。各种阀门因结构不同，其压力恢复能力和压力恢复系数也不相同。有的阀门流路好，流动阻力小，具有高的压力恢复能力，这类阀门称为高压力恢复阀，如球阀、蝶阀、文丘里角阀等。有的阀门流路复杂，流阻大，摩擦损失大，压力恢复能力差，则称为低压力恢复阀，如单座阀、双座阀等。阀的压力恢复能力大，F_L 小，反之，F_L 大。常用国产阀门的 F_L 值见表 6-5-3。另外还可以从控制阀工程设计资料中查到 F_L 与不同开度时流量系数的关系曲线。

2）对于可压缩流体（气体、蒸汽等），引入了一个称为压差比的系数 X，它定义为控制阀压降 Δp 与入口压力 p_1 之比，即

$$X = \frac{\Delta p}{p_1}$$

(6-5-11)

试验表明，若以空气作为试验流体，对于一个确定的控制阀，当产生阻塞流时，其压差比是一个固定的常数，称为临界压差比 X_T。对其他可压缩流体，只要把 X_T 乘以比热容比系数 F_K，即为产生阻塞流时的临界条件。X_T 的值只决定于阀的结构，即流路形式，可从制造商提供的图表或设计手册中查得 X_T 值，把 $F_K X_T$ 作为判断阻塞流的条件，当 $X \geqslant F_K X_T$ 时为

阻塞流情况，当 $X < F_K X_T$ 时为非阻塞流情况。各类控制阀的 X_T 值见表 6-5-3。

表 6-5-3　IEC 推荐的压力恢复系数 F_L 和临界压差比 X_T

控制阀结构形式		流向	F_L 值	X_T 值
直通单座阀	柱塞形阀芯	流开	0.90	0.72
		流闭	0.80	0.55
	V 形阀芯	任意流向	0.90	0.75
	套筒形阀芯	流开	0.90	0.75
		流闭	0.80	0.70
直通双座阀	柱塞形阀芯	任意流向	0.85	0.70
	V 形阀芯	任意流向	0.90	0.75
角型阀	柱塞形阀芯	流开	0.90	0.72
		流闭	0.80	0.65
	套筒形阀芯	流开	0.85	0.65
		流闭	0.80	0.60
	文丘里形	流闭	0.50	0.20
球阀	O 形	任意流向	0.55	0.15
	V 形	任意流向	0.57	0.25
蝶阀	60°全开	任意流向	0.68	0.38
	90°全开	任意流向	0.55	0.20
偏心旋转阀		流开	0.85	0.61

2. 气体（蒸汽）流量系数的修正

气体、蒸汽等可压缩流体，在流过控制阀时其体积由于压力降低而膨胀，密度也随之减小，不论用阀前密度还是用阀后密度代入式（6-5-7）计算流量系数都会带来较大误差，必须对这种可压缩效应作必要的修正。国际上目前推荐的膨胀系数修正法，其实质就是引入了一个膨胀修正系数 Y 以修正从阀的入口到阀后缩流处气体密度的变化，理论上 Y 值和节流口面积与入口面积之比、流路形状、压差比 X、雷诺数、比热容比系数 F_K 等有关。工程应用中，由于气体介质流速比较高，在可压缩情况下紊流几乎始终存在，雷诺数的影响可以忽略。影响 Y 值的最主要是 X 和 F_K，Y 的数值可由下式求取

$$Y = 1 - \frac{X}{3 F_K X_T} \tag{6-5-12}$$

式中　X_T——临界压差比，查表 6-5-3，也可从设计手册查图获得；

　　　　X——压差比，见式（6-5-11）；

　　　　F_K——比热容比系数，空气的 $F_K = 1$，对非空气介质有 $F_K = k/1.4$（k 是气体的绝热指数，或比热容比，常见气体的 k 值可从手册中查图得到）。

当 $X < F_K X_T$ 时，为非阻塞流，Y 值按式（6-5-12）计算，流量系数可按表 6-5-2 中气体或蒸汽非阻塞流工况计算公式计算；若 $X \geqslant F_K X_T$，为阻塞流，此时，令 $X = F_K X_T$ 而 $Y = 1 - 1/3 = 2/3$，流量系数可按表 6-5-2 中气体或蒸汽阻塞流工况计算公式计算。为了计算方便，计算蒸汽流量系数时采用质量流量，密度采用阀入口温度和压力下的密度。各种常用气体压

缩系数 Z，已根据实验结果绘成曲线，可从有关手册中查出。

3. 低雷诺数对流量系数的修正

用雷诺数可以判断流体的流动状态是层流还是湍流。流量系数是在湍流条件下测得的，雷诺数增大时流量系数基本不变，但雷诺数减小时流量系数会变小，雷诺数很低时流体在层流状态，这时流量与阀压降成正比而不是开方关系，此时必须对雷诺数进行修正。修正后的流量系数为

$$K'_V = K_V/F_R \qquad (6\text{-}5\text{-}13)$$

式中　K_V——按表 6-5-2 非阻塞流时液体流量系数公式计算得到的值；

　　　F_R——雷诺数修正系数，可按雷诺数的大小从图 6-5-9 中查得。雷诺数 Re 可根据控制阀的结构由以下公式求得。

1）对于只有一个流路的控制阀，如直通单座阀、套筒阀、球阀、角阀、隔膜阀等，雷诺数为

$$Re = 70700 \frac{Q_L}{\sqrt{F_L K_V v}} \qquad (6\text{-}5\text{-}14)$$

2）对于有两个平行流路的控制阀，如双座阀、蝶阀、偏心旋转阀，雷诺数为

$$Re = 49490 \frac{Q_L}{\sqrt{F_L K_V v}} \qquad (6\text{-}5\text{-}15)$$

式中　v——液体在流动温度下的运动粘度，mm^2/s（cst）；

　　　K_V——修正前的流量系数；

　　　Q_L——流体的体积流量，m^3/h。

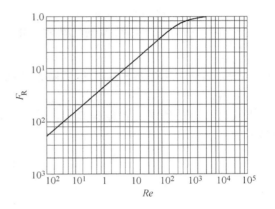

图 6-5-9　雷诺数修正系数 F_R

从图 6-5-9 可见，在工程计算中，当 $Re \geqslant 3500$ 时，$F_R \approx 1$，此时对表 6-5-2 中的流量系数不需要作低雷诺数修正。只有雷诺数 $Re < 3500$ 时，才考虑进行低雷诺数修正。

需要指出的是，在工程中气体流体的流速一般都比较高，相应的雷诺数也比较大，一般都大于 3500。因此，对于气体或蒸汽一般都不必考虑进行雷诺数修正。

4. 管件形状对流量系数的修正

控制阀流量系数计算公式是有一定前提条件的，即控制阀的公称直径 D_g 必须与管道直径 D 相同，而且管道要保证有一定的直管段，如图 6-5-10 所示。

如果控制阀实际配管情况不满足这些条件，特别是在控制阀公称直径小于管道直径，阀两端装有渐缩器、渐扩器等过渡管件的情况下，如图 6-5-11 所示，由于这些过渡管件上的压力损失，使加在阀两端的压降减小，从而使阀的实际流量系数减小。因此，在对流量系数加以修正时必须考虑附接管件的影响。

（1）液体介质时管件形状的修正　非阻塞流时，管件形状修正后的流量系数 K'_V 为

$$K'_V = \frac{K_V}{F_P} \qquad (6\text{-}5\text{-}16)$$

式中，K_V 为未修正前计算出来的流量系数；F_P 为管件

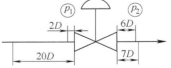

图 6-5-10　控制阀流量系数标准
试验接管方式

形状修正系数；F_P 是流过装有附接管件控制阀的流量与不装有附接管件时的流量之比，两种情况均在非阻塞流条件下测得。

为了保证 ±5% 的最大允许偏差，可以通过实验确定 F_P，其压差值以不出现阻塞流为限。

如果允许采用估计值，可用下式计算

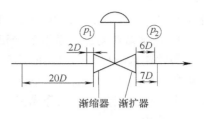

图 6-5-11　有附加管件时控制阀流量
系数试验接管方式

$$F_P = \cfrac{1}{\sqrt{1 + \cfrac{\sum \xi}{0.0016}\left(\cfrac{C_{100}}{d^2}\right)^2}} \tag{6-5-17}$$

式中　C_{100}——初步选定的控制阀的额定流量系数；

d——控制阀口径，mm；

$\sum \xi$——管件压力损失系数代数和，即

$$\sum \xi = \xi_1 + \xi_2 + \xi_{B1} - \xi_{B2} \tag{6-5-18}$$

其中，ξ_1 为阀前阻力系数；ξ_2 为阀后阻力系数；ξ_{B1} 为阀入口处伯努利系数；ξ_{B2} 为阀出口处伯努利系数。

当入口和出口处管件直径相同时，$\xi_{B1} = \xi_{B2}$，在方程中互相抵消。当控制阀前、后管件直径不同时，有

$$\xi_{B1} = 1 - \left(\frac{d}{D_1}\right)^4 \tag{6-5-19}$$

$$\xi_{B2} = 1 - \left(\frac{d}{D_2}\right)^4 \tag{6-5-20}$$

式中　D_1、D_2——阀上、下游管道内径，mm。

如果入口和出口附接管件是较短的同轴渐缩管和渐扩管，系数 ξ_1、ξ_2 为

入口渐缩管：

$$\xi_1 = 0.5\left[1 - \left(\frac{d}{D_1}\right)^2\right]^2 \tag{6-5-21}$$

出口渐扩管：

$$\xi_2 = 1.0\left[1 - \left(\frac{d}{D_2}\right)^2\right]^2 \tag{6-5-22}$$

如果上游管道直径和下游管道直径相同，则 $\xi_{B1} = \xi_{B2}$，此时

$$\sum \xi = \xi_1 + \xi_2 = 1.5\left[1 - \left(\frac{d}{D}\right)^2\right]^2 \tag{6-5-23}$$

式中 D 是管道的内径。如果入口和出口管件不符合上述情况，ξ_1 和 ξ_2 无法计算，只能通过实验获得。

（2）气体介质时管件形状的修正　非阻塞流时（$X < F_K X_{TP}$），修正后的流量系数 K'_V 为

$$K'_V = \frac{Q_N}{5.19 p_1 Y_P F_P}\sqrt{\frac{T_1 \rho_N Z}{X}} \tag{6-5-24}$$

或

$$K'_V = \frac{Q_N}{24.6 p_1 Y_P F_P}\sqrt{\frac{T_1 M Z}{X}} \tag{6-5-25}$$

或

$$K'_V = \frac{Q_N}{4.57 p_1 Y_P F_P}\sqrt{\frac{T_1 G_0 Z}{X}} \tag{6-5-26}$$

阻塞流时（$X \geqslant F_\mathrm{K} X_\mathrm{TP}$），修正后的流量系数 K'_V 为

$$K'_\mathrm{V} = \frac{Q_\mathrm{N}}{2.9 p_1 F_\mathrm{P}} \sqrt{\frac{T_1 \rho_\mathrm{N} Z}{k X_\mathrm{TP}}} \tag{6-5-27}$$

或

$$K'_\mathrm{V} = \frac{Q_\mathrm{N}}{13.9 p_1 F_\mathrm{P}} \sqrt{\frac{T_1 M Z}{k X_\mathrm{TP}}} \tag{6-5-28}$$

或

$$K'_\mathrm{V} = \frac{Q_\mathrm{N}}{2.58 p_1 F_\mathrm{P}} \sqrt{\frac{T_1 G_0 Z}{k X_\mathrm{TP}}} \tag{6-5-29}$$

式中 k——气体绝热指数；

G_0——气体的相对密度（空气 $G_0 = 1$），无量纲；

M——气体分子量；

Z——气体压缩系数。

在附接管件的影响下，气体流经控制阀时，临界压力比 X_T 和膨胀系数 Y 都发生变化，分别以 X_TP 和 Y_P 来表示，其计算公式为

$$X_\mathrm{TP} = \frac{X_\mathrm{T}}{F_\mathrm{P}^2} \frac{1}{\sqrt{1 + \frac{X_\mathrm{T}}{0.0018}(\xi_1 + \xi_{\mathrm{B1}})\left(\frac{C_{100}}{d^2}\right)^2}} \tag{6-5-30}$$

$$Y_\mathrm{P} = 1 - \frac{X}{3 F_\mathrm{F} X_\mathrm{TP}} \tag{6-5-31}$$

此式中 F_F 为液体临界压力比系数，通过图 6-5-8 可以确定此系数值。

管件形状修正是比较繁琐的，有时还必须反复进行计算。为了简化计算过程，对修正量较小者（例如小于 10%）也可考虑不作此项修正。根据资料和实践，若管道直径和阀口径比在 1.25 ~ 2.0 范围内，各种控制阀的管件形状修正系数 F_P 多数大于 0.90，而 F_{LP}（混合液体压力恢复系数）都小于 0.90，因此，除了阻塞流时需要进行管件形状修正外，非阻塞流时，只有球阀、90°全开蝶阀等少数控制阀当 $D/d \geqslant 1.5$ 时才要进行修正。设计手册中把各种调节阀的 C_{100}/d^2 和 F_P、F_{LP}、X_TP、F_{LP}、$F_{\mathrm{LP}}/F_\mathrm{P}$ 等系数，按 D/d 为 1:1.25、1:1.5 及 1:20 三种情况分别给出，为简化计算提供了方便。

以上讨论的流体计算公式适用于介质是牛顿型不可压缩流体、可压缩流体或上述两者的均相流体，对泥浆、胶状液体等非牛顿型流体是不适用的。

四、控制阀结构特性和流量特性

控制阀总是安装在工艺管道上的，其信号关系如图 6-5-12 所示。

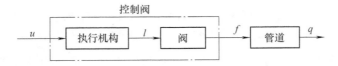

图 6-5-12 控制阀与管道连接框图

u 是控制器输出的控制信号；$q = Q/Q_{100}$ 为相对流量，即控制阀在某一开度下流量 Q 与全开时流量 Q_{100} 之比；$f = F/F_{100}$ 为相对节流面积，控制阀在某一开度下节流面积 F 与全开时

节流面积 F_{100} 之比；$l = L/L_{100}$ 为相对开度，控制阀在某一开度下行程 L 与全开时行程 L_{100} 之比。

控制阀的静态特性：

$$dq/du = K_v \tag{6-5-32}$$

控制阀的动态特性：

$$G_v(s) = \frac{q(s)}{U(s)} = \frac{K_v}{T_v s + 1} \tag{6-5-33}$$

其中，$U(s)$ 是控制器输出控制信号 u 的象函数；$q(s)$ 是被调介质流过阀门相对流量 q 的象函数。K_v 的符号由控制器的作用方式决定，气开式控制阀 K_v 为 "+"，气关式控制阀 K_v 为 "–"。T_v 为控制阀的时间常数，一般很小，可以忽略。但在如流量控制这样的快速过程中，T_v 优势不能忽略。

因为执行机构静态时输出 l（阀门的相对开度）与 u 成比例关系，所以控制阀静态特性又称控制阀流量特性，即 $q = f(l)$。它主要取决于阀的结构特性和工艺配管情况。下面将详细论述控制阀的流量特性。

一般地说，改变阀芯与阀座之间的节流面积便可实现对流量的控制。但是，在节流面积改变的同时，控制阀前后的压差也会发生变化，而此变化又将引起流量的变化。因此，为分析问题方便，先假定控制阀前后的压差恒定不变，然后再引申到真实情况。前一种情况下控制阀的流量特性称为理想流量特性，也称阀的固有流量特性；而后者称为工作流量特性或实际流量特性。

1. 理想流量特性

控制阀的理想流量特性取决于阀芯曲面的形状，不同阀芯曲面形状所对应的理想流量特性曲线如图 6-5-13 所示。

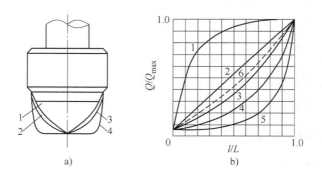

图 6-5-13　不同阀芯曲面形状与理想流量特性
1—快开特性　2—直线特性　3—抛物线特性　4—对数特性

（1）直线流量特性　直线流量特性是指控制阀的相对流量与相对开度为直线关系，即单位行程变化所引起的流量变化为常数，其数学表达式为

$$d\left(\frac{Q}{Q_{max}}\right) \Big/ d\left(\frac{l}{L}\right) = K \tag{6-5-34}$$

式中　K——常数，特性曲线的斜率。

对式（6-5-34）积分得

$$\frac{Q}{Q_{\max}} = K\frac{l}{L} + C \tag{6-5-35}$$

代入边界条件：$l=0$ 时，$Q=Q_{\max}$，$l=L$ 时，$Q=Q_{\max}$，从积分式中可解出常数项为

$$C = \frac{Q_{\min}}{Q_{\max}} = \frac{1}{R}$$

$$K = 1 - \frac{1}{R} \tag{6-5-36}$$

R 称为控制阀的可调比（或可控比），即控制阀所能控制的流量上限和流量下限之比。应当注意，这里的流量下限 $Q_{\min}$ 并不等于控制阀的泄漏量，$Q_{\min}$ 一般为 $Q_{\max}$（2% ~ 4%），而泄漏量仅为 $Q_{\max}$（0.1% ~ 0.01%）。在泄漏量到 $Q_{\min}$ 范围内的流量，控制阀不能按一定的特性来控制。国产控制阀理想可控比 $R=30$。

由此，可得直线流量特性方程为

$$\frac{Q}{Q_{\max}} = \frac{1}{R}\left[1 + (R-1)\frac{l}{L}\right] \tag{6-5-37}$$

由此表明：$Q/Q_{\max}$ 与 l/L 之间在直角坐标系中呈直线关系，因 $R=30$，当 $l/L=0$ 时，$Q/Q_{\max}=0.033$；当 $l/L=1$ 时，即控制阀全开，$Q/Q_{\max}=1$。因此，连接上述两点便可得到直线流量特性曲线，如图 6-5-13 中直线 2。

从式（6-5-37）还可看出：当开度 l/L 变化 10% 时，所引起的相对流量的增量总是 9.67%，但相对流量的变化量却不同，这里以 10%、50%、80% 三点为例。

10% 开度时，流量的相对变化值为

$$\frac{22.7 - 13}{13} \times 100\% = 75\% \tag{6-5-38}$$

50% 开度时，流量的相对变化值为

$$\frac{61.3 - 51.7}{51.7} \times 100\% = 19\% \tag{6-5-39}$$

80% 开度时，流量的相对变化值为

$$\frac{90.3 - 80.6}{80.6} \times 100\% = 11\% \tag{6-5-40}$$

由此可见，直线流量特性控制阀在小开度工作时，流量相对变化量太大，控制作用太强，加剧振荡，易产生超调；在大开度工作时，流量相对变化量太小，控制作用弱，不够及时，因此，从控制系统来讲，直线流量特性控制阀适宜在较大开度下使用。

（2）对数流量特性　对数流量特性是指单位行程变化引起的相对流量变化与该点的相对流量成正比，其数学表达式为

$$d\left(\frac{Q}{Q_{\max}}\right)\bigg/d\left(\frac{l}{L}\right) = K\frac{Q}{Q_{\max}} \tag{6-5-41}$$

将式（6-5-41）积分并代入边界条件，定出常数项，最后可得对数流量特性方程为

$$\frac{Q}{Q_{\max}} = R^{(l/L-1)} \tag{6-5-42}$$

从式（6-5-42）看出，相对开度与相对流量成对数关系，故称对数特性。曲线如图 6-5-

13 中 4 所示。从特性曲线显然可知，它的斜率即控制阀的放大系数 K 是随开度的增加而增大的。在小开度时，流量小，流量的变化量也小，使控制作用平稳缓和；在大开度时，流量大，流量的变化量也大，使控制作用灵敏有效，这就克服了直线流量特性阀的不足，这对自动控制系统的工作是十分有利的。

为了和直线流量特性相比较，同样以开度 10%、50%、80% 三点看，当开度变化 10% 时，其流量相对变化的百分比为

$$\frac{6.58 - 4.67}{4.67} \approx \frac{25.6 - 18.3}{18.3} \approx \frac{71.2 - 50.8}{50.8} \approx 0.40, 即 40\%$$

因此，对数流量特性又称等百分比特性。

（3）快开流量特性　快开流量特性的数学表达式为

$$d\left(\frac{Q}{Q_{max}}\right) \Big/ d\left(\frac{l}{L}\right) = K\left(\frac{Q}{Q_{max}}\right)^{-1} \tag{6-5-43}$$

将式（6-5-43）积分并代入边界条件，同样可求得流量特性方程式为

$$\frac{Q}{Q_{max}} = \frac{1}{R}\left[1 + (R^2 - 1)\frac{l}{L}\right]^{\frac{1}{2}} \tag{6-5-44}$$

这种流量特性在小开度时，流量就比较大，随着行程的增加，流量很快达到最大值，故称为快开特性。特性曲线如图 6-5-13 中 1 所示。设阀座直径为 D，则它的行程一般在 $D/4$ 以内，若行程再增大，阀的流通面积不再增大而失去控制作用。因此，快开流量特性阀比较适用于要求迅速开、闭的位式控制和程序控制系统中。

（4）抛物线流量特性　抛物线流量特性的数学表达式为

$$d\left(\frac{Q}{Q_{max}}\right) \Big/ d\left(\frac{l}{L}\right) = K\sqrt{\left(\frac{Q}{Q_{max}}\right)} \tag{6-5-45}$$

将式（6-5-45）积分并代入边界条件可解得

$$\frac{Q}{Q_{max}} = \frac{1}{R}\left[1 + (\sqrt{R} - 1)\frac{l}{L}\right]^2 \tag{6-5-46}$$

特性曲线如图 6-5-13 中 3 所示，它介于直线流量特性与对数流量特性之间，从而弥补了直线流量特性小开度时控制性能差的缺点。

2. 工作流量特性

（1）串联管道中的工作流量特性　当控制阀串联安装于工艺管道时，除控制阀外，还有管道、装置、设备存在着阻力，该阻力损失随着通过管道的流量成平方关系变化。因此，当系统两端总压差 Δp 一定时，控制阀上的压差就会随着流量的增加而减小，如图 6-5-14 所示。

这种压差的变化又会引起通过控制阀的流量变化，从而使阀的理想流量特性转变成为工作流量特性。

设系统的总压差为 $\Delta p_{系统}$，控制阀全开时阀前后压差为 $\Delta p_{全开}$，则

$$S = \frac{\Delta p_{全开}}{\Delta p_{系统}} \tag{6-5-47}$$

定义为压降比，也称阀阻比，控制阀全开时的压降比也用 S_{100} 表示。S 表示了控制阀全开时阀上的压降占系统总压降的多少。这样，不同串联管道中的理想流量特性的变化情况可

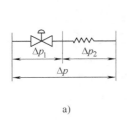 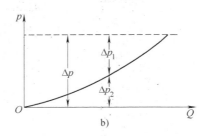

图 6-5-14　阀串联于管道中压差变化情况

用 S 来描述，如图 6-5-15 所示。

由图可见，当 $S=1$ 时，管道阻力损失为零，系统的总压差几乎全部降在控制阀上，此时即所谓理想特性。当 S 越小时，分配到控制阀上的压降越小，特性曲线下移，使理想直线流量特性畸变为快开特性，理想对数流量特性畸变为直线特性。可见，S 太小对控制是不利的，因此，一般要求 S 不小于 0.3。

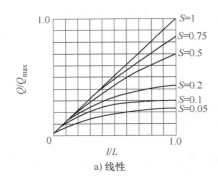 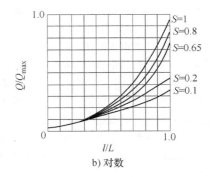

图 6-5-15　串联管道时的工作流量

（2）并联管道中的工作流量特性　控制阀装于并联管道时，一般都装有手动旁路阀，如图 6-5-16 所示。设置手动控制阀的目的在于当控制系统失灵时，可用它作手动控制之用，以保证生产的连续进行。有时，由于产量提高，需要控制的流量增大，而原选用的控制阀又不能满足这一需要，这时也只好将手动旁路阀打开一点，这时管道流量将是通过控制阀的流量 Q_1 与旁路流量 Q_2 之和。在这种情况下，控制阀的特性也将发生变化而成为工作流量特性。

定义控制阀全开时通过的流量 $Q_{全开}$ 与总管最大流量 Q_{max} 之比为 x，则不同 x 值下的工作流量特性如图 6-5-17 所示。

从图可见：当 $x=1$ 时，即旁路完全关闭，控制阀的工作流量特性与理想流量特性一致。随着 x 值的逐渐减小，虽然控制阀本身的流量特性曲线形状没有变化，但管道系统的可控比将大大降低，泄漏量也增大。在实际系统中，总是同时存在着串联管道阻力的影响，其阀上的压差随着流量的加大而降低，这就使系统的

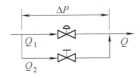

图 6-5-16　阀并联于管道

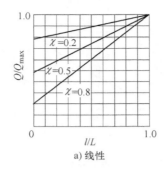 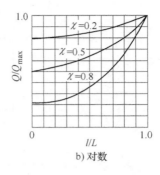

图 6-5-17　并联管道时的工作流量特性

可控比更多地下降，从而控制阀在动作过程中流量变化更小，甚至几乎不起控制作用。可见，阀并联于管道这种工作方式是不好的。因此，要求 x 值不应低于 0.8，即旁路量最多只能是总流量的百分之十几。

思考题与习题

6-1　执行器在过程控制中起什么作用？常用的电动执行器与气动执行器有何特点？

6-2　执行器由哪几部分组成？各部分的作用是什么？

6-3　简述电动执行器的构成原理，伺服电动机的转向和位置与输入信号有什么关系？

6-4　伺服放大器如何控制电动机的正反转？

6-5　确定控制阀的气开、气关作用方式有哪些原则？试举例说明。

6-6　直通单、双座调节阀有何特点，适用于哪些场合？

6-7　什么是控制阀的可调比？串联或并联管道时会使实际可调比如何变化？

6-8　什么是控制阀的流通能力？确定流通能力的目的是什么？

6-9　什么是控制阀的流量特性？什么是控制阀的理想流量特性和工作流量特性？为什么说流量特性的选择是非常重要的？

6-10　为什么要使用阀门定位器？它的作用是什么？

第七章 被控对象

要设计一个控制性能良好的过程控制系统，首先要了解和掌握控制对象的特性，而用数学方法对过程特性进行描述、分析就是过程控制系统数学模型。过程建模在过程控制系统的分析与综合中起着至关重要的作用。本章描述过程控制模型的基本概念，介绍过程建模的方法（详细阐述利用机理法和实验法建模的原理、方法和步骤）、模型参数对控制性能的影响以及常见工业过程模型等基础知识。通过本章，读者对过程控制的模型以及建模能有一个全面的认识。

第一节 过程模型概述

一、过程建模的目的和要求

在不同的工业生产中，被控对象的类型很多。常见的对象有各种换热器、蒸发器、反应器、储液罐/槽、泵、压缩机、锅炉、离心机、气体输送设备等。这些被控对象的特性是由工艺设备决定的。它们的特性各有不同，有的很稳定，生产过程易操作，工艺变量能较平稳地控制；而有的不稳定，生产过程很难操作，工艺变量易产生大幅度的波动，稍有不慎就会超出工艺允许的正常范围，严重时甚至造成事故。因此，只有充分全面了解被控对象的特性，掌握它的内在规律及特点，才能设计出适于被控对象特性的最优控制方案，从而选择合适的测量变送仪表、控制器、控制阀及合适的控制器参数。特别是在设计新型复杂和高质量控制方案时，更要深入研究被控对象的特性。

研究分析被控对象的特性，就是要建立描述被控对象特性的数学模型。从最广泛的意义上说，数学模型是事物行为规律的数学描述，是描述事物在稳态下的行为规律。被控过程的数学模型，是反映被控过程的输出量与输入量之间的数学描述，或者说是描述被控过程因输入作用导致输出量变化的数学表达式。

1. 过程建模的目的

在工业过程控制中，建立被控对象数学模型的主要目的如下：

1）设计过程控制系统及整定控制器参数。

在设计过程控制系统时，选择控制通道、确定控制方案、分析质量指标、探讨最佳工况以及控制器参数的最佳整定等都以被控过程的数学模型为重要依据。

2）进行工业过程优化。

进行生产过程的最优控制，需要充分掌握被控过程的数学模型，只有深刻了解对象的数学模型才能实现工业过程的最优设计。

3）进行被控过程仿真研究。

通过对过程的数学模型进行仿真实验，在计算机上进行计算、分析，以获取代表或逼近真实过程的定量关系，可以为过程控制系统的设计与调试提供所需的信息数据，从而大大降低设计实验成本，加快设计进程。

其他的目的还有进行工业过程的故障检测与诊断、设计设备起动与停止的操作方案和培训操作人员。

2. 过程建模的要求

工业过程数学模型的要求因其用途不同而不同。总体来说是简单且准确可靠。但这并不意味着越准确越好，应根据实际情况提出适当的要求。在线运用的数学模型还有实时性的要求，它与准确性要求往往是矛盾的。

一般来说，用于控制的数学模型由于控制回路具有一定的鲁棒性，所以不要求非常准确。因为模型的误差可以视为扰动，而闭环控制在某种程度上具有自动消除扰动影响的能力。

在过程控制中实际应用的数学模型（传递函数）的阶次一般不高于三阶，通常采用的是带有纯滞后的一阶惯性环节和带有纯滞后的二阶振荡环节的形式，其中最常见的是带有纯滞后环节的一阶惯性环节形式。

实际生产过程的动态特性是非常复杂的。控制工程师在建立数学模型时，不得不突出主要因素，忽略次要因素，否则就不能得到可有的模型，为此往往进行许多近似处理，例如线性化、分布参数系统集总化和模型降阶处理等。在这方面有时很难得到工艺工程师的理解。从工艺工程师角度看，有些近似处理简直是难以接受的，但却能满足控制要求。

二、过程模型的分类

数学模型是对象的性质在更深层次上的反映，它能深刻、集中地反映对象的本质，是以一定的精度在一定层次上对真实系统结构信息的抽象。

工业过程的数学模型分为静态数学模型和动态数学模型。从控制角度看输入变量就是操纵变量和扰动变量，输出变量是被控变量。

1. 过程静态数学模型

静态数学模型是输入变量和输出变量之间不随时间变化情况下的数学关系。工业过程的静态数学模型用于工艺设计和最优化，同时也是考虑控制方案的基础。

2. 过程动态数学模型

动态数学模型是表示输出变量与输入变量之间随时间而变化的动态关系的数学描述。被控对象动态数学模型类型有以下三种：

（1）集中参数数学模型　模型中各个变量均按分布参数处理，常用常微分方程来描述。

（2）分布参数数学模型　模型中各个变量均按分布参数处理，即各个变量不仅是时间的函数，而且也是空间的函数，常用偏微分方程来描述。

（3）多级数学模型　模型中各个变量都是按时间离散化的，激励模型常常相当复杂，求解有时也很困难，需用计算机进行时间模拟。

工业过程的动态数学模型则用于各类自动控制系统的设计和分析，用于工艺设计和操作条件的分析和确定。动态数学模型的表达方式很多，对它们的要求也各不相同，主要取决于建立数学模型的目的。

三、自平衡与无自平衡

对象受到干扰作用后平衡状态被破坏,无需外加任何控制作用,依靠对象本身自动趋向平衡的特性称为自平衡,具有这种特性的控制过程称为自平衡过程。如图 7-1-1a 所示,如果被控量只需稍改变一点就能重新恢复平衡,就说该过程的自平衡能力强。自平衡能力的大小由对象静态增益 k 的倒数衡量,称为自平衡 ρ,即

$$\rho = \frac{1}{k} \tag{7-1-1}$$

也有一些被控对象,当受到干扰作用后平衡关系破坏,不平衡量不因被控量的变化而改变,因而被控量将以固定的速度一直变化下去而不会自动地在新的水平上恢复平衡。这种控制过程不具有自平衡特性,称为无自平衡过程,如图 7-1-1b 所示。

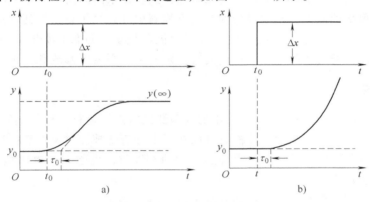

图 7-1-1 过程的阶跃响应曲线

自平衡是一种自然形式的负反馈,好像在过程内部具有比例控制作用,但对象的自平衡作用与系统的控制作用完全不同,后者靠控制器施加的控制作用消除输入量和输出量之间的不平衡。

例如简单的水箱液位对象,当水的流入量与流出量相等时,液位保持不变;若流入的水量突然增大,水位随即上升,随着水位的上升,水箱的液体静压力增高,使水的流出量相应增大,这一趋势将使水的流出量再次等于流入量,液位在新的平衡状态下稳定下来,因此水箱液位对象具有自平衡能力,是自平衡过程。

第二节 过程控制系统建模方法

过程的数学模型主要决定于生产过程本身的物理化学特性,并与生产设备的结构和运行状态有关。建立过程数学模型的基本方法,一般来说有机理法建模、实验法建模以及机理法和实验法相结合建模的方法。

一、机理法建模

机理法建模又称为数学分析法建模或理论建模,可用于一些简单的被控过程。它原则上采用数理方法,根据过程的内部机理(运动规律),运用一些已知的定律、原理,如生物学

定律、化学动力学原理、物料平衡方程、能量平衡方程、传热传质原理等，经过推演和简化而得到描述过程动态特性的数学模型。

由此可见，利用机理法建模首先必须对生产过程的机理有充分的了解，并且能够比较准确地用数学语言进行描述，如果缺乏充分可靠的先验知识，就无法得到正确的数学模型。机理法建模的最大特点是当生产设备还处于设计阶段时就能建立数学模型。由于该模型的参数直接与设备的结构、性能参数有关，因此，对新设备的研究和设计具有重要的意义。

采用机理法建模时，利用物质与能量平衡关系以及相应的物理、化学定理，列写出相应的（代数、微分）方程，并进行一定的运算、变换，即可得到需要的传递函数，一般情况下，由机理导出的微分方程往往比较复杂，此时就需要对模型进行简化，以获得实用的数学模型。简化模型的方法有三种：一是在开始推导时就引入简化设定，使推导出的方程在符合过程主要客观事实的基础上尽可能简单；二是在得到较复杂的高阶微分方程时，用低阶的微分方程或差分方程来近似；三是对得到的原始方程利用计算机仿真，得到一系列的响应曲线（阶跃响应或频率特性），根据这些特性，再利用低阶模型去近似，如有可能，要对所有的数学模型进行验证，若与实际过程的响应曲线差别较大，则需要修改和完善。

二、实验法建模

实验法建模是根据被控对象输入/输出的实验测试数据，进行某种数学处理后得到模型，此方法又称为系统辨识。用实验法建模时可以在不十分清楚被控对象内部机理时，把研究的过程视为一个黑匣子，完全从外特性上描述它的动态性质，也称为"黑箱模型"。复杂过程一般都采用实验法建模。

实验法建模又可分为经典辨识法和系统辨识法两大类：

（1）经典辨识法 不考虑测试数据中偶然性误差的影响，只需对少量的测试数据进行比较简单的数字处理，计算工作量一般较小。经典辨识法包括时域法、频域法和相关分析法。

采用经典辨识法直接获得的是非参数模型，一般是时间或频率为自变量的实验曲线或数据集。用阶跃函数、脉冲函数、正弦波函数或随机函数作用于过程，直接得到的是阶跃响应、脉冲响应、频率响应、相关函数或谱密度，它们都是图形或数据集，对本类方法的对象，只需作出线性假设，并不需要事先确定模型的具体结构，因而本类方法适用范围广，工程上获得了广泛应用。

对非线性模型，可以直接作为辨识的结果，即直接用阶跃响应或脉冲响应作为对象模型；有时还需要将图形或数据集转化为传递函数或其他形式的参数模型。

（2）系统辨识法 其特点是可以清除测试数据中的偶然性误差即噪声的影响，为此就需要处理大量的测试数据，计算机是必不可少的工具。它所涉及的内容很丰富，已形成一个专门的学科分支。系统辨识方法不需要过程的先验知识。

用实验法建模一般比机理法简单，通用性强，尤其对复杂的生产过程，其优势更加明显。如果机理法和实验法都能达到同样的目的时，一般优先选择实验法。

三、机理法与实验法相结合

当用单一的机理法或实验法建立复杂的过程控制数学模型比较困难时，可采用将机理法和实验法相结合的方法来建立数学模型。通常有两种方法，一种是部分采用机理法推导出相应部分的数学模型，该部分往往是工作机理非常熟悉的部分；对于其他尚不熟悉或不能肯定的部分则采用实验法得出其数学模型。这种方法可以大大减少全部采用实验法建模的工作难度，适用于多级过程。另一种是先通过机理分析确定模型结构形式，再通过实验数据来确定模型中各个参数的具体数值。这种方法实际上是机理法建模和参数估计两者的结合。

第三节　机理法建立过程数学模型

一、基本原理

工业生产过程中的工业窑炉、精馏塔、反应器、物料输送装置等设备都是过程控制的被控对象。被控参数有温度、压力、液位、湿度和 pH 值等。从控制角度看尽管过程控制中被控对象各种各样，但它们在本质上有许多相似之处，其中最重要的特点是它们都是关于物质和能量的流动与转换，而且被控参数和控制变量的变化都与物质和能量的流动与转换有着密切的关系，这正是机理法建模的主要依据。

机理法建模也称为过程动态学方法，它的特点是把研究的过程视为一个透明的匣子，不但可以得到过程输入变量和输出变量之间的关系，也可以得到一些内部状态和输入/输出之间的关系，使人们对过程有一个比较清晰的了解，因此建立的模型也称为"白箱模型"。

机理法建模的主要步骤如下：

1）根据建模过程和模型使用目的进行合理假设。任何数学模型都有一定的假设条件，由于模型的应用场合与要求不同，假设条件也不相同，所以同一个过程最终所得的模型有可能不同。

2）根据过程的结构以及工艺生产要求进行基本分析，确定过程的输入/输出变量。

3）根据过程的内在机理列写出动态方程组。过程建模的主要依据是物料和能量的动态平衡关系；其次是过程内部发生的物理、化学变化遵循的定律和相关的动量平衡方程、相平衡方程；还有反映流体流动、传热、化学反应等规律的运动方程、物性方程和某些设备的特性方程等，通过这些方程式就可以得到描述过程动态特性的方程组。

4）消去中间变量，得到只含有输入变量和输出变量的微分方程式或传递函数。

5）在满足控制工程要求的前提下，对动态数学模型进行必要简化。如果微分方程是非线性的，则对其进行线性化处理。

二、单容过程的数学模型

单容过程是指一个具有储存容量的过程。单容过程可以分为自平衡单容过程和无自平衡单容过程。

1. 自平衡单容过程

典型自平衡单容过程如图 7-3-1 所示。

过程受到干扰作用后，平衡状态被破坏，无需外加任何控制作用，依靠过程本身自动平衡的倾向，逐渐达到新的平衡状态的性质，称为自平衡能力。例如简单的水箱液位对象，当水的流入量与流出量相等时，液位保持不变。当流入侧的阀门突然开大时，水的流入量阶跃增多，液位便开始上升，随着液位的升高，水箱内液体的静压力增大，使水的流出量跟着增多，这一趋势会使流出量再次等于流入量，液位就在新的平衡状态下稳定下来，如图 7-3-1 所示。自平衡是一种自然形式的负反馈，好像在过程内部具有比例控制器的作用，但过程的自平衡作用与系统的控制作用完全不同，后者是靠控制器施加的控制作用以消除流入量与流出量之间的不平衡的。

控制过程有无自平衡能力，决定于过程本身的结构，并与生产过程的特性有关。凡是受到干扰后，不依靠外加控制作用就能重新达到平衡状态的过程都具有自平衡能力，否则就没有自平衡能力。

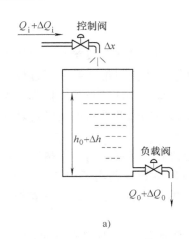

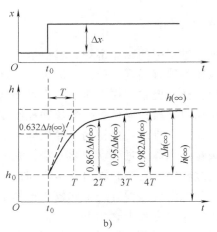

图 7-3-1　单容过程及其阶跃响应曲线

（1）无纯滞后单容过程　前述水箱内的液位对象就代表单容过程，在稳态下，$Q_o = Q_i$，液位 h 保持不变；若控制阀突然开大一些，$Q_i > Q_o$，液位逐渐上升，如果流出侧负载阀的开度不变，则随着液面的升高而流出量逐渐增大，这时流入量与流出量之差为

$$\Delta Q_i - \Delta Q_o = \frac{dV}{dT} = A \frac{d\Delta h}{dt} \tag{7-3-1}$$

式中　Q_i，Q_o——流入量与流出量的微变量；

$\quad\quad dV$——储存液体的微变量；

$\quad\quad A$——水箱横截面积；

$\quad\quad \Delta h$——液位微变量。

流入量的变化与控制阀的开度 Δx 有关，即

$$\Delta Q_i = k_x \Delta x$$

式中　k_x——控制阀的流量系数。

流出量与液位变化关系可表示为

$$Q_o = k \sqrt{h_o}$$
$$\Delta Q_o = k \Delta h / (2 \sqrt{h_o})$$

式中　k——比例系数。

可见流量与液位是非线性的二次函数关系，过程的特性方程也将是非线性的。当只考虑液位与流量均只在有限小的范围内变化时，就可以认为流出量与液位变化呈线性关系，令

$k/$（$2\sqrt{h_\circ}$）$=1/R$，则有 $\Delta Q_\circ = \dfrac{1}{R}\Delta h$，由此得流阻 R 为

$$R = \Delta h/\Delta Q_\circ \tag{7-3-2}$$

将 $\Delta Q_\circ$ 及 ΔQ_i 代入式（7-3-1）即得

$$RA\frac{\mathrm{d}\Delta h}{\mathrm{d}t} + \Delta h = k_x R\Delta x$$

写成一般的形式：

$$RC\frac{\mathrm{d}\Delta h}{\mathrm{d}t} + \Delta h = K\Delta x$$

或

$$T\frac{\mathrm{d}\Delta h}{\mathrm{d}t} + \Delta h = K\Delta x \tag{7-3-3}$$

式中　C——液容，又叫容量系数，即水箱横截面积 A；

　　　T——过程的时间常数，$T = RC$；

　　　K——过程的放大系数，$K = k_x R$。

Δh 与 Δx 经拉普拉斯变换为 H（s）与 X（s），得到用传递函数表示的过程数学模型为

$$\frac{H(s)}{X(s)} = \frac{K}{Ts + 1} \tag{7-3-4}$$

解式（7-3-3）得

$$\Delta h = K\Delta x(1 - \mathrm{e}^{-t/T}) \tag{7-3-5}$$

这就是单容过程的阶跃响应，其曲线如图 7-3-1b 所示。显然，过程的特性与放大系数 K 和时间常数 T 有关。

1）放大系数 K。过程输出量变化的新稳态值与输入量变化值之比，称为过程的放大系数。上例水箱液位对象，流入水量的大小以阀门开度变化值 Δx 表示，即当阀门开度增大 Δx 时，液位相应升高 Δh（∞）并稳定不变。因此过程的放大系数可以表示为

$$K = \Delta h(\infty)/\Delta x \tag{7-3-6}$$

此式表明，放大系数 K 与被控量的变化过程并无直接关系，只与被控量的变化终点与起点相关，故放大系数是过程的静态特性参数。

应当指出，过程的输入与输出不一定是同一个物理量，其量纲也不尽相同，如输入与输出均以变化值的百分数表示，则 K 为一个无因次的比值。这样表示对分析问题比较简单。

其次，把放大系数视为常数，只适合于线性系统。实际上，在不同负荷下，K 随负荷大小而有增减，但在扰动量小的情况下，把 K 视为常数仍然是允许的。

2）时间常数 T。由图 7-3-1b 可见，时间常数是指被控量保持起始速度不变而达到稳定值所经历的时间 T，图中自起点沿响应曲线作切线，与新的稳态值 h（∞）线相交，其交点与起始点之间的那段时间间距，就是时间常数 T。

由式（7-3-5）可知，时间常数 T 反映的是过程受到阶跃扰动作用后（这里指的是 Δx），被控量（这里指的是 Δh）变化的快慢速度，当 $t = 0$ 时，$\Delta h = 0$，即被控量没有变化，当 $t = T$ 时，$\Delta h = 0.632h$（∞），经过 T 后，被控量变化值达到稳态值的 63.2%，$2T$ 后达到 86.5%，$3T$ 后达到 95%，$4T$ 后达到 98.2%，$5T$ 后达到 99.3%，达到新的稳态值理论上要经过无限长的时间，实际上，被控量在稳态值的 2% 范围内波动时，就认为已经达到新的稳态了，故 $4T$ 时间常数是评价响应时间长短的标准。T 大，响应时间长；T 小，响应时间短。

时间常数 $T = RC$，与 RC 电路的时间常数具有相同的量纲，其值反映了过程容量与惯性的大小，过程容量与惯性大的时间常数也大，相反则时间常数小。可见，时间常数是由容量与阻力决定的动态参数。

3）阻力 R。凡是物质或能量的转移，都要克服阻力，阻力的大小决定于不同的势头和流率。图 7-3-2 表示几种不同的阻力，它们共同的特点是具有比例特性。图 7-3-2a 表示电阻，它决定于电压 u 和电流 i，其传递函数为

$$W(s) = \frac{I(s)}{U(s)} = \frac{1}{R_I} \tag{7-3-7}$$

电过程的电阻 R_I 为

$$R_I = \frac{\mathrm{d}u}{\mathrm{d}i} \tag{7-3-8}$$

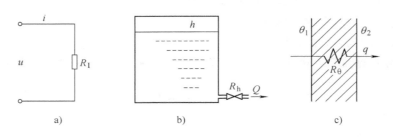

图 7-3-2　几种不同形式的阻力

图 7-3-2b 表示流阻（液阻），阻力的大小决定于流体的液面差变化 和流量变化 $\mathrm{d}Q$，其传递函数为

$$W(s) = \frac{Q(s)}{H(s)} = \frac{1}{R_h} \tag{7-3-9}$$

液体流动过程中的流阻为

$$R_h = \frac{\mathrm{d}\Delta h}{\mathrm{d}Q} \tag{7-3-10}$$

图 7-3-2c 表示热阻，决定于温度差变化 $\mathrm{d}\Delta\theta$ 与热流量变化 $\mathrm{d}q$，其传递函数为

$$W(s) = \frac{Q(s)}{\Theta(s)} = \frac{1}{R_\theta} \tag{7-3-11}$$

热过程中的热阻 R_θ 为

$$R_\theta = \frac{\mathrm{d}\Delta\theta}{\mathrm{d}q} \tag{7-3-12}$$

可见，不同过程所具有的阻力，就是被控量 y 发生变化时，对流量 Q 的影响，可表示为

$$R = \mathrm{d}y/\mathrm{d}Q \tag{7-3-13}$$

它与式（7-3-2）是一致的，如前述单容水箱中的液位过程，负载阀具有的流阻可以这样理解，它是使流量产生单位变化时液位差变化的大小，显然由式（7-3-2）可得：$\Delta h = R\Delta Q_0$。

应该看到，当过程处于平衡状态时，流入量与流出量以及被控量都处于相对稳定的状态，阻力就显得没有意义，只要因扰动而产生不平衡，稳定被破坏，阻力就起作用，故阻力与放大系数 K 及时间常数 T 相关。仍沿前例，由于阻力不同，在同样扰动作用下，被控量

变化有快有慢，达到稳定所经历的时间也就长短不一，如图 7-3-3 所示。图中曲线 1 为原来的响应曲线。曲线 2 中，负载阀开度增加，流阻 R 减小，液位只需很小变化就能引起流出量 ΔQ_o 发生较大的变化，被控量很快达到新的较低稳定值，因而响应过程缩短，$T_2 < T_1$，$K_2 < K_1$。相反，如果负载阀的开度减小，即流阻 R 增大，则液位要改变较多，才能使 ΔQ_o 相应增大，被控量要经过更长的时间才能达到新的稳态值，如曲线 3，这时，$T_3 > T_1$，$K_3 > K_1$。一般来说，希望过程阻力小些，则时间常数较小，响应较快，容易获得较好的控制效果。但有时也不希望阻力太小，以免响应过程过于灵敏，反而造成系统不稳定。

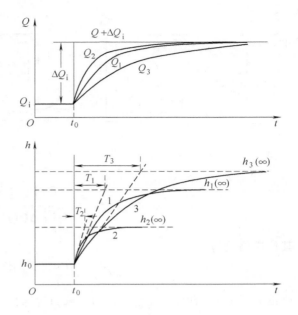

图 7-3-3　阻力对响应特性的影响

4）容量 C。生产设备与传输管路都具有一定储存物质或能量的能力，被控过程储存能力的大小，称为容量或容量系数，其意义是引起被控量单位变化时过程储存量变化的大小。显然，由于储存物质或能量的不同，容量具有不同的形式，如图 7-3-4 所示，它们共同的特点是都具有积分特性。图 7-3-4a 表示电容，决定于电容器两极板间的端电压 u_c 及电流 i，其关系式为

$$u_c = \frac{1}{C_I}\int_0^t i(t)\,\mathrm{d}t \tag{7-3-14}$$

其传递函数为

$$W(s) = \frac{U(s)}{I(s)} = \frac{1}{C_I s} \tag{7-3-15}$$

电过程中的电容 C_I 为电荷量变化 $\mathrm{d}q$ 与电压变化 $\mathrm{d}u_c$ 之比，即

$$C_I = \mathrm{d}q/\mathrm{d}u_c \tag{7-3-16}$$

图 7-3-4b 表示热容，决定于温度 θ 及热流量变化 Δq，其关系为

$$\theta = \frac{1}{C_\theta}\int_0^t \Delta q(t)\,\mathrm{d}t \tag{7-3-17}$$

其传递函数为

$$W(s) = \frac{\Theta(s)}{Q(s)} = \frac{1}{C_\theta s} \tag{7-3-18}$$

热过程的热容可以定义为被储存的热量变化 $\mathrm{d}Q$ 与温度变化 $\mathrm{d}\theta$ 的比值，即

$$C_\theta = \mathrm{d}Q/\mathrm{d}\theta \tag{7-3-19}$$

图 7-3-4c 表示气容，决定于气体绝对压力 P，储存气体的体积 V_0 与储存气体的重量、流量的变化 ΔQ 有关，其关系为

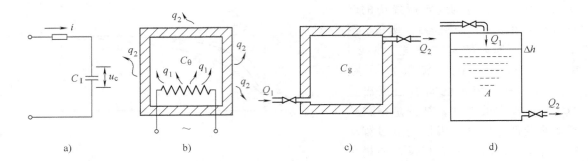

图 7-3-4　不同形式的容量

$$P = \frac{RT}{V_0} \int_0^t \Delta Q(t)\,\mathrm{d}t \qquad (7\text{-}3\text{-}20)$$

其传递函数为

$$W(s) = \frac{P(s)}{Q(s)} = \frac{RT}{V_0 s} = \frac{1}{C_g s} \qquad (7\text{-}3\text{-}21)$$

气容 $C_g = V_0 / (RT)$，其意义是当容器内气体压力改变一个单位时，容器内气体储存重量将变化 $\mathrm{d}W$（储存能力），故气容也可以表示为 $C_g = \mathrm{d}W/\mathrm{d}p$。

图 7-3-4d 表示液容，决定于流体的液位 h 与流量变化 ΔQ，其关系为

$$h = \frac{1}{A} \int_0^t \Delta Q(t)\,\mathrm{d}t \qquad (7\text{-}3\text{-}22)$$

其传递函数为

$$W(s) = \frac{H(s)}{Q(s)} = \frac{1}{As} \qquad (7\text{-}3\text{-}23)$$

液容 A 就是容器的断面积，当容器的断面积不变时，液容为常数。

当过程的流入量与流出量相等时，不会引起容量变化，当流入量与流出量变化时，容量才会发生变化，故容量是一个动态参数，它只影响响应速度，并不影响放大系数，随着过程容量的增大，过渡过程相对增长，如图 7-3-5 所示。

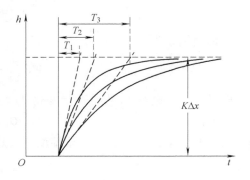

图 7-3-5　容量对阶跃响应曲线的影响

（2）有纯滞后单容过程　当被控量的检测地点与产生扰动的地点之间有一段物料传输距离时，就会出现纯滞后。如输送带秤的扰动发生在电动控制阀，与称重传感器相距一段距离 L，输送带必须经过这一段距离后，重量才会被传感器检测出来，这是一种典型的纯滞后，如图 7-3-6a 所示。单容水箱内的液位控制，如进水阀门安装在距离水箱 L 的地方，则阀门开度变化产生扰动后，液体要经过流经 L 段的时间后才流入水箱，使水位发生变化而被检测出来，显然流经距离 L 的时间完全是传输滞后造成的，故称为传输滞后或纯滞后，以 τ_0 表示。

具有纯滞后单容过程的微分方程通常表示为

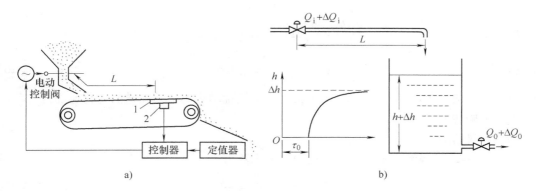

图 7-3-6 有纯滞后的单容对象

$$T \frac{\mathrm{d}\Delta h}{\mathrm{d}t} + \Delta h = K\Delta x(t - \tau_0) \tag{7-3-24}$$

其传递函数为

$$W(s) = \frac{K}{Ts + 1} \mathrm{e}^{-\tau_0 s} \tag{7-3-25}$$

由于纯滞后给自动控制带来极为不利的影响，故在实际工作中总是尽量把它消除或减到最小。

2. 无自平衡能力单容过程

将图 7-3-1a 水箱的出口阀换成定量式水泵，就成为无自平衡能力的单容过程，如图 7-3-7a 所示。

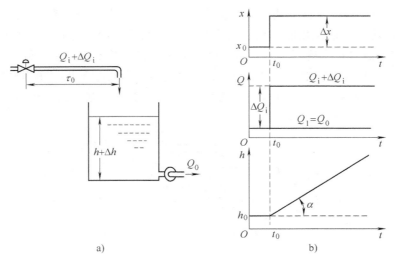

图 7-3-7 无自平衡能力的单容过程及其响应曲线

由于水泵的出水量与水箱内的液位无关，若流入侧发生扰动，即进水阀的开度变化 Δx，液位 h 即开始发生变化，因为对水泵的出水量并无影响，故液位会一直逐渐上升（或减小）直至液体溢出（或流干）为止。无自平衡能力的单容过程的阶跃响应曲线如图 7-3-7b 所示，其动态特性可简单表示为

$$A \frac{\mathrm{d}\Delta h}{\mathrm{d}t} = \Delta Q_{\mathrm{i}} = k_{\mathrm{x}}\Delta x$$

或

$$\frac{\mathrm{d}\Delta h}{\mathrm{d}t} = \frac{k_{\mathrm{x}}x}{A}\Delta x = \varepsilon\Delta x = \frac{1}{T_{\mathrm{a}}}\Delta x$$

其解为

$$\Delta h = \Delta x\varepsilon t = \frac{1}{T_{\mathrm{a}}}\Delta x t \qquad (7\text{-}3\text{-}26)$$

式中　ε——响应速度，$\varepsilon = \tan\alpha / \Delta x$，定义为在阶跃扰动作用下被控量的变化速度；

　　　T_{a}——响应时间；

　　　t——进行时间。

由式（7-3-26）得无自平衡单容过程的传递函数为

$$W(s) = \frac{H(s)}{X(s)} = \frac{1}{T_{\mathrm{a}}s} \qquad (7\text{-}3\text{-}27)$$

过程含有纯滞后 τ_0 时，其传递函数为

$$W(s) = \frac{1}{T_{\mathrm{a}}s}\mathrm{e}^{-\tau_0 s} \qquad (7\text{-}3\text{-}28)$$

三、多容过程建模

1. 自平衡能力多容过程

在热工生产与传输质量或能量的过程中，存在着各种形式的容积和阻力，加上过程多具有分布参数，好像被不同的阻力和容积相互分割着一样，因此，这种过程的动态特性可以近似看做多个集中容积和阻力所构成的多容过程。

汽—水换热器是较有代表性的多容过程，如图 7-3-8a 所示，蒸汽从水管外流过，将它所携带的热量传给水管，水被加热后流出换热器。显然，在沿管子水流方向的温度分布是不同的，故是一种具有分布参数的过程。蒸汽与水管、水管与冷水进行热交换时都存在热阻（对流热阻与传导热阻）和容积上的差别，而且阻力与容积并不止一个，就是说这是一个多容过程。对于这种具有分布参数的多容过程的动态特性，可近似地以三个串联集中容积来讨论。以 R_1 为蒸汽流入阻力，R_2 为水管外壁热阻，R_3 为水管内壁热阻，R_4 为冷凝水出口阻

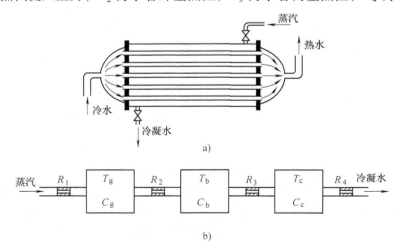

图 7-3-8　多容过程及其等效水利模型

力；C_g 为换热器容纳的蒸汽的热容，C_b 为换热器的热容，C_c 为水的热容；T_g 为蒸汽温度，T_b 为换热管平均温度，T_c 为水的出口平均温度，可将换热器等效为水力模型，如图 7-3-8b 所示。

串级集中容积的特点是受到扰动后，被控量的变化速度开始变化较缓慢，经过一段时间后响应速度才能达到最大。这段延迟时间主要是过程的容量造成的，称为容量滞后，以 τ_c 表示，这是多容过程的主要特征。构成过程的容积越多，容量滞后越大，图 7-3-9 表示 1 ~ 8 个储存容积过程的响应曲线。以双容过程为例，通过曲线拐点 B 作切线，与稳态值 $y(\infty)$ 交于 A 点，与横坐标交于 C 点，即得等效时间常数 T，容量滞后为 τ_c，纯滞后为 τ_0。由图可见，曲线 $ODBE$ 近似地当成是由一个纯滞后 ODC 及

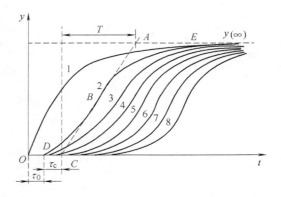

图 7-3-9 多容过程的响应曲线

一个单容过程动态特性曲线 CBE 所构成的。滞后 $DC = \tau_c$，可近似地当成容量滞后。在近似处理中，将 $\tau_c + \tau_0 = \tau$ 作为滞后处理是允许的。

分析多容过程动态特性时，以两个串级的单容过程构成的双容过程为例，如图 7-3-10 所示，可得

$$\Delta Q_2 - \Delta Q_3 = A_2 \frac{d\Delta h_2}{dt}$$

$$\Delta Q_3 = \frac{\Delta h_2}{R_2}, \Delta Q_2 = \frac{\Delta h_1}{R_1}$$

$$\Delta Q_1 - \Delta Q_2 = A_1 \frac{d\Delta h_1}{dt}$$

$$\Delta Q_1 = k_x \Delta x$$

消去中间变量后可得

$$T_1 T_2 \frac{d^2 \Delta h_2}{dt^2} + (T_1 + T_2) \frac{d\Delta h_2}{dt} + \Delta h_2 = K\Delta x \tag{7-3-29}$$

式中　T_1——第一容积的时间常数，$T_1 = R_1 A_1 = R_1 C_1$；

$\quad\quad T_2$——第二容积的时间常数，$T_2 = R_2 A_2 = R_2 C_2$；

$\quad\quad K$——过程的放大系数，$K = k_x R_2$；

A_1、A_2——两个对象的断面积，也就是两个水箱的容量系数 C_1、C_2。

用传递函数表示的双容过程的数学模型为

$$W(s) = \frac{H_2(s)}{x(s)} = \frac{K}{T_1 T_2 s^2 + (T_1 + T_2)s + 1}$$

或

$$W(s) = \frac{K}{(T_1 s + 1)(T_2 s + 1)} \tag{7-3-30}$$

如果输入量经一段距离 L，以速度 v 进入过程，则有纯滞后 $\tau_0 = L/v$，其传递函数为

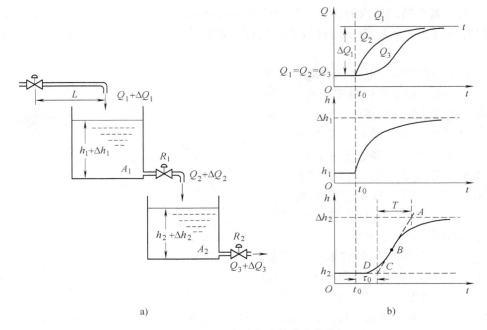

图 7-3-10 双容过程及其响应曲线

$$W(s) = \frac{K}{(T_1 s + 1)(T_2 s + 1)} e^{-\tau_0 s} \qquad (7\text{-}3\text{-}31)$$

工业生产中大多数是多容过程，其传递函数一般可表示为

$$W(s) = \frac{K}{(T_1 s + 1)(T_2 s + 1) \cdots (T_n s + 1)} e^{-\tau_0 s} \qquad (7\text{-}3\text{-}32)$$

显然，计算多容过程的传递函数相当复杂，一般采用等容环节的串联近似 n 阶多容过程，这时可认为 $T_1 = T_2 = \cdots = T_n = T$，则 n 阶多容过程的传递函数为

$$W(s) = \frac{K}{(Ts + 1)^n} e^{-\tau_0 s} \qquad (7\text{-}3\text{-}33)$$

过程控制中的热工过程大多数具有这种特性，采用上式进行计算要简便一些。

2. 无自平衡能力双容过程

同样将图 7-3-10 中的流出阀门换成定量泵，就成为无自平衡能力的双容过程，如图 7-3-11a 所示。在 t_0 时刻发生扰动 Δx 时，液位 Δh_2 开始变化，起始变化速度较低，经一段时间后达到最大变化速度，响应曲线如图 7-3-11b 所示，动态特性方程为

$$R_1 A_1 \frac{\mathrm{d}^2 \Delta h_2}{\mathrm{d}t^2} + \frac{\mathrm{d}\Delta h_2}{\mathrm{d}t} = \frac{k_x}{A_2} \Delta x$$

或

$$T \frac{\mathrm{d}^2 \Delta h_2}{\mathrm{d}t^2} + \frac{\mathrm{d}\Delta h_2}{\mathrm{d}t} = \frac{1}{T_a} \Delta x \qquad (7\text{-}3\text{-}34)$$

式中　T——时间常数，$T = R_1 A_1 = R_1 C_1$；

　　　T_a——响应时间，$T_a = A_2 / k_x$。

双容过程的传递函数为

$$W(s) = \frac{1}{(Ts + 1)} \frac{1}{T_a s} \qquad (7\text{-}3\text{-}35)$$

如过程具有纯滞后 τ_0，则传递函数为

$$W(s) = \frac{1}{(Ts + 1)} \frac{1}{T_a s} e^{-\tau_0 s} \tag{7-3-36}$$

对于多容过程，则相应有

$$W(s) = \frac{1}{T_a s(Ts + 1)^n} \tag{7-3-37}$$

及

$$W(s) = \frac{1}{T_a s(Ts + 1)^n} e^{-\tau_0 s} \tag{7-3-38}$$

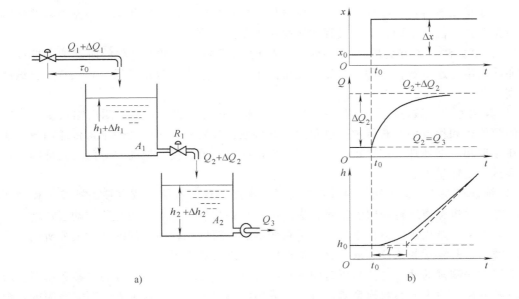

图 7-3-11　无自平衡能力的双容过程及其响应曲线

　　综上所述，描写过程动态特性的参数有 K、T、T_a、τ_c 及 τ_0。对于石油、化工、冶金、建材及陶瓷等热工过程，由于大多具有容量滞后 τ_c，被控过程的变化大多是非振荡的，其响应曲线是 S 形，即受到扰动作用后，开始变化速度缓慢，经过一定时间后变化速度达最大值，以后又缓慢变化达到新的平衡。如果过程没有自平衡能力，则被控量会不断变化，不会再平衡下来。

　　过程是过程控制系统中的重要组成部分，要完善系统的特性，必须根据不同过程的特征，设计最佳控制规律或恰当选配控制仪表并正确整定控制器的参数。这就是分析和了解过程数学模型的目的。

第四节　实验法建立过程控制的数学模型

一、概述

许多工业过程内部的工艺过程复杂，通过分析过程的工作机理/物料或能量平衡关系按

机理建立被控过程的微分方程非常困难，即使可以用机理法建模，也要在一些假设和近似的条件下进行推导，所建模型与实际情况必然有差距，其准确度也会受到影响，此时用机理法得到的数学模型，需要通过实验来验证和改进。而当被控过程比较复杂，无法用机理法得到数学模型时就只能依靠实验测试法来建模。

实验法建模是在实际生产过程（设备）中，根据过程输入、输出的试验数据，通过过程辨识与参数估计的方法建立被控过程的数学模型。在实验法建模中时域法用得最多，一般是用实验方法测出过程的响应曲线，与几种标准传递函数的响应曲线进行比较，即可确定所辨识的过程属于哪一类传递函数，再从响应曲线求出传递函数的各个参数从而获得被控过程的数学模型。这种方法对二、三阶控制系统的设计与整定都适用。

为了获得动态特性，必须加入激励信号使被控过程处于被激励状态，根据加入的激励信号和数据分析方法的不同，测试过程的实验法可分为以下几种：

1）时域方法。该方法是通过给被控过程加上阶跃输入，测出过程的阶跃响应曲线，由响应曲线求出传递函数，这种方法测试设备简单，工作量小，应用广泛，其缺点是测试准确度不高。

2）频域方法。该方法是通过对被控过程施加不同频率的正弦波，测出输入变量与输出变量的幅值比和相位差，获得被控过程的频率特性，最后根据频率特性求得传递函数，这种方法在原理和数据处理上都比较简单，测试准确度比时域法高，但需要专门的超低频测试设备，测试的工作量大。

3）统计相关法。该方法是通过对被控过程施加某种随机信号或直接由被控过程输入端自身存在的随机噪声进行观察和记录，应用统计相关分析法研究被控对象的动态特性，这种方法可以在生产过程正常运行下进行，可在线辨识，精度也较高，但统计相关分析法要求积累大量数据，并要用相关仪表或计算机对这些数据进行处理。

上述方法测试的动态特性是以时间或频率为自变量的实验曲线，称为非参数模型。所以以上三种方法也称为非参数模型辨识方法，或称经典辨识方法，这种方法不需事先确定模型的具体结构，可适用于任意复杂的过程，应用广泛。

此外还有一种参数辨识方法，称为现代辨识法，这种方法必须假定一种模型的结构，通过极小化模型与被控对象之间的误差准则函数来确定模型的参数。它可分为最小二乘法、梯度校正法、极大似然法三种类型。

二、阶跃响应曲线法过程建模

阶跃响应法建模是实际中常用的方法，其方法是获取系统的阶跃响应。基本步骤是：首先通过手动操作使过程工作在所需测试的稳态条件下，稳定运行一段时间后，快速改变过程的输入量，并用记录仪或数据采集系统同时记录过程输入和输出的变化曲线，经过一段时间后，过程进入新的稳态，本次实验结束，得到的记录曲线就是过程的阶跃响应曲线。

1. 测试时应注意的事项

测定过程的阶跃响应曲线应在较狭窄的动态范围内进行，既可以保持线性，又不至于影响生产的正常运行。测定过程阶跃响应原理如图 7-4-1 所示，当过程已处于稳定状态时，利用控制阀快速输入一个阶跃扰动 Δx，并保持不变。过程的输入与输出信号经变送器后由快速记录仪记录下来，在记录纸上可以同时记下控制阀开度 Δx 及被控量 y 的响应曲线。

实测时应注意以下事项：

1）扰动量要选择恰当，选大了会影响生产，这是不允许的；选小了可能受干扰信号的影响而失去作用。一般是取通过控制阀门流入量最大值的 10% 左右为宜。当生产上限制较严时应降到 5%，相反也可提高到 20%，以不影响生产正常运行为准。

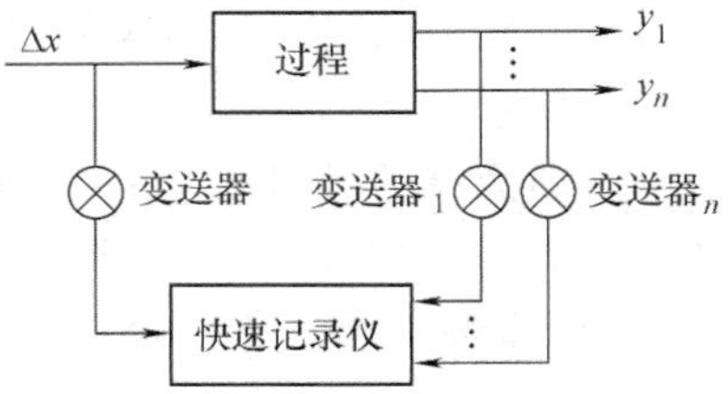

图 7-4-1　测定过程阶跃响应原理

2）实验要进行到被控量接近稳定值，或者至少要达到被控量变化速度已达最大值之后。

3）实验要在额定负荷或平均负荷下重复进行几次，至少要获得两次基本相同的响应曲线，以排除偶然性干扰的影响。

4）扰动要正、反方向变化，分别测出正、反方向变化的响应曲线，以检验过程的非线性。显然，正反方向变化的响应曲线应是类同的。

5）实验结束获得测试数据后，应进行数据处理，剔除明显不合理的部分。

6）要特别注意记录下响应曲线的起始部分，如果这部分没有测出或者不准确，就难以获得过程的动态特性参数。

2. 传递函数的选用

对于具体的被控过程，传递函数形式的选用一般从以下两方面考虑：

1）根据被控对象的先验知识，选用合适的传递函数。

2）根据建立数学模型的目的及对模型的准确性要求，选用合适的传递函数形式。

在满足精度要求的情况下，尽量选择低阶传递函数的形式。大量的实际工业过程一般都采用一、二阶传递函数的形式来描述。确定传递函数形式之后，由阶跃响应曲线来求取过程动态特性的额定特征参数，然后就可以确定被控过程的数学模型。

3. 确定传递函数的方法

下面就被控过程的阶跃响应曲线的情况给出确定传递函数参数的方法。

（1）无滞后一阶自平衡过程的特性参数　一阶自平衡过程比较简单，一阶自平衡对象的阶跃响应曲线如图 7-4-2 所示，一阶自平衡对象的传递函数为

$$W(s) = \frac{K}{Ts + 1}$$

只需确定放大系数 K 及时间常数 T 即可得到传递函数。

1）静态放大系数 K。由所测阶跃响应曲线估计并绘出被控量的最大稳态值 $y(\infty)$，如图 7-4-2 所示，放大系数 K 为

$$K = [y(\infty) - y(0)]/\Delta x \qquad (7-4-1)$$

2）时间常数 T。由响应曲线起点作切线与 $y(\infty)$ 相交点在时间坐标轴上的投影，就是时间常数 T。由于切线不易做准，从式（7-3-5）可知，在响应曲线 $y(t_1) = 0.632y(\infty)$ 处，量得的 t_1 就是 T，即 $t_1 = T$，还可计算出 $t_2 = 2T$，$t_3 = T/2$，$t_4 = T/1.44$ 各点用于校准。

（2）具有纯滞后一阶自平衡过程的特性参数　当所测响应曲线的起始速度较慢，曲线呈 S 状时，可近似认为带纯滞后的一阶非周期过程，将过程的容量滞后也当纯滞后处理，则传递函数为

$$W(s) = \frac{K}{Ts + 1}e^{-\tau s} \qquad (7-4-2)$$

对于 S 状的曲线，常用两种方法处理。

1）切线法。这是一种比较简便的方法，即通过响应曲线的拐点 A 作一切线，在时间轴上的交点即为滞后时间 τ，与 $y(\infty)$ 线的交点在时间轴上的投影即为等效时间常数 T，如图 7-4-3 所示。过程的放大系数 K 可按式（7-4-1）计算。

2）计算法。被控量 $y(t)$ 以相对值表示，即 $y_0(t) = y(t)/y(\infty)$，当 $t \geq \tau$ 或 $t < \tau$ 时有

$$y_0(t) = \begin{cases} 0 & t < \tau \\ 1 - e^{-(t-\tau)/T} & t \geq \tau \end{cases}$$

选择几个不同的时间 t_1，t_2，…，可得相应的 $y_0(t)$，如图 7-4-3 所示。由此可得在时间 t_1 与 t_2 的两个联立方程为

$$\begin{cases} y_0(t_1) = 1 - e^{-\frac{t_1-\tau}{T}} \\ y_0(t_2) = 1 - e^{-\frac{t_2-\tau}{T}} \end{cases} \quad t_2 > t_1 > \tau$$

两边取对数得

$$\begin{cases} -\dfrac{t_1 - \tau}{T} = \ln[1 - y_0(t_1)] \\ -\dfrac{t_2 - \tau}{T} = \ln[1 - y_0(t_2)] \end{cases}$$

联立求解得

$$\begin{cases} T = \dfrac{t_2 - t_1}{\ln[1 - y_0(t_1)] - \ln[1 - y_0(t_2)]} \\ \tau = \dfrac{t_2\ln[1 - y_0(t_1)] - t_1\ln[1 - y_0(t_2)]}{\ln[1 - y_0(t_1)] - \ln[1 - y_0(t_2)]} \end{cases} \quad (7\text{-}4\text{-}3)$$

在响应曲线上量出 t_1、t_2 相对应的 $y_0(t_1)$、$y_0(t_2)$ 值，即可按式（7-4-3）计算时间常数 T 及纯滞后 τ 值。

一般选择 $y_0(t_1) = 0.393$、$y_0(t_2) = 0.632$，因此得

$$T = 2(t_2 - t_1), \tau = 2t_1 - t_2 \quad (7\text{-}4\text{-}4)$$

计算出 T 与 τ 后，还应将 t_3、t_4、t_5 时刻所对应的曲线值进行校验，当与下列数值相近时为合格，即

$$t_3 < \tau \text{ 时,} \qquad y_0(t_3) = 0$$
$$t_4 = (0.8T + \tau) \text{ 时,} \quad y_0(t_4) = 0.55$$
$$t_5 = (2T + \tau) \text{ 时,} \qquad y_0(t_5) = 0.865$$

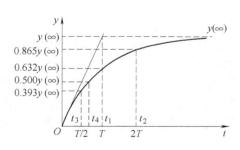

图 7-4-2 无滞后一阶过程的响应曲线

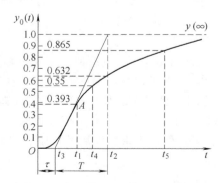

图 7-4-3 有纯滞后过程的一阶近似曲线

这样计算出来的 T 与 τ 较上述切线准确，而放大系数 K 仍按上法求取。

3）图解法。设已测得一阶过程的响应曲线如图 7-4-4a 所示，由式（7-3-5）可表示为

$$y(t) = K\Delta x(1 - e^{-t/T})$$

由于　　　　　　　　　$$y(t) = y(\infty)(1 - e^{-t/T})$$

即　　　　　　　　　$$y(\infty) - y(t) = y(\infty)e^{-t/T}$$

两边取对数得　　　　$$\ln[y(\infty) - y(t)] = -\frac{t}{T} + \ln y(\infty)$$

以上式的 $\ln[y(\infty) - y(t)]$ 作纵坐标，时间 t 作横坐标得一直线如图 7-4-4b 所示。直线与纵坐标交于 A 点（截距），直线斜率为 $-\dfrac{1}{T}$，由图可见

$$\tan\alpha = -\frac{1}{T} = -\frac{\ln A - \ln M}{t} \tag{7-4-5}$$

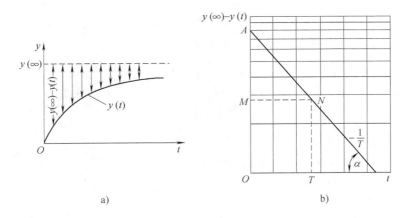

图 7-4-4　一阶过程的响应曲线及时间常数图解

当 $t = T$ 时 $\ln A - \ln M = 1$，因此 $M = 0.368A$，即相当于 $0.368A$ 所对应的时间，即为时间常数 T。过程的放大系数 K 也按式（7-4-1）计算。

（3）二阶自平衡过程的特性参数　由式（7-3-30），$W(s) = K/[(T_1 s + 1)(T_2 s + 1)]$，假定放大系数 $K = 1$，二阶过程的阶跃响应特性方程可表示为

$$y(t) = 1 + \frac{T_1}{T_2 - T_1}e^{-t/T_1} - \frac{T_2}{T_2 - T_1}e^{-t/T_2} \tag{7-4-6}$$

其响应曲线如图 7-4-5 所示。

在曲线拐点处有 $\dfrac{\mathrm{d}^2 y(t)}{\mathrm{d}t^2} = 0$，因此得

$$t_1 = \frac{T_1 T_2}{T_1 - T_2}\ln\frac{T_1}{T_2} \tag{7-4-7}$$

由图 7-4-5 可见

$$AB = 1 - AF = 1 - y(t_1)$$

$$= \frac{T_2}{T_2 - T_1}\left(\frac{T_1}{T_2}\right)^{T_1/(T_2 - T_1)} - \frac{T_1}{T_2 - T_1}\left(\frac{T_1}{T_2}\right)^{T_2/(T_2 - T_1)} \tag{7-4-8}$$

拐点 A 处的斜率 $\tan\alpha$ 为

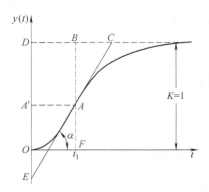 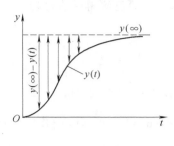

图 7-4-5　有自平衡能力过程的响应曲线

$$\tan\alpha = \frac{1}{T_2 - T_1}\left[\left(\frac{T_1}{T_2}\right)^{T_1/(T_2-T_1)} - \left(\frac{T_1}{T_2}\right)^{T_2/(T_2-T_1)}\right] \tag{7-4-9}$$

由图还有　　　　　　　　　　　$BC = AB/\tan\alpha, \quad A'E = t_1\tan\alpha$

将式(7-4-7)、式(7-4-8)和式(7-4-9)代入可得

$$
\begin{cases}
BC = \dfrac{\dfrac{T_2}{T_2-T_1}\left(\dfrac{T_1}{T_2}\right)^{T_1/(T_2-T_1)} - \dfrac{T_1}{T_2-T_1}\left(\dfrac{T_1}{T_2}\right)^{T_2/(T_2-T_1)}}{\dfrac{1}{T_2-T_1}\left[\left(\dfrac{T_1}{T_2}\right)^{T_1/(T_2-T_1)} - \left(\dfrac{T_1}{T_2}\right)^{T_2/(T_2-T_1)}\right]} = T_2 + T_1 \\[4mm]
A'E = \dfrac{T_1 T_2 \ln\left(\dfrac{T_1}{T_2}\right)}{T_1 - T_2}\dfrac{1}{T_2-T_1}\left[\left(\dfrac{T_1}{T_2}\right)^{T_1/(T_2-T_1)} - \left(\dfrac{T_1}{T_2}\right)^{T_2/(T_2-T_1)}\right] \\[4mm]
\quad = \dfrac{\dfrac{T_1}{T_2}\ln\left(\dfrac{T_1}{T_2}\right)}{\left(1-\dfrac{T_1}{T_2}\right)^2}\left[\left(\dfrac{T_1}{T_2}\right)^{\left(\frac{T_2}{T_1}\right)/\left(1-\frac{T_1}{T_2}\right)} - \left(\dfrac{T_1}{T_2}\right)^{\left(\frac{T_1}{T_2}\right)/\left(1-\frac{T_1}{T_2}\right)}\right]
\end{cases}
\tag{7-4-10}
$$

此式表明 $A'E$ 是 T_1/T_2 的函数，相互关系值见表7-4-1。在拐点作切线可得 BC 值与 $A'E$ 值，再从表中的 $A'E$ 值可得相应的 K 值，由 $BC = T_1 + T_2$ 和 $K = T_1/T_2$ 即可得出 T_1 和 T_2 的值。

表 7-4-1　$A'E$ 与 $K(= T_1/T_2)$ 值关系

K	$A'E$	K	$A'E$	K	$A'E$	K	$A'E$	K	$A'E$
0	0	0.20	0.2693	0.40	0.3319	0.60	0.3563	0.80	0.3656
0.05	0.1347	0.25	0.2913	0.45	0.3410	0.65	0.3589	0.85	0.3665
0.10	0.1809	0.30	0.3002	0.50	0.3466	0.70	0.3620	0.90	0.3671
0.15	0.2393	0.35	0.3236	0.55	0.3523	0.75	0.3641	1.00	0.3679

（4）无自平衡过程的传递函数

1）积分过程。在如图7-4-6所示的阶跃输入 Δx 的作用下，响应曲线是一条等速变化的直线，如图7-4-7所示。响应时间就是直线的斜率，因此 T_a 为

$$T_a = \frac{1}{\tan\alpha}\Delta x \tag{7-4-11}$$

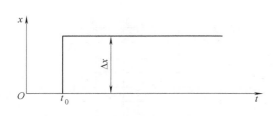

图 7-4-6 阶跃输入信号 Δx

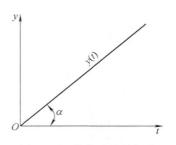

图 7-4-7 积分过程近似法

将 T_a 代入式（7-3-27），即得所求的传递函数。

2）带有滞后的单容过程。如图 7-4-8 所示，响应曲线开始变化速度缓慢，然后等速上升。沿响应曲线等速上升部分作切线，交时间坐标于 A 点，则 OA 就是滞后时间 τ；响应时间 T_a 也按式（7-4-11）计算，将它们代入式（7-3-28），即得所求的传递函数。

3）带有滞后的双容过程。这种过程的阶跃响应曲线与图 7-4-8 有所不同，一般要经一段滞后时间 τ 以后才开始响应，如图 7-4-9 所示。同样作响应曲线的切线交时间坐标于 A 点，得纯滞后时间 τ 及时间常数 T，响应时间 T_a 按式（7-4-11）计算。把这些参数代入式（7-3-36）即得所求的传递函数。

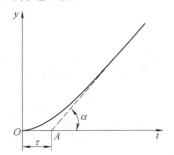

图 7-4-8 有滞后的单容过程近似法

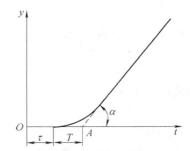

图 7-4-9 有纯滞后双容过程的响应曲线

4）多容过程。无自平衡的多容过程的传递函数表达式见式（7-3-37），在阶跃信号 Δx 作用下阶跃响应曲线如图 7-4-10a 所示，其特性方程为

$$y(t) = \frac{\Delta x}{T_a} L^{-1} \left[\frac{1}{s(1+Ts)^n} \frac{1}{s} \right]$$

$$= \frac{\Delta x}{T_a} L^{-1} \left[\frac{1}{s^2} - \frac{nT}{s} + \frac{n(n+1)}{2} T^2 - \cdots (-1)^m \frac{n(n+1)\cdots(n+m-1)}{m!} T^m s^{m-2} + \cdots \right]$$

$$= \frac{t}{T_a} \Delta x - \frac{nT}{T_a} \Delta x + \cdots \tag{7-4-12}$$

当 $t \to \infty$ 时，切线 $y_L(t)$ 与被控量 $y(t)$ 重合，切线方程为

$$y_L(t) = \left(\frac{t}{T_a} - \frac{nT}{T_a} \right) \Delta x = \frac{(t-nT)}{T_a} \Delta x \tag{7-4-13}$$

当 $y_L(t) = 0$ 时，切线与时间坐标相交点为 t_a，代入式（7-4-13）得

$$y_L(t) = (t_a - nT) \frac{\Delta x}{T_a} = 0 \tag{7-4-14}$$

即

$$t_a = nT$$

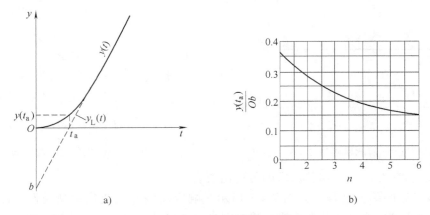

图 7-4-10　多容积分过程近似法

时间常数 T 为
$$T = t_a/n$$

当 $t=0$ 时，切线与纵坐标交点为 b，代入式(7-4-14)得

$$y_L(t) = (0 - nT)\frac{\Delta x}{T_a} = Ob = \frac{t_a}{T_a}\Delta x \tag{7-4-15}$$

响应时间 T_a 为
$$T_a = \frac{t_a}{Ob}\Delta x \tag{7-4-16}$$

当 $t=t_a=nT$ 时，$y(t_a)$ 为

$$y(t_a) = \frac{T}{T_a}\Delta x e^{-n}\Big[n + n(n-1) + \frac{(n-2)n^2}{2!} + \cdots + \frac{n^{n-1}}{(n-1)!}\Big] \tag{7-4-17}$$

它与式(7-4-15)的比值为

$$\frac{y(t_a)}{Ob} = e^{-n}\Big[1 + (n+1) + \frac{(n-2)n}{2!} + \frac{(n-3)n^2}{3!} + \cdots + \frac{n^{n-2}}{(n-1)!}\Big] \tag{7-4-18}$$

这是 n 的单值函数，由它可算出表 7-4-2 或绘成图 7-4-10b。

表 7-4-2　$y(t_a)/Ob$ 与 n 的关系

n	1	2	3	4	5	6
$y(t_a)/Ob$	0.368	0.271	0.224	0.195	0.175	0.161

只要从响应曲线上量出 t_a、$y(t_a)$、Ob，即可由表 7-4-2 确定 n 值，由式(7-4-14)计算时间常数 T，由式(7-4-15)计算响应时间 T_a。当计算的 n 不是整数时，取得最相近的整数值。如求出的 $n>6$，即 $y(t_a)/Ob \leq 0.161$ 时，则过程可视为有滞后的单容过程，可按前述方法进行处理。过程的阶数 n 也可按下式计算

$$n = \frac{1}{2\pi}\Big(\frac{Ob}{y(t_a)}\Big)^2 - \frac{1}{6} \tag{7-4-19}$$

如算出的 $n \geq 3$，还可简化为具有纯滞后的双容过程处理。

三、频域法过程建模

频域法与时域法相比，对生产过程的扰动较小，而且频率特性还能比较准确地反映过程的动态特性，因此频域法虽然比较复杂，但仍被大家采用。在分析控制系统时，利用频域特性图表，对那些还不能获得表征动态特性分析表达式的过程显得更为适用。

1. 测试方法

频域法测试电路即频率特性测量原理图如图 7-4-11 所示，转换器将测试仪发生的正弦信号转换成驱动电动执行器的电流信号以驱动控制阀，或转换成气动信号以驱动气动薄膜控制阀，产生正弦扰动，送入被测过程，被控量就随正弦信号而波动。

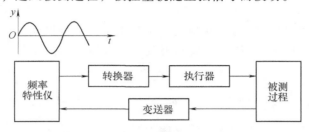

图 7-4-11 频率特性测量原理图

变送器将检测到的被控量波动信号，转换成频率特性测试仪可以处理的电信号，送入频率特性仪，记录下过程的频率特性。也可用信号发生器配合 X-Y 函数记录仪，测定过程的频率特性，其系统原理图如图 7-4-12 所示。正弦信号送入控制阀产生正弦扰动 Δx，当过渡过程结束后过程的输出也将是稳定的正弦信号，只因其中混有干扰成分，故输出波形是不平滑的。信号发生器的正弦信号同时送入 X-Y 记录仪，故过程的输入与输出波形同时被记录下来。

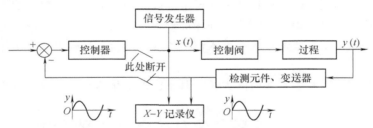

图 7-4-12 频率特性测试系统原理图

测试频率特性应在不衰减振荡的稳定工况下进行，振荡幅值可以在允许的范围内选择得尽可能大，故测量误差会相对小一些。

试验要在几种不同频率的正弦波输入下测量几次，每次都要量出输入与输出波形的幅值以计算幅值增益 $A(\omega)$，即

$$A(\omega) = A_o(\omega)/A_i(\omega) \tag{7-4-20}$$

式中 $A_i(\omega)$——角频率为 ω 的输入正弦波幅值；

$A_o(\omega)$——角频率为 ω 的输出波形幅值；

ω——角频率，$\omega = 2\pi f$。

量出输入与输出波形峰值之间的距离 d 及同一曲线两个峰值之间的距离 d_0，如图 7-4-13 所示，即可计算输出与输入的相位差为

$$\varphi = -2\pi \frac{d}{d_0} = -360° \times \frac{d}{d_0} \tag{7-4-21}$$

在记录图上量出不同频率下的幅值与相位差，按规定坐标作图，即可得到过程的幅频特性与相频特性，从而得到被测过程的数学模型。

2. 测试注意事项

首先要结合过程的特点选择适合的频率范围。对于热工过程，通过控制阀产生的正弦信号应该是低频或超低频的，一般为 0.01Hz，有的化工过程，周期可能长达 1h，其频率 f 为 $\frac{1}{3600}=0.00028\text{Hz}$。

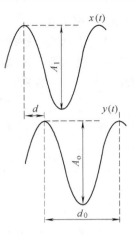

已知过程的最小时间常数 $T_{\min}$，相应的角频率为 $\omega_{\min}$，测试频率由较高向较低进行，自 ω_{p} 开始，幅值不再改变，则测试角频率可在下列范围内选择：

$$\frac{\omega_{p}}{20 \sim 30} \sim (20 \sim 30)\omega_{\min} \tag{7-4-22}$$

也可先找出最高频，即当过程输出信号幅值降到最小直至接近于零时，信号的频率为最大 $\omega_{\max}$，确定了最小与最大频率范围，将它分成 $5 \sim 10$ 段，依次将 $5 \sim 10$ 段频率的正弦信号送入过程，每个频率下至少要有 $2 \sim 3$ 个周期的测试记录。在确定最高频率时要考

图 7-4-13　频率特性法绘出的输入输出波形

虑过程动态特性的起始状态，必要时应在另一些起始状态下重新确定最高频率再进行分段测试。

其次，要合理确定输入正弦波的幅值，如幅值过大，可能引起饱和现象，测不到准确的结果；幅值过小，会出现死区，测试结果同样不准确。因此输入信号幅值的选择，至少要使过程输出信号为记录仪可以识别的程度，并保证过程工作在线性范围以内。显然，如果记录的输出曲线不是完整的正弦波形，表明输入信号的幅值不当，过程也没有工作在线性范围以内。

由于频域法辨识过程特性花费时间太长，对于缓慢变化的热工过程显得更为不便。

第五节　模型参数对控制性能的影响

为了便于分析，假设过程控制系统的结构示意图如图 7-5-1 所示。

其中，对象的传递函数为 $G_{o}(s)=\frac{K_{o}}{1+T_{o}s}e^{-\tau_{o}s}$，扰动通道传递函数为 $G_{q}(s)=\frac{K_{q}}{1+T_{q}s}e^{-\tau_{q}s}$，控制器传递函数为 $G_{c}(s)$，从前面的分析可知，过程模型的参数主要有静态增益、时间常数和时滞，下面分别分析这些参数对控制系统的影响。

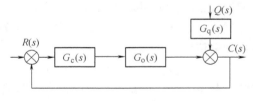

图 7-5-1　过程控制系统的结构示意图

一、静态增益的影响

随着静态过程增益的增加，系统余差减小，最大偏差减小，控制作用增强，但稳定性变差。在其他因素相同的条件下，过程静态增益越大则控制作用就越大，克服扰动的能力就越强。对于扰动通道的增益，在其他因素相同的条件下，增益越大，系统余差越大，最大偏差越大。

二、时间常数的影响

1. 控制通道时间常数的影响

过程对象控制系统的闭环特征方程为

$$1 + G_c(s)G_o(s) = 1 + \frac{K_c K_o}{T_0 s + 1} e^{-\tau_0 s} = 0 \tag{7-5-1}$$

式中　K_c——控制器的增益；

　　　K_o——过程对象的增益；

　　　T_0——过程对象的时间常数；

　　　τ_0——过程对象的时滞。

系统的相位条件为

$$\begin{cases} -\tau\omega - \arctan(T_0\omega) = -\pi \\[2mm] -\dfrac{\tau_0}{T_0}(T_0\omega) - \arctan(T_0\omega) = -\pi \end{cases} \tag{7-5-2}$$

为了简便，在过程时滞与时间常数之比不变的条件下进行讨论：

1）若 τ_0/T_0 固定，则相位条件 $T_0\omega$ 不变，对稳定性没有影响。

2）若 τ_0/T_0 固定，时间常数 T_0 大，为保证稳定性不变，ω 应减小，因此，当时间常数大时，为保证系统的稳定性，振荡频率减小，恢复时间变长，动态响应变慢。

3）若 τ_0/T_0 固定，时间常数 T_0 小，则振荡频率增大，恢复时间变短，动态响应变快。换言之，时间常数越大，过渡过程越慢，系统越易稳定。

2. 扰动通道时间常数的影响

扰动通道时间常数 T_q 大，扰动对系统输出的影响缓慢，有利于通过控制作用克服扰动影响，因此，控制质量提高。T_q 小，扰动作用快，对系统输出的影响也越快，控制作用不能及时克服扰动。

如果不考虑时滞和扰动通信的时滞，则有

$$\frac{C(s)}{Q(s)} = \frac{K_q}{1 + T_0 s + K_c K_o} \frac{1 + T_0 s}{1 + T_q s} \tag{7-5-3}$$

1）当 $T_0 > T_q$ 时，扰动对系统输出有微分作用，使控制品质变差。

2）当 $T_0 < T_q$ 时，扰动对系统输出有滤波作用，减小了扰动对输出的影响。

三、时滞的影响

1. 控制通道时滞的影响

时滞 τ_0 的存在使得系统的频率特性发生变化，当检测变送环节存在时滞时，被控量的变化不能及时传送到控制器；当被控对象存在时滞时，控制作用不能及时使被控变量变化；当执行器存在时滞时，控制器的信号不能及时引起操纵变量的变化。因此开环传递函数存在时滞，使控制不及时，超调增大，并引起系统不稳定。

时滞 τ_0 越小越好，在有时滞 τ_0 的情况下，τ_0 与 T_0 之比应小一些（小于1），若其比值过大，则不利于控制。

2. 扰动通道时滞的影响

时滞 τ_0 的存在不影响系统闭环极点的分布，因此不会影响系统的稳定性。它仅表示扰动进入系统的时间先后，即不影响控制系统的控制品质。

3. 扰动进入系统位置的影响

当进入系统的扰动位置远离被控变量（靠近调节阀）时，等效于扰动传递函数中的时间常数增大，有利于扰动的消除。

4. 时间常数匹配的影响

当广义对象传递函数有多个时间常数时，各时间常数的匹配对控制系统有影响。例如，广义对象（包括执行器、对象和检测变送环节）由几个一阶环节组成，在设计参数时，应尽量设法把几个时间常数错开，使其中一个时间常数比其他时间常数大得多，同时注意减小第二个、第三个时间常数，这样能提高系统的控制品质。

第六节　常见工业过程模型特性

根据工业工程所具有的某些共同特点对常见工业过程模型进行粗略分类是必要的，而且是有用的。下面对常见的三类工业过程数学模型，即温度过程数学模型、流量过程数学模型和压力过程数学模型的特性进行简要分析。

一、温度过程模型特性

加热炉是一个典型的温度过程，该过程是典型的大惯性、含纯滞后的控制对象，以传递函数描述为 $\dfrac{K}{Ts+1}\mathrm{e}^{-\tau s}$（其中 T、τ 分别为惯性时间常数、纯滞后时间常数）。

惯性可认为是对象储存能量的能力体现，对加热炉来说就是对热能的储存能力，加热炉的热容量较大，当增大或减小燃料流量时，加热炉各段炉温的上升或下降需要较长时间。纯滞后则意味着控制信号在传输上有延迟。

大惯性对象在起动时动作迟钝，所以在这个阶段应加大控制力度以提高其响应的灵敏性；而在调节接近目标值时，则由于大惯性产生的大冲击力而很容易导致大的超调，所以要提早降低控制信号幅值或加抑制作用以减小超调。

对于加热炉温度控制来说，在误差正大时，以大燃料流量快速升温，在误差正小时，要以低于稳态流量设定值进行升温，或提前切换至稳态流量设定值而依靠惯性达到炉温设定值。

当对象含有纯滞后时，控制信号发出后，被控物理量需要经过一段时间的延迟才会收到并产生响应。在加热炉的温度控制系统中，当燃料流量发生变化后，燃料要先经过燃烧产生热量，然后热量在炉内经过热交换使炉内空间感受到热量变化，并以温度变化的形式体现出来，最后通过热电偶的响应输出温度度数，其中每一环节都含有惯性和滞后，它们的累加和构成了燃料流量到温度的惯性和滞后，因此加热炉温度响应是一个典型的慢过程。

二、流量过程模型特性

对于流量控制回路，回路的特点是调节量和被调节量都是流量。虽然只要一打开阀门就有流体流过，但是流量的响应并不是瞬时的。如果流体是气体，压力降低使它要膨胀，管路中所要容纳的气体载体就会随着压降发生变化，从而也随着流量的不同而产生某些变化；如果流体是液体，其惯性更明显，因为流体要经过加速度才能开始流动，需要反向加速度才能停止流动。

在实际流量控制过程中，有大量地方需要用到泵，泵是应用非常广泛的流体通用机械，保证泵具有高效、宽广的运行范围成为衡量综合指标的重要参数之一，因而，对泵流量输出的合理控制成了必然要求。

离心泵依靠旋转叶轮对液体的作用把原动机的机械能传递给液体。由于离心泵的作用，液体从叶轮进口流向出口的过程中其速度能和压力能都得到增加。被叶轮排出的液体经过压出室，大部分速度能转换成压力能，然后沿排出管路送出去。下面以积水系统中的离心泵为例讲述流量过程的数学模型。

典型的给水系统由离心泵、调节阀、调节器及管系组成。图 7-6-1 为离心泵在不同转速下的流量与出口压力特性。

在图 7-6-1 中，n 是泵的转速，P 是泵输出的压力，Q 是泵输出的流量。当转速稳定时，泵特性可以等效为具有二次特性内阻的恒压源，其内阻与管系分布阻力合称为集中参数 R，得到图 7-6-2 所示简化给水系统物理模型。

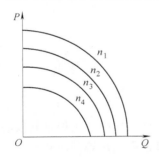

图 7-6-1 离心泵流量和压力特性

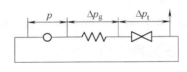

图 7-6-2 典型给水流量系统模型

图 7-6-2 中 p 为泵扬程（背压已从扬程中扣除），Δp_t 和 Δp_g 分别为调节阀和管系（包括泵内）压降。

通常引用管路特性系数 S，即

$$S = \frac{\Delta p_{tmax}}{\Delta p_{tmax} + \Delta p_{gmax}} = \frac{\Delta p_{tmax}}{p} \tag{7-6-1}$$

式中 Δp_{tmax} 和 Δp_{gmax} 分别为调节阀、管系在最大设计流量下的压降。S 越大，阀门控制性能越好，但需要 Δp_{tmax} 增加泵功率。流量方程为

$$Q = FC_t \sqrt{\frac{\Delta p_t}{\rho}} \tag{7-6-2}$$

$$Q = C_g \sqrt{\frac{\Delta p_g}{\rho}} \tag{7-6-3}$$

式(7-6-2)和式(7-6-3)中，Q 为体积流量；F 为调节阀开度（线性阀）；C_t、C_g 为调节阀和管系等效流量系数；ρ 为流体速度。由式(7-6-2)和式(7-6-3)得

$$Q = FC_t \sqrt{\frac{C_g^2}{(F^2 C_t^2 + C_g^2)\rho}} \tag{7-6-4}$$

其相对流量 $q = \dfrac{Q}{Q_{max}}$ 为

$$q = C\sqrt{\lambda} \tag{7-6-5}$$

式中，$C = \sqrt{F^2/(F^2 - F^2 S + S)}$，$\lambda = p/p_0$，这里 p 为泵实际扬程，p_0 为泵额定扬程。

式(7-6-5)即为流量与阀开度 F、S 及泵扬程 p 之间的静态数学模型。若泵转速不变，扬程为 p_0，则 $p = 1$，式(7-6-5)可化简为 $q = C$。那么，相对流量 q 仅与阀开度即管路系数 S 有关。当 $S < 1$ 时，q 与 F 呈非线性关系，且非线性程度随 S 减小而加大。

管内流体动力学方程为

$$M\frac{du}{dt} = pA - \frac{q^2}{C^2}p_0 \tag{7-6-6}$$

式中　　M——管系内流体总质量；

u——平均流速；

A——管内平均截面积。

式(7-6-6)可改为

$$T = \frac{dq}{dt} + \frac{1}{C^2}q^2 = p \tag{7-6-7}$$

其中，$T = MQ_{max}/(A^2 p_0)$。

由式(7-6-7)可见，流量系统为一阶非线性方程。

三、压力过程模型特性

炼焦在炼钢和煤化工中具有重要的作用和地位。在炼焦厂中，焦炉是其核心设备，整个工厂往往围绕几个焦炉来运转，焦炉集气管压力控制直接影响焦炉寿命和环境保护。正常情况下集气管压力保证在微正压（一般 100Pa 左右），太大或太小都会因反复挤压炉壁使炉壁变形甚至倒塌，从而影响焦炉寿命，而且压力太大会使焦炉四周冒浓烟甚至冒火，影响环境。一旦出现负压就会使空气中的氧气渗入炭化室，使焦炭燃烧，从而影响焦炭的质量，因此，集气管压力控制对焦炉炼焦意义重大。

焦炉炼焦的生产过程与一般化工过程不同，它的生产过程不是纯连续的，而是在连续生产过程中伴随着具有一定规律的间断过程，因为煤气产生是连续的，而加煤和推焦则是间断执行的。在加煤和推焦过程中集气管和大气会在某种程度上连通，这无疑会迅速影响集气管的压力，从而给压力控制系统带来一个非常大的干扰。

焦炉和焦炉之间、焦炉和鼓风机之间有着压力相互影响、相互干扰的关系，致使压力系统耦合严重，而又无法达到精确的数学模型，动态解耦困难。

焦炉是焦化生产的主要设备，保证集气管压力稳定是焦炉正常生产的主要指标。由于集气管压力控制系统存在着复杂的耦合关系和多种外部干扰因素，因此很难建立精确的数学模型，但可以忽略一些因素后建立对象的简化模型。

为简便分析，假设并联焦炉间的相互关系为弱耦合而忽略，因此只考虑一座焦炉，简化的焦炉模型结构如图 7-6-3 所示。

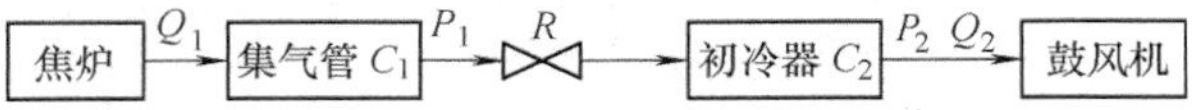

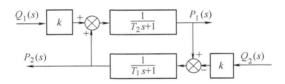

图 7-6-3　简化的焦炉模型结构

Q_1——焦炉产荒煤气　　Q_2——鼓风机入口荒煤气

P_1、P_2——集气管压力和鼓风机吸力

分析调节对象的动态特性，可近似用大气容连接组成的节流通室来模拟，在图 7-6-3 中，对象的阻力系数定义为 $R_1 = \mathrm{d}P_1/\mathrm{d}Q_1$，即气体压力对流量的导数，由于气体具有可压缩性，当压力变化时，会产生类似于电容一样的储存或释放能量的效应，定义容量系数 $C_1 = \mathrm{d}V_1/\mathrm{d}P_1$，即气体体积对压力的导数，根据物料平衡关系可建立压力系统动态平衡方程式。对象特性框图如图 7-6-4 所示。

从图 7-6-4 可以看出，当煤气发生量 Q_1 变化时，集气管压力 P_1 对其的动态响应比较及时，改变 k 可以迅速地克服该扰动。k 的改变是通过调节集气管出口蝶阀的开度来克服 Q_1 的扰动。当鼓风机煤气量 Q_2 发生变化时，鼓风机吸力 P_2 动态响应比较及时，但对 P_1 来说由于存在一个时间常数 T_2 的惯性环节，其动态响应要慢些，但 P_2 的变化在正反馈的作用下将造成 P_2 偏离设定值，特别是 P_1 与 P_2 响应不同步，两者之间变化过程总存在一个时间差，因此集气管压力与鼓风机吸力间的耦合比较明显。

图 7-6-4　对象特性框图

思考题与习题

7-1　什么是过程建模，为什么研究被控过程的数学模型？过程建模的目的和要求是什么？

7-2　过程建模的方法有哪些？其适用场合分别是什么？

7-3　什么叫过程的自平衡特性和非自平衡特性？什么叫单容过程和多容过程？

7-4　机理法建模与实验法建模的基本原理分别是什么？

7-5　影响控制性能的主要模型参数有哪些，其工作机理分别是什么？

7-6　试简要分析温度、流量、压力过程模型特性。

7-7　习题图 7-1 所示液位过程的输入量为 q_1，输出量 q_2、q_3，液位 h 为被控参数，C 为容量系数，并设 R_1、R_2、R_3 均为线性液阻。要求：

①　列出过程的微分方程组；

②　画出过程的框图；

③　求过程的传递函数 $W_{\mathrm{o}}(s) = H(s)/q_1(s)$。

7-8　如图 7-3-1 所示的单容过程，若其输入量为 Q_i、输出量为 Q_o，试列写其微分方程组。根据方程组画出框图并求其数学模型 $W_{\mathrm{o}}(s) = Q_o(s)/Q_i(s)$。

7-9　两只水箱串联工作，各个参数如习题图 7-2 所示。若过程的输入量为 q、输出量为 q_2，并设液阻 R、R_1、R_2 均为线性，试列写过程的微分方程组；根据方程组画出过程的框图，并求其数学模型 $W_{\mathrm{o}}(s) = q_2(s)/q(s)$。

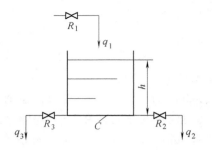

习题图 7-1　液位过程

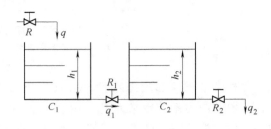

习题图 7-2　液位过程

第八章　单回路控制系统

单回路控制系统又称简单控制系统。在所有反馈控制系统中，单回路控制系统是最基本、最常见、应用最广泛的控制系统，占控制回路的80%以上。简单控制系统的特点是结构简单，易于实现，适应性强。在简单控制系统的基础上，发展起各种复杂控制系统。在工业过程计算机集成控制系统中，也往往把它作为最底层的控制系统。因此，学习简单控制系统是非常必要的。掌握了单回路系统的分析和设计方法，将会给复杂控制系统的分析和研究提供很大的方便。

第一节　概　　述

单回路控制系统是由被控过程、检测元件及变送器、控制器和执行器组成一个闭合回路的反馈控制系统，其典型例子如图 8-1-1 所示。

储罐液位由液位变送器转换成相应的标准信号送到控制器，与给定值相比较，控制器按比较得到的偏差，以一定的控制规律发出控制信号，控制执行器的动作，通过改变储罐液体出料的流量，从而使储罐液位保持在与给定值基本相等的数值上。

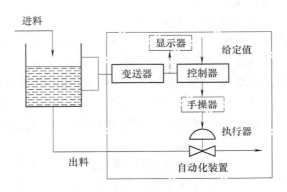

图 8-1-1　典型单回路控制系统

为了分析方便，常将图 8-1-1 的控制系统用图 8-1-2 的框图来表示。如果再把执行器、被控过程、检测元件及变送器等环节归并在一起，称为"广义被控过程"，简称"广义过程"，则单回路控制系统又可简化成由广义过程和控制器两部分组成。

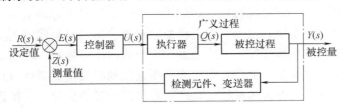

图 8-1-2　单回路系统框图

单回路控制系统是所有过程控制系统中最简单、最基本、应用最广泛和成熟的一种。它适用于被控过程滞后时间较小、负荷和干扰变化不大，控制质量要求不很高的场合。单回路控制系统虽然简单，但它的设计和控制器的参数整定方法却是各类复杂控制系统设计和整定的基础。因此，这里首先对它进行讨论。

第二节　单回路控制系统的设计

一、被控变量和操纵变量的选择

1. 被控变量的选择

被控变量的选择是控制系统设计的核心问题，被控变量选择得正确与否是决定控制系统有无价值的关键；对于一个控制系统，总是希望其能够在稳定生产操作、增加产品产量、提高产品质量、保证生产安全及改善劳动条件等方面发挥作用。如果被控变量选择不当，无论多么好的自动化仪表，使用多么复杂、先进的控制规律也是无用的，都不能达到预期的控制效果。另外，对于一个具体的生产过程，影响其正常操作的因素往往有很多个，但并非所有的影响因素都要加以自动控制。所以，设计人员必须深入实际、调查研究、分析工艺，从生产过程对控制系统的要求出发，找出影响生产的关键变量作为被控变量。

（1）被控变量的选择方法

生产过程中的控制大体上可以分为三类：物料平衡控制和能量平衡控制、产品质量或成分控制及限制条件的控制。选择的被控变量应是能表征物料和能量平衡、产品质量或成分及限制条件的关键状态变量。所谓"关键"变量，是指这样一些变量，它们对产品的产量或质量及安全具有决定性作用，而人工操作又难以满足要求，或者人工操作虽然可以满足要求，但是这种操作既紧张又频繁，劳动强度又很大。

根据被控变量与生产过程的关系，可将其分为两种类型的控制形式：直接参数控制与间接参数控制。

1）选择直接参数作为被控变量。选择直接参数作为被控变量能直接反映过程中产品的产量和质量，以及安全运行的参数称为直接参数。大多数情况下，被控变量的选择往往是显而易见的。对于温度、压力、流量、液位为操作指标的生产过程，很明显被控变量就是温度、压力、流量、液位。这是很容易理解的，也无需多加讨论。

2）选择间接参数作为被控变量。质量指标是产品质量的直接反映，因此，选择质量指标作为被控变量应是首先要进行考虑的。如果工艺上是按质量指标进行操作的，理应以产品质量作为被控变量进行控制，但是采用质量指标作为被控变量，必然要涉及产品成分或物性参数（如密度、黏度等）的测量问题，目前国内外尚未得到很好的解决，其原因有两个：一是缺乏各种合适的检测手段；二是虽有直接参数可测，但信号微弱或测量滞后太大。

因此，当直接选择质量指标作为被控变量较为困难或不可能时，可以选择一种间接的指标，即间接参数作为被控变量。但是必须注意，所选用的间接指标必须与直接指标有单值的对应关系，并且还需具有足够大的灵敏度，即随着产品质量的变化，间接指标必须有足够大的变化。

（2）被控变量的选择原则

在实践中，被控变量的选择以工艺人员为主，以自控人员为辅，因为对控制的要求是从工艺角度提出的；但自动化专业人员也应多了解工艺，多与工艺人员沟通，从自动控制的角度提出建议。工艺人员与自控人员之间的相互交流与合作，有助于选择好控制系统的被控变量。

在过程工业装置中，为了实现预期的工艺目标，往往有许多个工艺变量或参数可以被选择作为被控变量，也只有在这种情况下，被控变量的选择才是重要的问题。从多个变量中选择一个变量作为被控变量应遵循下列原则：

1）被控变量应能代表一定的工艺操作指标或能反映工艺操作状态，一般都是工艺过程中比较重要的变量。

2）应尽量选择那些能直接反映生产过程的产品产量和质量，以及安全运行的直接参数作为被控变量。当无法获得直接参数信号，或其测量信号微弱（或滞后很大）时，可选择一个与直接参数有单值对应关系、且对直接参数的变化有足够灵敏度的间接参数作为被控变量。

3）选择被控变量时，必须考虑工艺合理性和国内外仪表产品的现状。

2. 操纵变量的选择

工业过程的输入变量有两类：操纵（或控制）变量和扰动变量。如果用 $U(s)$ 表示操作变量，而用 $D(s)$ 表示扰动变量，那么，被控对象的输出 $Y(s)$ 与输入之间的关系可表示为

$$Y(s) = W_o(s)U(s) + W_d(s)D(s) \tag{8-2-1}$$

式中　　$W_o(s)$——被控对象控制通道的传递函数，也简称为被控对象的传递函数；

　　　　$W_d(s)$——被控对象扰动通道的传递函数。

由式（8-2-1）可以看出，扰动作用与控制作用同时影响被控变量。不过，在控制系统中通过控制器正反作用方式的选择，使控制作用对被控变量的影响正好与扰动作用对被控变量的影响方向相反。这样，当扰动作用使被控变量发生变化而偏离设定值时，控制作用就可以抑制扰动的影响，把已经变化的被控变量重新拉回到设定值上来。因此，在一个控制系统中，扰动作用与控制作用是相互对立而依存的，有扰动就有控制，没有扰动也就无需控制。

在生产过程中，干扰是客观存在的，它是影响系统平稳操作的因素，而操作变量是克服干扰的影响，使控制系统重新稳定运行的因素。因此，正确选择一个可控性良好的操作（或控制）变量，可使控制系统有效克服干扰的影响，以保证生产过程平稳操作。

操纵变量一般选系统中可以调整的物料量或能量参数。而石油、化工生产过程中，遇到最多的操纵变量则是物料流或能量流及流量参数。在一个系统中，可作为操纵变量的参数往往不止一个。操纵变量的选择，对控制系统的控制质量有很大的影响，因此操纵变量的选择问题是设计控制系统的一个重要考虑因素。为了正确地选择操纵变量，首先要研究被控对象的特性。

（1）放大系数对控制质量的影响

为讨论方便，可将图 8-1-2 的框图简化成图 8-2-1 的形式。

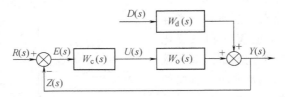

图 8-2-1　单回路控制系统简化框图

设控制器、干扰通道、被控过程的传递函数 $W_c(s)$、$W_d(s)$、$W_o(s)$ 分别为

$$W_c(s) = K_c$$

$$W_d(s) = \frac{K_d}{(T_1 s + 1)(T_2 s + 1)}$$

$$W_o(s) = \frac{K_o}{Ts + 1}$$

由此可得出系统的闭环传递函数为

$$\frac{Y(s)}{D(s)} = \frac{W_d(s)}{1 + W_c(s) W_o(s)} \tag{8-2-2}$$

控制系统的偏差为(在此情况下,$Z(s) = Y(s)$)

$$E(s) = R(s) - Y(s) = R(s) - \frac{W_d(s) D(s)}{1 + W_c(s) W_o(s)} \tag{8-2-3}$$

对于定值控制系统而言,$R(s) = 0$,因而

$$E(s) = -\frac{W_d(s)}{1 + W_c(s) W_o(s)} D(s)$$

由终值定理可求得控制系统的余差为

$$C = e(\infty) = \lim_{t \to \infty} e(t) = \lim_{s \to 0} s E(s)$$

$$= \lim_{s \to 0} s \frac{-W_d(s)}{1 + W_c(s) W_o(s)} D(s) \tag{8-2-4}$$

对于单位阶跃干扰函数有 $D(s) = 1/s$,因而将 $W_c(s)$、$W_o(s)$、$W_d(s)$、$D(s)$ 的表达式代入式(8-2-4),可求得系统的余差为

$$C = \frac{-K_d}{1 + K_c K_o} \tag{8-2-5}$$

由式(8-2-5)可知,在选择操纵量时,应使干扰通道的放大系数 K_d 越小越好,这样可使余差减小,控制精度得到提高。控制通道的放大系数 K_c 似乎越大,余差越小,但是,由于最佳控制过程的 K_o 与 K_c 的乘积为一常数,而控制器的放大系数 K_c 是可调的,因而即使 K_o 较小,也可通过选取较大的 K_c 来补偿,总可以做到 K_o 与 K_c 的乘积满足要求。这样一来,在选择操纵量时可不考虑 K_o 的影响。但是,由于控制器的 K_c 总有一定的范围,当被控过程控制通道的放大系数超过了控制器 K_c 所能补偿的范围时,K_o 对余差的影响就显示出来了。因此,在选择操纵量时,仍宜对控制通道的放大系数作适当考虑,一般总希望 K_o 要大一点,以加强控制作用,但必须以满足工艺生产的合理性为前提条件。

为了说明如何根据放大系数来选择操纵量,这里举一个例子来说明。图 8-2-2 为合成氨厂变换炉,一氧化碳和蒸汽在触媒存在的条件下发生作用,生成氢气和二氧化碳,同时放出热量。生产工艺要求一氧化碳的变换率要高,蒸汽的消耗量要小,触媒的寿命要长。显然选择直接参数作为被控量是不行的,因此,生产上通常是用变换炉一段反应温度作为被控量,以间接地控制变换率

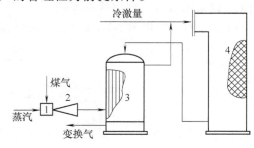

图 8-2-2　CO 变换过程示意图

1—混合器　2—喷射泵　3—换热器　4—变换炉

和其他质量指标。

为了选择操纵量，必须对干扰情况进行分析，影响变换炉一段反应温度的因素是相当多的，总的来说有煤气的流量、压力、温度、成分；蒸汽的压力、流量；冷激量以及触媒的活性等。在以上诸因素中，触媒的活性不可能根据要求而任意改变，因此是一种不可控的因素。

煤气成分的波动虽然会引起反应温度的显著变化，但它是由造气车间提供的，这里它也是一种不可控因素。事实上，煤气经煤气柜后不仅使压力变得比较稳定，而且成分也是相当均匀的。煤气温度的变化，即热水饱和塔出口煤气温度的变化对反应温度的影响较大，但只要保证热水饱和塔操作平稳，则煤气的温度变化就不会很大。

蒸汽压力在变换工段之前已进行了定值控制，因此是稳定的。

这样，排除了以上这些因素之后，可供选择作为操纵量的只有冷激量、煤气量和蒸汽量三种。通过实验测试，三种因素对反应温度的相对放大系数为

冷激量对反应温度通道的相对放大系数：

$$K_1 = \frac{温度的相对变化量}{冷激量的相对变化量} = \left(\frac{10}{500}\right)\bigg/\left(\frac{100}{4000}\right) = 0.8$$

煤气量对反应温度通道的相对放大系数：

$$K_2 = \frac{温度的相对变化量}{煤气量的相对变化量} = \left(\frac{2.5}{500}\right)\bigg/\left(\frac{100}{6250}\right) = 0.31$$

蒸汽量对反应温度通道的相对放大系数：

$$K_3 = \frac{温度的相对变化量}{蒸汽量的相对变化量} = \left(\frac{14.5}{500}\right)\bigg/\left(\frac{1}{16.5}\right) = 0.48$$

根据上述各相对放大系数的大小，可对如下三种控制方案进行对比分析：

1）选择冷激量为操纵量。这一控制方案可得到较大的控制通道放大系数，因而系统具有很强的抗干扰能力。但是，工艺上安排这个管线的目的是保证开、停车的方便和手动粗调变换炉的反应温度。在一般情况下，冷激量阀门是关着的。并且事实上也证明，当选择冷激量作操纵量时，会使反应温度变化过于剧烈，很难稳定。因此，不论从工艺过程的合理性或是实际应用结果，都说明这一方案是不可取的。

2）选择煤气量为操纵量。这一方案不能得到较大的控制通道放大系数，抗干扰能力弱。假如蒸汽量的变化是主要干扰，则因干扰通道的放大系数 K_3 大于控制通道的放大系数 K_2，余差必然增大，因而这一方案也是不可取的。

3）选择蒸汽量为操纵量。假如煤气量的变化是主要干扰，当采用这一方案时，不论在什么情况下，煤气量的变化对于反应温度的静态影响比较小，而操纵量对于反应温度的静态影响比较大，从而能有效地克服干扰对被控量的影响，即控制系统具有足够的抗干扰能力。同时，从工艺上分析也比较合理，因此，操纵量的选择是合适的。

（2）干扰通道动态特性对控制质量的影响

1）时间常数对控制质量的影响。在图8-2-2的单回路控制系统中，设各环节的放大系数均为1，干扰通道为一阶惯性环节，则系统的闭环传递函数为

$$\frac{Y(s)}{D(s)} = \frac{W_d(s)}{1 + W_c(s)W_o(s)} = \frac{1}{T_d} \frac{1}{(s + 1/T_d)[1 + W_c(s)W_o(s)]} \tag{8-2-6}$$

系统的特征方程为

$$\left(s + \frac{1}{T_d}\right)[1 + W_c(s)W_o(s)] = 0 \tag{8-2-7}$$

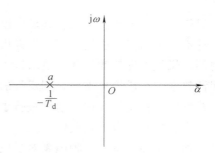

由式（8-2-6）、式（8-2-7）可见，由于在干扰通道中增加了一个一阶惯性环节，使系统的特征方程式发生了变化，即在根平面上增加一个（$-1/T_d$）附加极点 a，如图 8-2-3 所示。随着时间常数 T_d 的增大，极点 a 将沿着实轴向虚轴靠近。这样，与此极点 a 对应的过渡过程分量的衰减系数减小了，使过程变慢，过渡过程时间加长。但是，由于该极点是位于实轴上的，这种影响并不很大，而重要的影响在于过渡过程中的非恒定分量的系数乘上一个

图 8-2-3　根平面上的附加极点

$1/T_d$ 的数值，即过渡过程动态分量的幅值减小为原来的 $1/T_d$，从而使控制过程的超调量随着 T_d 的增大而减小，控制质量得到提高。

同理可知，当干扰通道惯性环节的阶数增加时，控制质量将获得进一步改善。因此，当干扰通道的时间常数变大或时间常数个数增多时，均将使这一通道的动态响应变得和缓，对干扰起了一个滤波作用。

2）滞后时间对控制质量的影响。设干扰通道存在纯滞后时间 τ_{d0}，系统的闭环传递函数为

$$\frac{Y(s)}{D(s)} = \frac{W_d(s)}{1 + W_c(s)W_o(s)} e^{-\tau_{d0}s} \tag{8-2-8}$$

或写成

$$Y(s) = \frac{W_d(s)D(s)}{1 + W_c(s)W_o(s)} e^{-\tau_{d0}s}$$

将式（8-2-8）作拉普拉斯反变换，便可得到系统在单位阶跃干扰作用下被控量的时间响应。

$$y(t) = y'(t - \tau_{d0}) \tag{8-2-9}$$

式中的 $y'(t)$ 是指 $\tau_{d0} = 0$ 时被控量的时间特性。由式（8-2-9）可知，干扰通道存在纯滞后时间时，从理论上讲不影响控制系统的质量，仅仅使被控量在时间上平移了一个 τ_d 值。

干扰通道存在容量滞后时间 τ_{dc} 时，它将使干扰信号变得和缓一些，τ_{dc} 越大，干扰变得越平缓，对系统克服干扰就越有利。因此，τ_{dc} 对控制质量的影响与时间常数 T_d 的影响一致。

3）干扰作用位置对控制质量的影响。一个被控过程往往存在着多个干扰，而各个干扰与被控量的传递函数是不同的。设被控过程由三个相互独立的单容环节串联组成，各环节的放大系数都等于 1，时间常数相差也不甚悬殊，干扰分别由 1、2、3 三个位置进入系统，如图 8-2-4 所示。这里仅定性地讨论干扰作用位置对控制质量的影响。

为了能更清楚地看出干扰作用位置对控制质量的影响，现将图 8-2-4 画成图 8-2-5 的形式。

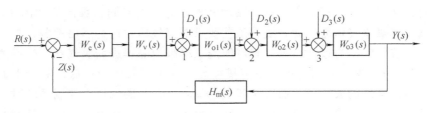

图 8-2-4 干扰从不同位置进入控制系统

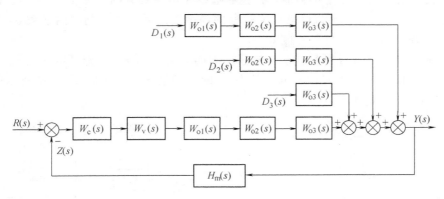

图 8-2-5 干扰位置对控制质量的影响

前已指出：干扰通道具有的惯性环节阶数增加，对干扰信号的缓和作用越强，系统克服它的影响就越容易，控制质量也就越高。由图 8-2-5 可见，D_1 对被控量的影响最小，D_2 次之，而 D_3 的影响最大。这就是说，在选择操纵量时，应力求使干扰信号远离被控量检测点，即越靠近控制阀的位置进入系统，以利于提高控制质量。

干扰幅值大小对控制质量的影响是不言而喻的。幅值越大，对被控量的影响也越大，克服它的影响也越难，甚至无法进行控制。因此，当发现某一干扰幅值太大时，就需要考虑是否单独设计一个控制系统来稳定该干扰，或者采取其他措施以减小该干扰的幅值。

（3）控制通道动态特性对控制质量的影响

1）时间常数 T 对控制质量的影响。控制通道时间常数的大小反映了控制作用的强弱，或者说反映了克服干扰影响的快慢。时间常数太大，将使控制作用太弱，反应迟钝，过渡过程时间加长，控制质量下降。在各种各样的被控过程中，T 大得多，如炼油厂管式加热炉燃料油主出口温度这一控制通道，$T > 15\text{min}$；某些化学反应器进料量对反应温度通道的时间常数在几分钟以上。当出现 T 过大时，可采取以下措施：合理地选择执行器的位置，使之尽量减小从执行器到被控量检测点之间的容量系数，从而减小控制通道的时间常数；采用前馈或更复杂的控制系统方案。

时间常数小，控制作用强，克服干扰影响快，过渡过程时间缩短。但是，当它过小时，就容易引起过渡过程的多次振荡，使被控量难于稳定下来，即系统稳定性受到影响。在控制过程中，时间常数过小的机会不多，但随着现代化生产日新月异地飞速发展，在许多工艺中，反应速度加快了，设备结构尺寸减小了，这就象征着被控过程时间常数日益减小，可能使得控制系统过于灵敏而不能保证控制质量。当出现 T 过小的情况时,可考虑采取如下措施:尽量选择快速的检测元件、控制器、执行器;使用反微分单元适当降低控制通道的灵敏度;在可能时,从工艺上进行适当改革,以增大控制通道的时间常数。例如图 8-2-6 所示为某化工厂烧碱电解槽氢气压力控制系统,工艺要求对氢气压力进行严格控制,最大偏差不允许超过 ±30Pa。若氢气压力过高,氢气有可能透过电解槽隔膜进入氯气室,当氯气室内的氢含量增加到 4% ~96% 时,就可能引起电解槽爆炸。如果氢气压力过低,除产生上述的逆过程外,还有可能因空气的大量进入而影响氢气的纯度。采用图示压力控制系统时,尽管控制器的比例度已放到最大数值,但控制阀仍不断开大关小,动作频繁,因此,控制系统易出现急剧振荡,其原因就在于被控介质很轻,控制通道十分灵敏,时间常数仅为 1s。在控制器的输出端接上一个反微分单元以降低广义过程的灵敏度之后,当控制器的参数 $\delta = 80\%$ 、$T_i = 0.8\min$ 时,系统获得了良好的控制效果。

2)滞后时间对控制质量的影响。控制通道中的滞后时间 τ,不论是纯滞后 τ_0 或是容量滞后 τ_c,对控制质量都有不好的影响,其中 τ_0 的影响最坏。首先以图 8-2-7 所示的系统为例,讨论 τ_0 对稳定性的影响。

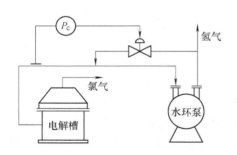

图 8-2-6　电解槽氢气压力控制系统

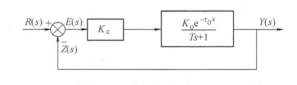

图 8-2-7　具有纯滞后 τ_0 的系统

设控制器用比例作用,放大系数为 K_c,当过程不存在纯滞后 τ_0 时,其开环传递函数为

$$W_k(s) = W_c(s)W_o(s) = \frac{K_c K_o}{Ts + 1}$$

由奈奎斯特判据可知,不论开环系数 $K_c K_o$ 为多大,闭环系统总是稳定的。频率特性图如图 8-2-8 所示。

若过程存在纯滞后 τ_0,则过程传递函数为

$$W_o(s) = \frac{K_o}{Ts + 1} e^{-\tau_0 s}$$

则系统的开环传递函数为

$$W'_k(s) = W_c(s)W_o(s) = \frac{K_c K_o}{Ts + 1} e^{-\tau_0 s}$$

$$(8-2-10)$$

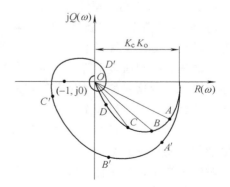

图 8-2-8　频率特性图

由于纯滞后 τ_0 的存在仅使相位滞后增加了 $\omega\tau_0$ 弧度,而幅值不变。据此可在无 τ_0 时的

W（$j\omega$）上取 ω_1、ω_2、ω_3…各点，例如 A 点处，频率为 ω_1，取 W（$j\omega_1$）的幅值，但相位滞后则增了 $\omega_1\tau_0$ 弧度，从而定出新的 W'（$j\omega_1$）点 A'，同理可得到 ω_2、ω_3、ω_4…时的各点，将它们连接起来即为 W'（$j\omega$）的幅相频率特性图形。

由 W'（$j\omega$）特性曲线可见，具有纯滞后时，随着 K_cK_o 的增大，有可能包围（-1，$j0$）点，同时，若 τ_0 值大，包围（-1，$j0$）点的可能性更大。所以，纯滞后时间 τ_0 的存在降低了控制系统的稳定性。

τ_0 对系统动态质量的影响可用图 8-2-9 来说明，其中曲线 C 为被控量在干扰作用下的变化趋势，曲线 A、B 分别代表无滞后和有滞后情况下操纵量对被控量的校正作用，曲线 D、E 表示无滞后和有滞后时，被控量在干扰和控制二者共同作用下的变化过程，y_0 为检测变送器的不灵敏区。当无 τ_0 时，控制器在 t_1 时刻感受正偏差信号而产生校正作用 A，从 t_1 以后被控量将沿此曲线 D 变化。当有纯滞后时，控制器从 t_1 时刻也感受到正偏差信号并发出校正作用，但被控量对此校正作用毫无反应，即在纯滞后

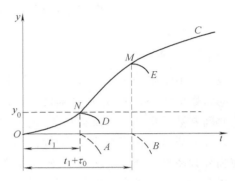

图 8-2-9　τ_0 对控制质量的影响

τ_0 时间内，被控量只受干扰作用的影响，只有在（$t_1+\tau_0$）之后，控制器的校正作用才对被控量起作用并沿曲线 E 变化。比较曲线 D 和 E，显见纯滞后使超调量增加了。反之，当控制器接受负偏差时，所产生的校正作用将使被控量继续下降，可能造成过渡过程的振荡加剧，从而使恢复时间拉长。

容量滞后对控制质量的影响要比纯滞后的影响和缓一些。因为在 τ_c 时间内，被控量尚有一定的变化，但同样会拖延控制作用，使控制作用不及时，控制质量下降。对 τ_c 较大的过程不能简单地采用增大放大系数的办法提高控制质量，因为在增大起始段控制作用的同时，后段的控制作用也同样地被增大。这样很容易造成超调现象，使被控量剧烈波动。克服 τ_c 对控制质量影响的有效方法是引入微分作用。

由上述分析可知，在选择操纵量时，要设法使控制通道的时间常数适当地小一点，滞后时间则越小越好。

3）时间常数匹配对控制质量的影响。控制系统的广义过程往往包括几个时间常数，讨论它们之间的匹配对控制质量的影响有着重要意义。当一个控制系统还处于设计阶段时，可通过这种分析有效地选择操纵量，使这种匹配朝着有利于提高控制质量的方向进行；在控制方案已经确定时，仍可通过这种分析，合理地选择检测元件和执行器，以改善控制系统的控制质量。

过程控制系统的控制质量可以用它的"准品质指标"给予综合性的描述。设控制系统的临界放大系数为 K_m，临界振荡频率为 ω_k，则 $K_m\omega_k$ 被定义为系统的准品质指标。这样，K_m 或 ω_k 提高一倍，就认为控制系统的控制质量提高一倍。这里以被控过程具有三个时间常数的控制系统为例来加以说明，如图 8-2-10 所示。

根据代数判据判别系统的稳定性时，在稳定边界条件下，系统的总增益 K_m、临界频率 ω_k 和时间常数 T 的关系为

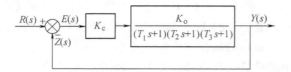

图 8-2-10　被控过程具有三个时间常数的控制系统

$$K_m = (T_1 + T_2 + T_3)\left(\frac{1}{T_1} + \frac{1}{T_2} + \frac{1}{T_3}\right) \tag{8-2-11}$$

$$\omega_k = \sqrt{\frac{T_1 + T_2 + T_3}{T_1 T_2 T_3}} \tag{8-2-12}$$

设 $T_1 = 10$，$T_2 = 5$，$T_3 = 2$，按上列关系可计算得到：$K_m\omega_k = 5.2$，若改变其中一个或两个时间常数的大小，$K_m\omega_k$ 值也随之变化，其结果见表 8-2-1。从计算结果可知：减小最大的那个时间常数不但无益，反而使 $K_m\omega_k$ 比原状态减小，控制质量下降；减小 T_2 或 T_3 都有助于改善控制质量，尤以减小 T_3 为好，同时减小 T_2 和 T_3 最好；如果加大最大的时间常数 T_1，会使临界频率有所下降，但最大放大系数将有所增加，结果使 $K_m\omega_k$ 仍有所增大。这就是说，减小中间大小的那个时间常数，把几个时间常数的数值错开一些，可使系统的工作频率提高，过渡过程时间缩短，余差和最大偏差显著减小，系统的控制质量得到提高。

表 8-2-1　时间常数匹配对控制质量的影响

参数 变化情况	T_1	T_2	T_3	K_m	ω_k	$K_m\omega_k$
原始数据	10	5	2	12.6	0.41	5.2
减小 T_1	5	5	2	9.8	0.49	4.8
减小 T_2	10	2.5	2	13.5	0.54	7.3
减小 T_3	10	5	1	19.8	0.57	11.2
加大 T_1	20	5	2	19.2	0.37	7.1
减小 T_2、T_3	10	2.5	1	19.3	0.74	14.2

（4）操纵变量的选择原则

实际上被控变量与操纵（或控制）变量是放在一起综合考虑的。操纵变量应具有可控性、工艺操作的合理性、生产的经济性。操纵变量的选取应遵循下列原则：

1）所选的操纵变量必须是可控的（工艺上允许调节的变量），而且在控制过程中该变量变化的极限范围也是生产允许的。

2）操纵变量应该是系统中被控过程的所有输入变量中对被控变量影响最大的一个，控制通道的放大系数要适当大一些，时间常数适当小些，纯迟延时间应尽量小；所选的操纵变量应尽量使扰动作用点远离被控变量而靠近控制阀。为使其他扰动对被控变量的影响减小，应使扰动通道的放大系数尽可能小，时间常数尽可能大。

3）操纵变量应该直接影响被控变量而不是间接影响。遵从这条原则，通常会得到具有满意的静态和动态特性的控制回路。避免干扰循环。

4）如果有几个干扰同时作用于控制系统，由于由检测元件处进入的干扰对被控量的影响最严重，因此，在选择操纵量时应尽力使干扰远离被控量而向执行器靠近。

　　5）如果广义过程是由几个时间常数串联而成的，在选择操纵量时应当尽可能地避免几个时间常数相等或相近的状况，它们越错开越好。

　　6）在选择操纵变量时，除了从自动化角度考虑外，还需考虑到工艺的合理性与生产的经济性。一般来说，不宜选择生产负荷作为操纵变量，以免产量受到波动。例如，对于换热器，通常选择载热体（蒸汽）流量作为操纵变量。如果不控制载热体（蒸汽）流量，而是控制冷流体的流量，理论上也可以使出口温度稳定。但冷流体流量是生产负荷指标，一般不直接进行控制。另外，从经济性考虑，应尽可能地降低物料与能量的消耗。

　　注意，这些准则也可能是相互矛盾的。在比较对于同一个被控变量有控制作用的两个输入时，可能一个输入有较大的稳态增益，且有较慢的动态特性。在这种情况下，就应该对两个候选者的静态特性和动态特性进行折中考虑，从而选择一个合适的输入。

　　为了说明如何应用以上原则，这里以喷雾式干燥设备的控制系统为例进行讨论。

　　为了将浓缩的乳液干燥成乳粉，生产上常采用喷雾式干燥设备，工艺流程如图8-2-11所示。已浓缩的乳液由高位槽流下，经过滤器去掉凝结块，然后至干燥筒顶部喷出，空气则由风机送至换热器，热空气经风管进入干燥筒，乳液中的水分即被蒸发，乳粉则随湿空气一道送出，再行分离。工艺要求干燥后的产品含水量波动要小。由于干燥筒出口的气体温度与产品的含水量有密切关系，因而可被选为被控量。

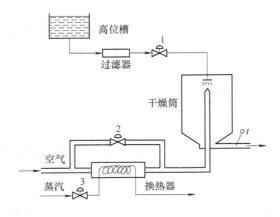

图 8-2-11　干燥过程及控制系统

　　操纵量的选择则需要对干扰情况进行分析。在该设备中，影响干燥筒出口温度的因素显然有乳化物的流入量 d_C、蒸汽压力 d_P 以及鼓风机风量 d_Q。因此，可供选择作操纵量的有乳化物流量、旁通空气量和加热蒸汽量，图中分别以 1、2、3 三个控制阀门位置代表这三种控制方案。为了便于比较各控制方案的优劣，需要对控制系统中各环节的特性进行分析。经计算和实验测定得知：检测元件的时间常数为 5s；干燥筒可以看成由一个 2s 纯滞后环节和具有三个时间常数均为 8.5s 的环节串联；换热器可用具有两个时间常数均为 100s 的环节来表示；风管可用一个 3s 的纯滞后环节来表示。三个控制方案的框图分别表示于图 8-2-12、图 8-2-13、图 8-2-14。

　　由图可以看出，选择不同的操纵量，虽然各干扰对被控量的通道没有改变，但是进入控制系统的相对位置发生了变化。在系统中，乳化物流量干扰 d_C 对出口温度的影响最显著，风量干扰 d_Q 次之，蒸汽压力干扰 d_P 最不灵敏。在不同控制方案中，对克服这三种干扰的能力各不相同。图 8-2-12 方案中，由于各干扰都从控制阀前进入控制系统，而且控制通道的滞后比其他两种方案都小，因而控制作用很强，可以认为是最好的控制方案；图 8-2-13 方案中，由于控制通道增加了一个 3s 的纯滞后环节，控制质量势必比前者差一些；图 8-2-14 方案中又增加了两个时间常数均为 100s 的环节，控制作用更不灵敏，操作周期势必最长，难以满足工艺对控制质量的要求，因而是不可取的。以上仅是从控制质量方面考虑。再从工艺上考虑，方案一是不合理的，因为以乳化物流量作为操纵量，为克服干扰对出口温度的影

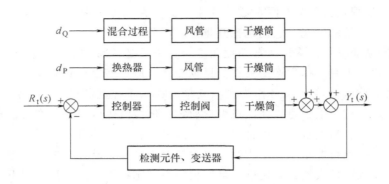

图 8-2-12　操纵量为乳液量的系统

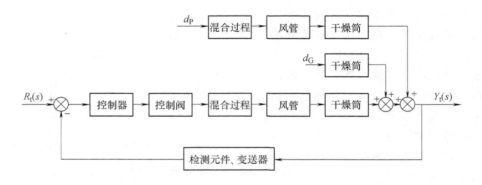

图 8-2-13　操纵量为风量的系统

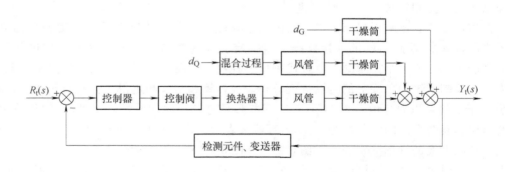

图 8-2-14　操纵量为蒸汽量的系统

响，它就不可能始终在最大值上工作，限制了该装置的生产能力，从而不能保证产量的稳定。另外，在乳液管线上装设控制阀，容易使浓缩乳液结块，降低产品质量。因此，一般不宜采用此方案。以旁通空气量为操纵量的方案差一点，其主要原因是由于增加了一个 3s 的纯滞后环节，若能从工艺上稍加改革，尽可能地缩短风管，则控制质量是可进一步提高的，工艺上也是合理的。因此，实际生产中选用了此方案。

二、测量变送装置的选择

1. 测量变送装置的工作原理

测量变送装置（包括测量元件和变送器）的作用是将工业生产过程的参数（如位移、压力、差压、电量等）经检测并转换为标准信号。在模拟仪表中，标准信号通常采用 0～10mA、4～20mA、1～5V 电流或电压，0.02～0.1MPa 气压信号；在现场总线仪表中，标准信号是数字信号。测量变送装置的工作原理如图 8-2-15 所示。

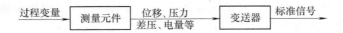

图 8-2-15　测量变送装置的工作原理

测量元件和变送器的类型繁多，现场总线仪表的出现使测量变送装置呈现模拟和数字并存的状态。但它们都可用带纯迟延的一阶惯性环节近似，其传递函数为

$$G_m(s) = \frac{K_m}{T_m s + 1} e^{-\tau_m s} \tag{8-2-13}$$

式中　K_m、T_m 和 τ_m——测量变送装置的增益、时间常数和纯迟延时间。

2. 对测量变送装置的基本要求

对测量变送装置的基本要求是准确、迅速和可靠。准确指检测元件和变送器能正确反映被控或被测变量，误差小；迅速指应能及时反映被控或被测变量的变化；可靠是检测元件和变送器的基本要求，它应能在工况环境下长期稳定运行。为此需要考虑以下三个主要问题。

（1）在所处环境下能否正常长期工作　由于检测元件直接与被测或被控介质接触，因此，在选择测量元件时应首先考虑该元件能否适应工业生产过程中的高低温、高压、腐蚀性、粉尘和爆炸性环境；能否长期稳定运行。

例如，在高温条件下测温时，常采用铂铑—铂热电偶；对于腐蚀性介质的液位与流量的测量，有的采用非接触测量方法，有的采用耐腐蚀的材质元件和隔离性介质；在易燃易爆的环境中，必须采用防爆型仪表等。

（2）动态响应是否比较迅速　由于测量变送装置是广义被控对象的一部分。因此，减小 T_m 和 τ_m 对提高控制系统的品质总是有益处的。

相对于过程的时间常数，大多数测量变送装置的时间常数已是比较小的，可以忽略不计。但对于成分测量变送装置，其时间常数 T_m 和纯迟延会很大。气动仪表的时间常数较电动仪表要大。采用保护套管的温度计检测温度要比直接与被测介质接触检测温度有更大的时间常数。此外，应考虑时间常数随过程运行而变化的影响。例如，由于保护套管结垢，造成时间常数增大，保护套管磨损，造成时间常数减小等。减小时间常数 T_m 的措施包括检测点位置的合理选择；选用小惯性检测元件；缩短气动管线长度，减小管径；正确使用微分单元等。

测量变送装置中的纯迟延 τ_m 产生的原因有两个：一是检测点与测量变送装置之间有一

定的传输距离 l；二是被测介质以一定传输速度 ω 进行流动。传输速度 ω 并非被测介质的流体流速。例如，孔板检测流量时，流体流速是流体在管道中的流动速度，而孔板检测的信号是孔板两端的差压。因此，测量变送装置的传输速度是差压信号的传输速度。对于不可压缩的流体，该信号的传输速度是极快的。但对于成分的检测变送，由于检测点与测量变送装置之间有距离 l，被检测介质经采样管线送达仪表有流速 ω，因此，存在纯迟延 $\tau_m = l/\omega$。减小纯迟延 τ_m 的措施包括选择合适的检测位置，减小传输距离 l，选用增压泵、抽气泵等装置，提高传输速度 ω。在考虑纯迟延影响时，应考虑纯迟延与时间常数之比，而不应只考虑纯迟延的大小，应减小纯迟延与时间常数的比值。相对于流量、压力、物位等过程变量的检测变送，过程成分等物性数据的检测变送有较大的纯迟延。有时，温度检测变送的纯迟延相对时间常数也会较大，应充分考虑它们的影响。

（3）测量误差是否满足要求　仪表的准确度影响测量变送装置的准确性。所以应以满足工艺测量和控制要求为原则，合理选择仪表的准确度。测量变送装置的量程应满足读数误差的准确度要求，同时应尽量选用线性特性。

测量误差与仪表的准确度有关。出厂时的仪表准确度等级，反映了仪表在校验条件下存在的最大百分误差的上限，如仪表的准确度等级为 0.5，表示其最大百分误差不超过 0.5%。对仪表的准确度等级应合理选择，由于系统中其他误差的存在，仪表本身的准确度不必要求过高，否则也没有意义。工业上，一般取 0.5 ~ 1.0 级，物性及成分仪表可再放宽些。

测量误差也与仪表的量程有关。因为仪表的准确度是按全量程的最大百分误差来定义的，所以量程越宽，绝对误差就越大。例如，同样是一个 0.5 级的测温仪表，当测量范围为 0 ~ 1100℃ 时，可能出现的最大误差是 ±5.5℃；如果测量范围改为 500 ~ 600℃，则最大误差将不超过 ±0.5℃。因此，从减小测量误差的角度考虑，在选择仪表量程时应尽量选窄一些。

选择合适的测量范围可改变测量变送装置的增益 K_m。缩小测量变送装置量程，就是使该环节的增益 K_m 增大。但从控制理论的可控性角度考虑，由于 K_m 在反馈通道，因此，在满足系统稳定性和读数误差的条件下，K_m 较小有利于增大控制器的增益，使前向通道的增益增大，以有利于克服扰动的影响。测量变送装置增益 K_m 的线性度与整个闭环控制系统输入/输出的线性度有关，当控制回路的前向增益足够大时，整个闭环控制系统输入/输出的增益是 K_m 的倒数。例如，采用孔板和差比变送器检测变送流体的流量时，由于压差与流量之间的非线性，造成流量控制回路呈现非线性，并使整个控制系统的开环增益为非线性。

绝大多数测量变送装置的增益 K_m 是正值。但也有增益为负值的，不过它们很少使用。

在本书的讨论中，均假设测量变送装置的增益 K_m 为正值。

3. 测量变送装置信号的处理

测量变送装置信号的数据处理包括信号补偿、线性化、信号滤波、数学运算、信号报警和数学变换等。热电偶检测温度时，由于产生的热电动势不仅与热端温度有关，也与冷端温度有关，因此需要进行冷端温度补偿；热电阻到测量变送装置之间的距离不同，所用连接导线的类型和规格不同，导致线路电阻不同，因此需要进行线路电阻补偿；气体流量检测时，由于检测点温度、压力与设计值不一致，因此需要进行温度和压力的补偿；精馏塔内的介质成分与温度、塔压有关，正常操作时，塔压保持恒定，可直接用温度进行控制。当塔压变化时，需要用塔压对温度进行补偿等。

测量变送装置是根据有关的物理化学规律检测被控变量和被测变量的，它们存在非线性。例如热电动势与温度、压差与流量等，这些非线性会造成控制系统的非线性。因此，应对检测变送信号进行线性化处理。可以采用硬件组成非线性环节进行线性化处理，例如采用开方器对压差进行开方运算，也可利用软件实现线性化处理。

由于存在环境噪声，例如泵出口压力的脉动、储罐液位的波动等，它们使检测变送信号波动并影响控制系统的稳定运行，因此需要对信号进行滤波。信号滤波不仅有硬件滤波和软件滤波，而且分高频滤波、低频滤波、带通滤波和带阻滤波等。

硬件滤波通常采用阻容滤波环节，可以用电阻和电容组成低通滤波，也可用气阻和气容组成滤波环节；可以组成有源滤波，也可以组成无源滤波等。由于硬件滤波需要硬件的投资，因此成本提高。软件滤波采用计算方法，利用程序编制各种数字滤波器实现信号滤波，具有投资少、应用灵活等特点，因此受到用户欢迎。在智能仪表、DCS 等装置中通常采用软件滤波。

如果测量变送装置的信号超出工艺过程的允许范围，就要进行信号报警和联锁处理。综合以上分析，测量变送环节需要注意下面几方面：

1）可靠准确的测量是良好控制系统的基础；不恰当的测量是造成较差控制效果的主要因素。

2）选择具有足够敏感度的测点。

3）选择具有最小纯迟延和时间常数的测点。减少动态迟延和纯迟延与通过过程测量改进闭环稳定性和响应特性是相关的。

三、控制阀的选择

控制阀是自动控制系统的执行部件，其选择对控制器的控制质量有较大的影响。控制阀选型中，一般应考虑以下几点：

1）根据工艺条件，选择合适的控制阀的结构形式和材质。

2）根据工艺对象的特点，选择合理的流量特性。

3）根据工艺参数，计算出流量系数，选择合理的阀口径。

下面仅就上述提出的问题作简要论述。

1. 控制阀结构形式的选择

不同结构的控制阀有各自的特点，适应不同的需要。在选用时要注意：

1）工艺介质的种类、腐蚀性和黏性。

2）流体介质的温度、压力（入口和出口压力）、比重。

3）流经阀的最大、最小流量、正常流量及正常流量时阀上的压降。

一般情况下，应优先选用直通单座阀、双座阀。直通单座阀一般适用于泄漏量要求较小和阀前后压降较小的场合；直通双座阀一般适用于对泄漏量要求不严和阀前后压降较大的场合，但不适用于高黏度或含悬浮颗粒的流体。具体阀的选用可以参照执行器的控制阀结构形式。

2. 控制阀作用方式的选择

（1）控制阀气开、气关方式的选择　　控制阀按作用方式可分为气开、气关两种。气开阀随着信号压力的增加而开度加大，无信号时，阀处于全关状态；气关阀随着信号压力的增加，逐渐关闭，无信号时，阀处于全开状态。利用执行机构的正、反作用及调节机构阀芯的正、反装，可实现整个气动执行器气关或气开式的四种组合方式。如图 8-2-16 所示，a、d 组合成气关式，b、c 组合成气开式。

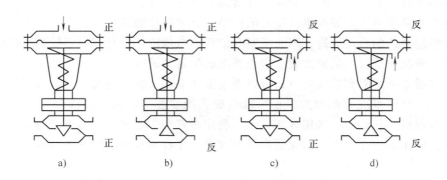

图 8-2-16 气动执行器气开和气关组合方式

对于一个控制系统来说，气开或气关作用方式的选择要由生产工艺要求来决定。选择时主要考虑当能源或气源供气中断，或控制器出故障而无输出等情况，以致阀芯恢复到无能源的初始状态（气开阀恢复到全闭，气关阀恢复到全开），应能确保生产工艺的安全。例如：蒸汽加热器选用气开阀；锅炉进水的调节阀则选用气关式。

通常，选择控制阀气开、气关形式的原则是不使物料进入或流出设备（或装置）。一般来说，要根据以下几条原则进行选择：

1）从生产的安全出发：当出现气源供气中断、控制器出了故障而无输出、阀的膜片破裂等情况而使控制阀无法工作以致使阀芯处于无能源状态时，应能确保工艺设备的安全，不致发生事故。如锅炉供水控制阀，为了保证发生上述情况时不致把锅炉烧坏，就应选择气关阀。

2）从保证产品质量考虑：当发生故障而使控制阀不能正常工作时，阀所处的状态不应造成产品的质量下降。如精馏塔回流量控制系统则常选用气关阀，这样，一旦发生故障，阀门全开着，使生产处于全回流状态，这就防止了不合格产品被蒸发，从而保证了塔顶产品的质量。

3）从降低原料和动力的损耗考虑：如控制精馏塔进料的控制阀常采用气开式。因为一旦出现故障，阀门是处于关闭状态的，不再给塔投料，从而减少浪费。

4）从介质特点考虑：如精馏塔釜加热蒸汽控制阀一般选用气开式，以保证发生故障时不浪费蒸汽。但是，如果釜液是易结晶、易聚合、易凝结的液体，则应考虑选用气关式控制阀，以防止在事故状态下由于停止了蒸汽的供给而导致釜内液体的结晶或凝聚。

当以上选择阀气开、气关形式的原则出现矛盾时，则主要从工艺生产的安全出发。当仪表供气系统故障或控制信号突然中断时，控制阀阀芯应处于使生产装置安全的状态。

（2）执行机构正、反作用方式的决定　在确定了控制阀的气开、气关之后，便可着手决定执行机构的正、反作用方式。执行机构与阀体部件的配用情况见表 8-2-2。依据所选的气开、气关阀，从该表中即可决定出执行机构的作用方式及型号。

表 8-2-2　执行机构与阀配用情况

执行机构	作用方式	正作用		反作用	
	型号	ZMA		ZMB	
	动作情况	信号压力增加，推杆运动向下		信号压力增加，推杆运动向上	
阀的作用方式	阀芯导向型式	双导向		单导向	
	气开式				
	气关式				
	结论	双导向阀芯气开、气关均配正作用执行机构；单导向阀芯气开配反作用执行机构，气关配正作用执行机构			

3. 控制阀流量特性的选择

目前国产控制阀流量特性有直线、等百分比和快开三种。快开特性适用于双位控制和程序控制系统。控制阀流量特性的选择实际上是指直线和等百分比的选择。控制阀流量特性的选择步骤为：首先根据被控过程的特性选择控制阀的工作流量特性，然后依据现场配管情况从需要的工作特性出发，推断出理想流量特性，也就是制造厂所标明的流量特性。确定工作流量特性的一般原则是使广义过程具有线性特性，即总放大系数为常数。

选择方法大致可归结为理论计算方法和经验法两类。但是，这些方法都较复杂，工程设计多采用经验准则，即从控制系统特性、负荷变化和 S 值大小三个方面综合考虑，选择控制阀流量特性。

（1）从改善控制系统质量考虑　线性控制回路的总增益，在控制系统整个操作范围内应保持不变。通常，测量变送装置的转换系数和已整定好的控制器的增益是一个常数。但有的被控对象特性却往往具有非线性特性。例如对象静态增益随操作条件、负荷大小而变化。因此，可以适当选择控制阀特性，以其放大系数的变化补偿对象增益的变化，使控制系统总增益恒定或近似不变，从而改善和提高系统的控制质量。例如，对于增益随负荷增大而变小的被控对象，应选择放大系数随负荷增加而变大的控制阀特性。如匹配得当，就可以得到总增益不随负荷变化的系统特性，图 8-2-17 所示等百分比特性控制阀正好满足上述要求，因而得到了广泛应用。

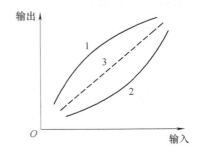

图 8-2-17　被控对象与控制阀特性的匹配
1—对象静特性　2—控制阀流量特性
3—补偿后特性

（2）从配管状况（S 值大小）考虑　控制阀总是与设备、管道串联使用，其工作流量特性不同于控制阀理想流量特性，必须首先根据"1"中的要求选择希望的工作流量特性，然后考虑工艺配管状况，最后确定控制阀流量特性。表 8-2-3 可供选用时参考。

表 8-2-3　配管状况与阀工作流量特性关系

配管状况	阀阻比 $S=0.6\sim1$		阀阻比 $S=0.3\sim0.6$		阀阻比 $S<0.3$
阀工作流量特性	直线	等百分比	直线	等百分比	不适宜控制
阀理想流量特性	直线	等百分比	等百分比	等百分比	

由表 8-2-3 可以看出，当阀阻比 $S=0.6\sim1$ 时，即控制阀两端的压差变化较小，此时所选理想特性与工作特性一致。当 $S=0.3\sim0.6$ 时，若要求工作特性是线性的，那么理想特性应选等百分比的。这是因为理想特性为等百分比的控制阀，在 $S=0.3\sim0.6$ 时，经畸变的工作特性已近于线性了。当要求的工作特性为等百分比时，那么其理想曲线比它更凹一些，此时可通过修改阀门定位器的反馈凸轮外廓曲线来补偿。当 $S<0.3$ 时，直线特性已经严重畸变为快开特性，不利于调节；即使是等百分比理想特性，工作特性也已经严重偏离理想特性，接近于直线特性，虽然仍能调节，但调节范围已大大减小，所以一般不希望 S 值小于 0.3。

确定 S 的大小，一般从这两方面考虑：首先应保证控制性能，S 值越大，工作特性畸变越小，对调节有利；另一方面，S 越大，控制阀上的压差损失越大，造成不必要的动力消耗。一般设计时取 $S=0.3\sim0.5$。对于高压系统，考虑到节约动力，允许 $S=0.15$。对于气体介质，因阻力损失小，一般 S 值都大于 0.5。

（3）根据经验法选择控制阀流量特性　根据经验法选择控制阀流量特性时，可以参考表 8-2-4 和表 8-2-5。这两个表分别列出了根据干扰情况和流量特性的使用特点选择流量特性的经验以供参考。

表 8-2-4　典型系统在不同干扰下流量特性的选择

控制系统及被控变量	主要干扰	选用工作流量特性
流量控制系统（流量 Q）	压力 P_1 或 P_2	等百分比
	设定值 Q	直线
压力控制系统（压力 P）	压力 P_2	等百分比
	压力 P_3 或设定值 P_1	直线
液位控制系统（液位 H）	流入量 Q	直线
	设定值 H	等百分比
温度控制系统（出口温度 T_2）	加热流体温度 T_3 或压力 P_1	等百分比
	受热流体流量 Q_1	等百分比
	受热流体入口温度 T_1	直线
	设定温度 T_2	直线

表 8-2-5　依据使用特点选择工作流量特性

	直线特性	等百分比特性
流量特性的选择	压降随负荷增大而逐渐下降	压降随负荷增大而急剧下降
		阀压降在小流量时要求大，大流量时要求小
	介质为气体的压力系统，其阀后管线长为30m	介质为气体的压力系统，其阀后管线短于3m
		液体介质压力系统；流量范围窄小的系统；阀需加大口径的场合
	工艺参数给得准	工艺参数不准
	外界干扰小的系统	外界干扰大的系统
		阀的压降占系统压降小的场合，$S<0.6$
	阀口径较大，从经济上考虑时	从系统安全角度考虑时
	介质含有固体颗粒，为减小磨损时	

4. 控制阀口径的确定

控制阀口径的选择非常重要，它直接影响工艺生产的正常运行、控制质量及生产的经济效果。目前选定控制阀口径的通用方法是流通能力法。控制阀口径的选择实质上就是根据特定的工艺条件（给定的介质流量、控制阀前后压差及介质的物性参数）进行流量系数的计算，然后再按流量系数值选择控制阀的口径，使得通过控制阀的流量满足工艺要求的最大流量且留有一定裕量。

选择控制阀口径的步骤如下：

1）计算流量的确定。根据现有的生产能力、设备负荷及介质的状况，决定计算的最大工作流量 Q_{max} 和正常工作流量 Q_n。

2）计算差压的确定。根据调节阀的流量特性和系统特点选定 S 值，然后确定计算压差。

3）流量系数的计算。根据控制介质类型和工况，判断是否产生阻塞流，选用合适的 K_v 值计算公式，求最大、最小流量时的流量系数 K_{vmax}、K_{vmin}，并根据工艺情况决定是否修正。

4）流量系数 K_v 值的选用。根据 K_{vmax} 值，进行放大圆整，在所选用的产品型号的标准系列中，选取大于 K_{vmax} 并与其最接近的 K_v 值。各类控制阀的流量系数等技术数据可由设计手册查得。直通单座阀技术数据见表 8-2-6。

表 8-2-6　国产直通单座阀技术数据（R：50，F_L：流开 0.92，流关 0.85）

公称直径 DN/mm	20				25	40		50	65	80	100	150		200
流量系数 K_v 直线	1.8	2.8	4.4	6.9	11	17.6	27.5	44	69	110	176	275	440	690
等百分比	1.6	2.5	4.0	6.3	10	16	25	40	63	100	160	250	400	630
公称压力 PN/MPa	0.6，1.6，4.0，6.4													
工作温度范围 /℃	常温型：−20~200，−40~250；高温型：−60~450													

5) 调节阀开度计算。

6) 调节阀实际可控比验算。

7) 阀座直径和公称直径确定。

(1) 确定计算流量流量系数的主要数据

1) 最大工作流量 Q_{max} 和正常工作流量 Q_n。最大流量 Q_{max} 通常为工艺装置运行中可能出现的最大稳定流量的 1.15 ~ 1.5 倍。最大流量与正常流量 Q_n 之比 n ($n = Q_{max}/Q_n$) 不应小于 1.25。正常流量是指工艺装置在额定工况下稳定运行时流经控制阀的流量,用来计算阀的正常流量系数。最大流量 Q_{max} 的数值应该根据工艺设备的生产能力、对象负荷的变化、操作条件变化以及系统的控制品质等因素综合考虑,合理确定。但有两种倾向应该避免:一是过多考虑裕量,使阀门口径选得过大,这不但造成经济上的浪费,而且超过了正常控制所需的介质流量,控制阀将经常处于小开度下工作,从而使可调比减少,调节性能就会较差;二是只考虑眼前生产,片面强调控制质量,以致当生产力略有提高时,控制阀将处于大开度下工作,阀的特性也不好。

2) 计算压差的确定。

① 压差的确定是控制阀计算中最关键的问题,但要准确求得压差值,在工程设计中是很困难的。从控制阀的工作特性分析中知道,要使流量特性不发生畸变,在阀门全开时应使阀上压差占整个系统压差的比值越大越好。但另一方面,从装置的投资考虑希望控制阀的压差尽可能小,以节约动力资源。所以,在确定计算压差时,应兼顾两方面来考虑。先选择距控制阀最近的两个压力基本稳定的设备作为系统的计算范围,按最大流量计算系统内除控制阀外的各局部阻力所引起的压力损失总和 $\Delta P_{管}$,即管道、弯头、节流装置、手动阀门、热交换器等压力损失之和,选择 S 值 (一般 $S = 0.3 \sim 0.5$),计算压差则可根据 S 的定义得到,即

$$\Delta P_{全开} = \frac{S \Delta P_{管}}{1 - S} \tag{8-2-14}$$

再考虑设备压力 P 波动的影响使 S 进一步下降,可再增加 $(5 \sim 10)\% P$ 作为余地,故

$$\Delta P_{全开} = \frac{S \Delta P_{管}}{1 - S} + (0.05 \sim 0.1) P \tag{8-2-15}$$

② 在确定计算压差时,还应尽量避免空化现象和噪声。

控制阀内流动的液体,常常会出现闪蒸和空化现象。这不但影响控制阀口径的选择计算,而且将引起噪声、振动以致阀材料的损坏,从而缩短控制阀的寿命。

a) 闪蒸和空化。

闪蒸是液体通过阀节流后,在缩流处的压力降低到等于或低于该液体入口温度下的饱和蒸汽压时,部分液体汽化形成气液两相共存的现象。闪蒸的发生不仅与控制阀有关,还与下游过程和管道等因素有关。

闪蒸发生后,随着液体的流动,其静压力又要上升。当静压力回升到该液体所在工况的饱和蒸汽压以上时,闪蒸形成的气泡会破裂,重新转化为液体,这种气泡形成和破裂的过程称为空化。这就是说,空化作用有两个阶段:第一阶段是液体内部形成空隙或气泡,即闪蒸阶段;第二阶段是气泡的破裂,即空化阶段。

b) 空化的破坏作用。

ⅰ）材质的损坏。由于气泡破裂时产生了较大的冲击力（每平方厘米可达几千牛顿），因此将严重地冲击损伤阀芯、阀座和阀体，造成汽蚀作用。汽蚀对阀芯和阀座的破坏很严重，在高压差等恶劣条件下，就连极硬的阀芯和阀座也只能使用很短的时间。通常，阀芯和阀座的损坏往往产生在表面，特别是产生在密封面处。

ⅱ）振动。空化作用还带来阀芯的垂直振动和水平振动，从而造成控制阀的机械磨损和破坏。

ⅲ）噪声。空化作用将使控制阀产生各种噪声，严重时产生呼啸声和尖叫声，其强度可达 110dB，从而对工作人员的健康产生不良影响。

c）避免空化和汽蚀的方法。

避免空化和汽蚀的方法，主要从压差的选择、材料、结构上考虑。而最根本的方法是控制阀前后压差不大于最大允许压差。不产生空化的最大压差 ΔP_c 用下式计算，即

$$\Delta P_c = K_c (P_1 - P_2)$$

式中　P_1——阀入口压力，kPa；

　　　P_2——阀入口温度下的饱和蒸汽压，kPa；

　　　K_c——汽蚀系数，其值与介质种类、阀芯形状、阀体结构和流向有关，一般 K_c 等于 0.25～0.65。

为使控制阀不在空化条件下工作，必须使阀前后压差 $\Delta P > \Delta P_c$，则可采用多级阀芯的高压控制阀或用两个以上的控制阀相串联；也可以用节流阀和控制阀相串联的方法，使得阀上的压差小于 ΔP_c；也可以使用抗空化（汽蚀）的特种控制阀。

（2）求控制阀应具有的最大流量系数 K_{vmax}　　下面是一种比较实用的计算 K_{vmax} 的方法。令

$$n = \frac{Q_{max}}{Q_n} \tag{8-2-16}$$

$$m = \frac{K_{vmax}}{k_{vn}} \tag{8-2-17}$$

式中　n——流量放大倍数

　　　m——流量系数放大倍数；

　　Q_{max}——计算最大流量；

　　　Q_n——正常条件的流量；

　K_{vmax}——最大流量系数；

　　K_{vn}——正常条件的流量系数。

从调节阀的基本流量方程可以求出

$$\frac{Q_{max}}{Q_n} = \frac{K_{vmax} \sqrt{\Delta P_{Qmax}}}{K_{vn} \sqrt{\Delta P_n}}$$

式中　ΔP_{Qmax}、ΔP_n——Q_{max}、Q_n 对应的压差。

则此式可简化为

$$n = m \frac{\sqrt{\Delta P_{Qmax}}}{\sqrt{\Delta P_n}} \tag{8-2-18}$$

设系统的压力损失总和为 $\sum P$，式（8-2-18）右边分子、分母各除以 $\sum P$ 后整理得

$$m = n \frac{\sqrt{S_n}}{\sqrt{S_{Qmax}}} \qquad (8\text{-}2\text{-}19)$$

式中　S_{Qmax}、S_n——计算最大流量和正常流量情况下的阀阻比。

由式（8-2-19），只要求出 S_{Qmax}，便可由 n、S_n 求得 m 值，代入式（8-2-17）计算可得 K_{vmax}。求 S_{Qmax} 与工艺对象有关，可参阅有关设计资料。

（3）对最大流量系数 K_{vmax} 进行圆整确定额定流量系数　根据选定的控制阀类型，在该系列控制阀的各额定流量系数 K_v 中，选取不小于并最接近最大流量系数 K_{vmax} 的一个作为选定的额定流量系数 K_v。

（4）选定控制阀口径　根据与上述选定的额定流量系数值，确定与其对应的控制阀口径 D_g 和 d_g，即为选定的控制阀公称直径和阀座直径。

（5）控制阀相对开度的验算　由于在选定 K_v 值时，是根据标准系列进行圆整后确定的，而且考虑到 S 值对全开时最大流量的影响等因素，还需要进行开度验算，确定控制阀的实际工作开度是否在正确开度上。控制阀工作时其相对开度应处于表 8-2-7 所示范围。

表 8-2-7　控制阀相对开度范围

阀特性 流量	相对开度（%）	
	直线特性	等百分比特性
最大	80	90
最小	10	30

阀门的最小开度不能太小，否则流体对阀芯、阀座冲蚀严重，容易损坏阀芯，致使特性变坏，甚至调节失灵。最大开度也不能过小，否则将调节范围缩小，阀门口径偏大，调节特性变差，不经济。下面介绍一种比较实际的公式。

直线理想流量特性控制阀：

$$K \approx \left[1.03 \sqrt{\frac{S}{S - 1 + \dfrac{K_v^2 \Delta P}{Q_i^2 \rho}}} - 0.03 \right] \times 100\% \qquad (8\text{-}2\text{-}20)$$

对数理想流量特性控制阀：

$$K \approx \left[\frac{1}{1.48} \lg \sqrt{\frac{S}{S - 1 + \dfrac{K_v^2 \Delta P}{Q_i^2 \rho}} + 1} \right] \times 100\% \qquad (8\text{-}2\text{-}21)$$

式中　Q_i——被验算开度处的流量，m^3/h；

　　　K——对应 Q_i 的工作开度；

　　　S——压阻比；

　　　ΔP——调节阀全开时的压差，即计算压差，100kPa；

　　　ρ——介质密度，g/cm^3。

对 K 的验算要求条件为：直线特性控制阀不带定位器时，$K_{max} < 86\%$，带定位器时，$K_{max} < 89\%$；对数特性控制阀不带定位器时，$K_{max} < 92\%$，带定位器时，$K_{max} < 96\%$。如果最大开度过小，说明控制阀口径选得过大，阀经常工作在小开度，造成调节性能下降和经济上的浪费。不论何种流量特性的控制阀，一般要求 $K_{min} > 10\%$，因为在小开度时，流体对阀芯、阀座的冲蚀严重，容易损坏阀芯，从而使控制性能变坏，甚至失灵。

（6）控制阀可调比验算　控制阀的理想可控比 R 是假定阀压为恒定值的条件下求得的。但在实际使用中，这是难于办到的。由于和控制阀串联管道阻力的变化，使阀压差随之变化，从而也使可控比发生变化，在这种情况下控制阀所能控制的流量上限与下限之比称为实际可控比，即

$$R_{实} = \frac{Q_{max}}{Q_{min}} = \frac{K_{vmax}\sqrt{\Delta P_{全开}}}{K_{vmin}\sqrt{\Delta P_{系统}}} = R\sqrt{S}$$

控制阀的理想可控比 $R = 30$，但在实际运行中受工作特性的影响，S 越小，最大流量也越小；同时，控制阀不是工作在零至全开，而是在 $10\% \sim 90\%$ 的开度范围内工作，使实际可控比进一步下降，一般只能达到 10 左右，因此，验算时应以 $R = 10$ 进行，即

$$R_{实} = 10\sqrt{S} \qquad\qquad (8\text{-}2\text{-}22)$$

当 $S \geqslant 0.3$ 时，$P_{实} \geqslant 3.5$，已能满足一般生产要求，因此，此时可不进行验算。

四、控制器的选型

当构成一个控制系统的被控对象、测量变送环节和控制阀都确定之后，控制器参数是决定控制系统质量的唯一因素。控制系统的控制质量包括系统的稳定性、系统的静态控制误差和系统的动态误差三个方面。由于通用的工业控制器通常是 PID 控制器，这里主要分析 PID 控制器对控制系统的控制质量的影响。

1. 比例控制作用对控制质量的影响

为了具体说明比例控制作用对控制质量的影响，这里以图 8-2-18 所示系统为例进行讨论。

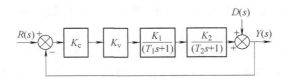

图 8-2-18　比例控制系统

设 $K = K_v K_1 K_2$，系统在干扰 $D(s)$ 作用下的闭环传递函数为

$$\frac{Y(s)}{D(s)} = \frac{1}{1 + \dfrac{K_c K}{(T_1 s + 1)(T_2 s + 1)}}$$

$$= \frac{(T_1 s + 1)(T_2 s + 1)}{T_1 T_2 s^2 + (T_1 + T_2)s + (1 + K_c K)} \qquad (8\text{-}2\text{-}23)$$

若 d 为阶跃干扰，幅值为 A，则式（8-2-23）可写成

$$Y(s) = \frac{A(T_1 s + 1)(T_2 s + 1)}{s[T_1 T_2 s^2 + (T_1 + T_2)s + (1 + K_c K)]}$$

系统的特征方程为

$$T_1 T_2 s^2 + (T_1 + T_2)s + (1 + K_c K) = 0 \qquad (8\text{-}2\text{-}24)$$

若令 $a = T_1 T_2$，$b = T_1 + T_2$，$c = 1 + K_c K$，则式（8-2-24）可化成标准二阶方程式为

$$as^2 + bs + c = 0$$

解得特征方程的根 s_1、s_2 为

$$s_1, s_2 = \frac{-b \pm \sqrt{b^2 - 4ac}}{2a}$$

$$= \frac{-(T_1 + T_2) \pm \sqrt{(T_1 + T_2)^2 - 4T_1 T_2 (1 + K_c K)}}{2T_1 T_2}$$

$$= \frac{-(T_1 + T_2) \pm \sqrt{(T_1 - T_2)^2 - 4T_1 T_2 K_c K}}{2T_1 T_2} \qquad (8\text{-}2\text{-}25)$$

在式（8-2-25）中，随着 $(T_1 - T_2)^2 - 4T_1 T_2 K_c K$ 的取值不同（大于零，或等于零，或小于零），其特征根的性质也不同。由于这里只是讨论控制器放大系数 K_c 的大小对控制品质的影响，因此，式（8-2-25）中的 T_1、T_2、K 等参数均可认为是定值，下面分三种情况进行讨论。

当 $(T_1 - T_2)^2 - 4T_1 T_2 K_c K > 0$ 时：

在 K_c 很小时，必有 $(T_1 - T_2)^2 - 4T_1 T_2 K_c K > 0$ 成立。特征根 s_1、s_2 均为负实根。由自动控制原理可知，这时控制系统的过渡过程将是不振荡的。

当 $(T_1 - T_2)^2 - 4T_1 T_2 K_c K = 0$ 时：

只有 K_c 在前一种情况下逐渐增大到某一值时，此式才成立。特征根 s_1、s_2 则为两个相等的实根，控制系统的过渡过程将处于振荡与不振荡的临界状态。

当 $(T_1 - T_2)^2 - 4T_1 T_2 K_c K < 0$ 时：

只有 K_c 在第二种情况的基础上继续增大到某一值时，这一关系才成立，特征根 s_1、s_2 为一对共轭复根，控制系统的过渡过程处于振荡状态，并且随着 K_c 的再增大，振荡将进一步加剧。

从以上分析可知，随着控制器放大系数 K_c 的增大，控制系统的稳定性降低。如果从控制系统的衰减系数 ξ_P 进行分析，也可得到同样的结论。将系统的特征方程式（8-2-24）改写成

$$s^2 + 2\xi_P \omega_0 s + \omega_0 = 0$$

式中

$$\omega_0^2 = \frac{1 + K_c K}{T_1 T_2}$$

$$2\xi_P \omega_0 = \frac{T_1 + T_2}{T_1 T_2}$$

即

$$\xi_P = \frac{T_1 + T_2}{2\sqrt{T_1 T_2 (1 + K_c K)}} \qquad (8\text{-}2\text{-}26)$$

由式（8-2-26）可见：当 K_c 较小时，ξ_P 值较大，并有可能大于 1，这时过渡过程为不

振荡过程。随着 K_c 的增加，ξ_P 值将逐渐减小，直至小于 1，相应的过渡过程将由不振荡过程而变为不振荡与振荡的临界情况，并随 K_c 的继续增大，ξ_P 继续减小，过渡过程的振荡加剧。但是，不论 K_c 值增大到多大，ξ_P 不可能小于零，因而这个系统不可能出现发散振荡，即该系统总是稳定的，如图 8-2-19 所示。

因为这个系统是稳定的，因而可应用终值定理求得在幅值为 A 的阶跃干扰作用下，系统的稳态值（余差）为

$$y(\infty) = \lim_{t \to \infty} y(t)$$

$$= \lim_{s \to 0} s \frac{A(T_1 s + 1)(T_2 s + 1)}{s[T_1 T_2 s^2 + (T_1 + T_2)s + K_c K + 1]} = \frac{A}{1 + K_c K} \quad (8\text{-}2\text{-}27)$$

式（8-2-27）表明：应用比例控制器构成的系统，其控制结果的稳态值不为零，即系统存在余差。随着控制器放大系数 K_c 的增大，余差将减小，但不能完全消除。因此，比例控制只能起到"粗调"的作用。

2. 积分控制作用对控制质量的影响

以图 8-2-20 所示的系统为例，讨论积分控制作用对控制质量的影响。

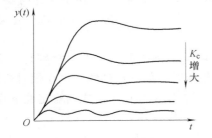

图 8-2-19　K_c 对过渡过程的影响　　　　　图 8-2-20　比例积分控制系统

系统在阶跃干扰 d 的作用下，闭环控制系统的传递函数为

$$\frac{Y(s)}{D(s)} = \frac{1}{1 + K_c\left(1 + \dfrac{1}{T_1 s}\right)\left(\dfrac{K}{Ts + 1}\right)}$$

$$= \frac{T_1 s(Ts + 1)}{T_1 s(Ts + 1) + K_c K(T_1 s + 1)} \quad (8\text{-}2\text{-}28)$$

假定阶跃干扰的幅值为 A，则有

$$Y(s) = \frac{A T_1 s(Ts + 1)}{s[T_1 s^2 + (K_c K + 1)T_1 s + K_c K]} \quad (8\text{-}2\text{-}29)$$

对式（8-2-29）应用终值定理，可求得在幅值为 A 的阶跃干扰作用下系统的稳态值为

$$y(\infty) = \lim_{s \to 0} s Y(s) = 0 \quad (8\text{-}2\text{-}30)$$

即该系统的余差为零。积分控制作用能消除余差，这是它独有的特点。

积分控制作用对系统稳定性的影响，这里仍从闭环传递函数特征方程根的性质进行讨论。当然，从系统的衰减系数进行讨论，其结论也是一样的。

由式（8-2-28）得特征方程为

$$T_1 s(Ts + 1) + K_c K(T_1 s + 1) = 0$$

即

$$T_1 T s^2 + (K_c K + 1) T_1 s + K_c K = 0 \tag{8-2-31}$$

同样，特征根的性质可由 $T_1^2 (K_c K + 1)^2 - 4 T_1 T K_c K$ 的情况来判别。由于此处只讨论积分控制作用对控制质量的影响，即积分时间 T_I 变化对控制质量的影响，因而可假定 T、K_c、K 等参数保持不变。仍有三种可能情况：

当 $T_1^2 (K_c K + 1)^2 - 4 T_1 T K_c K > 0$ 时，有

$$(K_c K + 1)^2 > \frac{4 T K_c K}{T_I} \tag{8-2-32}$$

此式关系要成立，T_1 必定较大。这时特征根 s_1、s_2 均为负实根，所以，控制系统的过渡过程为非振荡的。

当 $T_1^2 (K_c K + 1)^2 - 4 T_1 T K_c K = 0$ 时，也就是：$(K_c K + 1)^2 = 4 T_1 T K_c K / T_I^2$。

要使这个关系成立，T_1 一定比第一种情况时的值要小，此时特征根 s_1、s_2 为两个相等的实根，因此控制系统的过渡过程处于振荡与非振荡的临界状态。

当 $T_1^2 (K_c K + 1)^2 - 4 T_1 T K_c K < 0$ 时，也就是：$(K_c K + 1)^2 < 4 T_1 T K_c K / T_I^2$。

同样，要使这一关系成立，此时的 T_1 值一定比第二种情况时的 T_1 要小。此时特征根 s_1、s_2 为一对共轭复根，控制系统的过渡过程处于振荡状态，并且，随着 T_I 的进一步减小，振荡加剧。

由上述分析可知：积分控制作用能消除余差，但降低了系统的稳定性，特别是当 T_I 比较小时，稳定性下降较为严重。因此，控制器在参数整定时，如欲得到纯比例作用时相同的稳定性，当引入积分作用之后，应当把 K_c 适当减小，以补偿积分作用造成的稳定性下降。

3. 微分控制作用对控制质量的影响

在图 8-2-20 的比例作用控制系统中，控制器再加入微分控制作用之后，系统在干扰作用下的闭环传递函数为

$$\begin{aligned}
\frac{Y(s)}{D(s)} &= \frac{1}{1 + K_c (1 + T_D s) \dfrac{K}{(T_1 s + 1)(T_2 s + 1)}} \\
&= \frac{(T_1 s + 1)(T_2 s + 1)}{(T_1 s + 1)(T_2 s + 1) + K_c K (T_D s + 1)} \\
&= \frac{(T_1 s + 1)(T_2 s + 1)}{T_1 T_2 s^2 + (T_1 + T_2 + K_c K T_D) s + (1 + K_c K)}
\end{aligned} \tag{8-2-33}$$

这个系统的特征方程为

$$T_1 T_2 s^2 + (T_1 + T_2 + K_c K T_D) s + (1 + K_c K) = 0 \tag{8-2-34}$$

或

$$s^2 + 2 \xi_D \omega_0 s + \omega_0 = 0$$

式中

$$2 \xi_D \omega_0 = \frac{T_1 + T_2 + K_c K T_D}{T_1 T_2}$$

$$\omega_0^2 = \frac{1 + K_c K}{T_1 T_2}$$

因此，系统的衰减系数为

$$\xi_D = \frac{T_1 + T_2 + K_c K T_D}{2 \sqrt{T_1 T_2 (1 + K_c K)}} \tag{8-2-35}$$

比较式（8-2-26）与式（8-2-35）可以看出：两式的分母相同，仅式（8-2-35）的分子较式（8-2-26）多了一项 K_cKT_D，在讨论的稳定系统中，其 K_c、K、T_D 都为正值，故当 K_c 相同时，$\xi_D > \xi_P$，并且 T_D 越大，ξ_D 也越大。ξ 值的增加将使系统过渡过程的振荡程度降低，也就是递减比增大，因而，在纯比例作用的基础上增加微分作用提高了系统的稳定性，最大偏差也减小了。此时，为了维持原有的递减比，即与纯比例作用具有相同的衰减系数，须将放大系数 K_c 适当增加，由此引起的稳定性下降由微分作用使稳定性提高来补偿。

设系统在幅值为 A 的阶跃干扰作用下，由式（8-2-33）应用终值定理可求得过渡过程的稳态值为

$$y(\infty) = \lim_{s \to 0} s \frac{A}{s} \frac{(T_1s+1)(T_2s+1)}{T_1T_2s^2 + (T_1+T_2+K_cKT_D)s + (1+K_cK)}$$

$$= \frac{A}{1+K_cK} \tag{8-2-36}$$

由此可见，微分作用不能消除余差。但如上所述，由于这时的 K_c 值较纯比例作用时的 K_c 大，所以余差比纯比例作用时小。

由于微分作用是按偏差变化的速度来工作的，因而对于克服对象容量滞后的影响有明显的作用（超前控制作用），但对纯滞后则无能为力。

综上所述，控制系统引入微分作用之后，将全面提高控制质量。也应指出，如果控制器的微分时间 T_D 整定得太大，这时即使偏差变化的速度不是很大，因微分作用太强而使控制器的输出发生很大变化，从而引起控制阀时而全开，时而全关，如同双位控制，将严重影响控制质量和安全生产。因此，控制器参数整定时，不能把 T_D 取得太大，而应根据对象特性和控制要求作具体分析。

图 8-2-21 为某混和器物料出口温度控制系统分别采用 P、PI、PID 控制作用时的过渡过程曲线，从中可以看出各种控制作用对控制质量的影响。显然，当控制系统采用 PID 控制作用时效果最好。

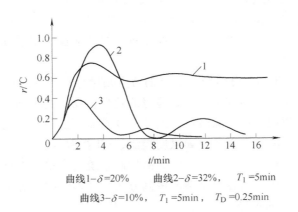

曲线1-δ=20%　　曲线2-δ=32%，　T_I=5min

曲线3-δ=10%，　T_I=5min，　T_D=0.25min

图 8-2-21　不同控制作用下的过渡过程曲线

PID 三种控制作用各有特点和不足，只有深入理解、充分发挥三种控制作用各自的特点，针对不同的控制系统根据理论和实践经验准确地确定各自的取值，得到 PID 参数的最佳

匹配组合，才可以得到最佳的控制效果。表 8-2-8 列出了 PID 三种控制作用的特点，以便相互比较，加深理解。

表 8-2-8　PID 三种控制作用特点的比较

作用时域 ＼ 控制作用	P	I	D
动态	控制作用快。随着 K 增大，系统的稳定性下降	动态特性变差。特别是积分时间较小时，系统的稳定性下降较为严重。采用积分后，一般应减小放大倍数	使最大偏差减小，过渡过程时间变短。对偏差有超前调节作用，对克服容量滞后有显著效果。可全面提高控制质量
静态	不能消除余差。随着 K 增大，余差减小	积分可以消除余差	不能消除余差。但采用微分后可提高放大倍数，因此可使余差减小

4. 控制器规律的选择

工业用控制器常见的有开关控制器、P 控制器、PI 控制器、PD 控制器、PID 控制器。过程工业中常见的被控参数有温度、压力、液位和流量。而这些参数有些是重要的生产参数，有些是不太重要的参数，控制要求也是各种各样，因此控制规律的选择应根据被控对象的特性和工艺对控制质量的要求来确定。

P 控制器的选择：由于比例控制器的特点是控制器的输出与偏差成比例，阀门开度与偏差之间有相应关系。当负荷变化时，抗干扰能力强，过渡过程的时间短，但过程终了存在余差。因此，它适用于控制通道滞后较小、负荷变化不大、允许被控量在一定范围内变化的系统，如压缩机储气罐的压力控制、储液槽的液位控制、串级控制系统的副回路等。

PI 控制器的选择：由于比例积分控制器的特点是控制器的输出与偏差的积分成比例，积分作用使过渡过程结束时无余差，但系统的稳定性降低，虽然加大比例度可使稳定性提高，但又使过渡过程时间加长。因此，PI 控制器适用于滞后较小、负荷变化不大、被控量不允许有余差的控制系统，如流量、压力和要求较严格的液位控制系统。它是工程上使用最多、应用最广的一种控制器。

PID 控制器的选择：比例积分微分控制器的特点是微分作用使控制器的输出与偏差变化的速度成比例，它对克服对象的容量滞后有显著的效果，在比例基础上加入微分作用，使稳定性提高，再加上积分作用可以消除余差。因此 PID 控制器适用于负荷变化大、容量滞后较大、控制质量要求又很高的控制系统，如温度控制、pH 控制等。

对于负荷变化很大，对象的纯滞后又较大的控制系统，当采用 PID 控制器还达不到工艺要求的控制质量时，则需要采用各种复杂的控制方案，如串级控制方案。

5. 控制器正、反作用的选择

控制器正、反作用方式的选择是在控制阀的气开、气关作用方式确定之后进行的，控制器的增益可以设定为负值或者正值。当控制器的输出随输入信号的减小而增大时，称为反作用，其确定原则是使整个单回路构成负反馈系统。对于一个反馈控制系统来说，只有在负反馈的情况下，系统才是稳定的。当系统受到干扰时，其过渡过程将会是衰减的；反之，如果系统是正反馈，即控制器为正作用，那么系统将是不稳定的，一旦遇到干扰作用，过渡过程将会发散。因此，对于反馈控制系统来说，要使系统能够稳定地工作，必须要构成负反馈。

图 8-2-22 中 $G_c(s)$、$G_v(s)$、$G_o(s)$、$G_m(s)$ 分别代表控制器、控制阀、对象和测量变送装置的传递函数。若对控制系统中有关环节的正、负符号作如下规定，则可得出"乘积为负"的选择判别式。现规定：

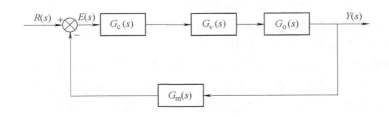

图 8-2-22　单回路系统框图

控制阀：气开式为"＋"，气关式为"－"；

控制器：正作用为"＋"，反作用为"－"；

对象：当通过控制阀的物料或能量增加时，按工艺机理分析，若被控量随之增加，为"＋"，随之降低为"－"；

变送器一般视为正环节。

则控制器正、反作用选择判别式为

（控制器"±"）（控制阀"±"）（对象"±"）＝"－"

由此可知，为了保证能够成为负反馈，系统开环总放大倍数必须是负值，而系统开环总放大倍数是系统中各个环节放大倍数的乘积。这样，只要事先知道了对象、控制阀和测量变送装置放大倍数的正负，再根据开环总放大倍数必须为负的要求，就可以很容易地确定出控制阀的正、反作用。对象、控制阀和测量变送装置放大倍数的正负是很容易确定的，只要分析一下它们各自的输出与输入信号是同向变化还是反向变化就可以确定。

当控制阀与被控对象符号相同时，控制器应选反作用方式，相反时应选正作用方式。例如锅炉水位控制系统，为了不使断气时锅炉供水中断而烧干以致爆炸，控制阀选气关式，符号为"－"，当进水量增加时，液位上升，被控对象符号为"＋"，因控制阀与被控对象的符号相反，控制器应选择正作用方式。

这一判别式也适用于串级控制系统副回路中控制器正、反作用的选择。

第三节　单回路控制系统的整定

控制系统的控制质量与被控对象的特性、干扰信号的形式和幅值、控制方案以及控制器的参数等因素有着密切的联系，对象的特性和干扰情况是受工艺操作和设备特性限制的，不可能任意改变。这样，控制方案一经确定，对象各通道的特性就成定局，这时控制系统的控制质量就只取决于控制器的参数了。所谓控制器的参数整定，就是确定最佳过渡过程中控制器的比例度 δ、积分时间 T_I 和微分时间 T_D 的具体数值。

所谓最佳过渡过程，就是在某种质量指标下，例如误差积分面积 $F = \int_0^\infty e(t)\,\mathrm{d}t$ 最小，系统达到最佳调整状态。此时的控制器参数就是所谓的最佳整定参数。对于大多数过程控制系统，当递减比为 4:1 时，过渡过程稍带振荡，不仅具有适当的稳定性、快速性，而且又便于人工操作管理，因此，目前习惯上把满足这一递减比过程的控制器参数也称最佳参数。

整定控制器的参数使控制系统达到最佳调整状态是有前提条件的，这就是系统结构必须合理，仪表和控制阀选型正确、安装无误和调校正确。否则，无论怎样去调整控制器的参数，是仍然达不到预定的控制质量要求的。这是因为控制器的参数只能在一定范围内起作用，参数整定仅仅是控制系统投运工作中的一个重要环节。

控制器参数整定的方法很多，但可归结为理论计算法和工程整定法两种。理论计算法有对数频率特性法、扩充频率特性法、M 圆法、根轨迹法等；工程整定法有经验法、临界比例度法、衰减曲线法和响应特性法。理论计算法要求获得对象的特性参数，由于工业对象的特性往往比较复杂，其理论推导和试验测定都比较困难。有的不能得到完全符合实际对象特性的资料；有的方法繁琐，计算麻烦；有的采用近似方法而忽略了一些因素。因此，最后所得数据可靠性不高，还需拿到现场去修正，因而在工程上采用较少。工程整定方法就是避开对象特性曲线和数学描述，直接在控制系统中进行现场整定，其方法简单，计算方便，容易掌握。当然这是一种近似的方法，所得到的控制器参数不一定是最佳参数，但相当实用，可以解决一般实际问题。

一、参数整定的理论基础

首先讨论一个控制系统的过渡过程和稳定性及其特征方程的关系。图 8-2-1 所示的单回路控制系统，在干扰 $D(s)$ 的作用下，闭环控制系统的传递函数为

$$\frac{Y(s)}{D(s)} = \frac{W_\mathrm{d}(s)}{1 + W_\mathrm{c}(s)W_\mathrm{o}(s)} = \frac{W_\mathrm{d}(s)}{1 + W_\mathrm{k}(s)}$$

式中　$W_\mathrm{k}(s) = W_\mathrm{c}(s)W_\mathrm{o}(s)$——系统开环传递函数，闭环控制系统的特征方程为

$$1 + W_\mathrm{c}(s)W_\mathrm{o}(s) = 0$$

或　　　　　　　　　　　　　$$1 + W_\mathrm{k}(s) = 0$$

其一般形式为

$$a_n s^n + a_{n-1} s^{n-1} + \cdots + a_1 s + a_0 = 0$$

式中各系数由广义对象的特性和控制器的整定参数值所确定，控制方案一经确定，广义对象特性就确定了，所以各系数只随控制器的整定参数而变化，特征方程根的值也随控制器的整定参数而变化。因此，控制器参数整定的实质就是选择合适的控制器参数，用控制器的特性去校正对象的特性，使其整个闭环控制系统的特征方程的每一个根都能满足稳定性要求。

根据自动控制原理，系统的自由运动分量与特征方程式根的关系见表 8-3-1。由表可知，如果特征方程有一个实根 $s = \alpha$，其通解 Ae^{α} 所代表的运动分量是非周期性变化过程，若 α 为负数，则运动幅值将越来越小，最后衰减为零；若 α 为正数，运动幅值将越来越大。如果特征方程式有一对复根 $s = \alpha \pm \mathrm{j}\omega$，则通解 $Ae^{\alpha}\cos(\omega t + \varphi)$ 所代表的运动分量是一个振荡过程，当 $\alpha > 0$ 时，呈发散振荡，系统不稳定；当 $\alpha < 0$ 时，呈衰减振荡，系统是稳定的；当

$\alpha = 0$ 时，振荡既不衰减也不发散。

表 8-3-1　运动分量与特征方程根的关系

情况	根的性质	根在复平面上的位置	自由运动分量形式
1	实根 $s = \alpha$	$\alpha < 0$	
2		$\alpha > 0$	
3	一对复根 $s = \alpha + j\omega$	$\alpha > 0$	
4		$\alpha < 0$	
5		$\alpha = 0$	

对于稳定的振荡分量

$$y(t) = A e^{-\alpha t}\cos(\omega t + \varphi)$$

式中 $\alpha > 0$，其递减率 φ 与比值 α/ω 的大小有一定的关系。假定振荡分量在 $t = t_0$ 瞬间达到它的第一个峰值 y_{1m}，那么，经过一个振荡周期 T 以后，即在 $t = t_0 + 2\pi/\omega$ 瞬间又要达到一个峰值 y_{3m}，如图 8-3-1 所示。

由递减率的定义可得

$$\psi = \frac{y_{1m} - y_{3m}}{y_{1m}} = \frac{e^{-\alpha t} - e^{-\alpha\left(t + \frac{2\pi}{\omega}\right)}}{e^{-\alpha t}}$$

$$= 1 - e^{-2\pi\frac{\alpha}{\omega}}$$

$$= 1 - e^{-2\pi m}$$

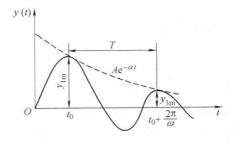

图 8-3-1　振荡分量的递减率

式中　m——递减指数，为复根的实部 α 和虚部 ω 之比，它与递减率 φ 有一一对应的关系，见表 8-3-2。

表 8-3-2　φ 与 m 的关系（$\varphi = 1 - e^{-2\pi m}$）

φ	0	0.150	0.300	0.450	0.60	0.750	0.90	0.950	0.98	0.998	1
m	0	0.026	0.057	0.095	0.145	0.221	0.366	0.478	0.623	1	∞

　　由于特征方程式根的个数与微分方程的阶数相同，因此就有与阶数相同数目的运动分量，从自动控制系统来看，只要其中有一个不稳定的运动分量，那么整个系统就要变成不稳定的了。这样，控制器参数整定的目的就是选择合适的参数值，使特征方程所有实根及所有复根的实数部分 α 都为负值，从而保证整个控制系统是稳定的。

　　控制系统的控制质量同特征方程的根有着内在的联系。控制质量可归结为稳定性、快速性和准确性三个方面的要求，这些质量要求实质上就是要求控制系统特征方程的根分布在复数平面虚轴左侧的某一范围之内，即在图 8-3-2 的阴影区域内。

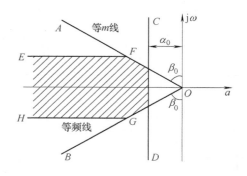

图 8-3-2　根平面中质量合格区域

　　从稳定性看，实际生产过程要求控制系统不仅是稳定的，而且要有一定的稳定裕量。稳定裕量可以用相位裕度 γ、阻尼系数 ξ、递减率 φ 和衰减指数 m 的大小来描述，因为它们都能表征过渡过程的衰减程度。对于二阶系统，它们之间都有一一对应的关系，在自动控制原理中经推证有如下结论：

　　相位裕度为

$$\gamma = \arctan \frac{2\xi}{\sqrt{1 - 2\xi^2}}$$

　　阻尼系数为

$$\xi = \frac{\tan\gamma}{\sqrt{4 - 2\tan^2\gamma}}$$

　　递减比为

$$\psi = 1 - e^{-2\pi\xi / \sqrt{1 - \xi^2}}$$

　　递减指数为

$$m = \frac{\alpha}{\omega} = \frac{\xi}{\sqrt{1 - \xi^2}}$$

　　因而，当 $\varphi = 75\% \sim 90\%$ 时，$\gamma = 22.4° \sim 31.1°$，$\xi = 0.216 \sim 0.344$，$m = 0.221 \sim 0.366$。

　　在根平面上，$m = \alpha/\omega$，图 8-3-2 的折线 AOB 与虚轴间的夹角为 β_0，因而 $m = \alpha/\omega = \tan\beta$，$\beta = \beta_0 = $ 常数，它对应于复根的 $m = m_0 = $ 常数，或对应的递减率 $\varphi = \varphi_0 = $ 常数。这就是说，凡是位于该折线左面的任何一对共轭复根所代表的振荡过程都具有比 φ_0 大的递减率，或比 m_0 大的递减指数。因此，在整定控制器参数时，要保证过渡过程具有一定的稳定裕量，也就是使闭环控制系统特征方程式的根位于 AOB 折线左侧。利用衰减频率特性来整定控制器的参数，就是根据给定的衰减指数而进行的。

　　从快速性看，一对共轭复根所代表的振荡分量的衰减速度取决于复根的实部 α。α 越大，则 $e^{-\alpha t}$ 衰减越快，所以当 α 相同时，衰减速度也是相同的，也就是被控量达到稳定状态所需的过渡过程时间相同。如图 8-3-2 中和虚轴平行的垂线 CD 就代表相同的 $\alpha = \alpha_0$ 值。因此，要保证控制系统具有一定的快速性，就是通过对控制器的参数整定，使闭环控制系统特征方程式的根位于 CD 线左侧，可以证明，过渡过程时间 $t_s \approx 3/\alpha$。

在实际生产中，过渡过程的振荡频率不宜过高，因为过渡过程的振荡频率过高，势必使控制阀的动作过于频繁，加大设备的磨损，同时，被控量的变化也过于频繁，不利于生产的正常进行，所以对过渡过程的振荡频率应加以限制。一对共轭复根所代表的振荡分量的振荡频率就是复根的虚部 ω。在图 8-3-2 中的水平线 EF 和 HG 就代表了频率相同的振荡分量，在此两直线之间的部分，其振荡频率必小于规定值。

从准确性看，最大偏差与干扰的幅度及衰减指数 m 有关，因此，对递减率的要求不仅要考虑稳定裕量，还应该兼顾最大偏差的要求。对于稳态值，由于它是一个静态特性，它与过渡过程没有显著的关系，因而不能从反应动态特性的根平面上有效地反映出来。

综上所述，要保证控制系统的控制质量，必须进行控制器的参数整定，用控制器的特性去校正对象特性，使整个闭环控制系统特征方程式的根全部落入图 8-3-2 阴影部分之内。控制器参数整定的方法虽然很多，但是，从根本上讲，都是从满足指定的稳定裕量要求出发的，不同之处只是在处理方法上的差异。

二、经验凑试法

此法是根据经验先将控制器的参数放在某一数值上，直接在闭环控制系统中，通过改变设定值施加干扰试验信号，在记录仪上看被控量的过渡过程曲线形状，以 δ、T_I、T_D 对过渡过程的影响为依据，按规定的顺序对比例度 δ、积分时间 T_I、微分时间 T_D 逐个进行整定，直到获得满意的控制质量。

常用过程控制系统控制器的参数经验范围见表 8-3-3。

表 8-3-3　控制器整定参数的经验范围

参数范围　　　控制参数 控制系统	δ	T_I/min	T_D/min
液位	20% ~ 80%	—	—
压力	30% ~ 70%	0.4 ~ 3	—
流量	40% ~ 100%	0.1 ~ 1	—
温度	20% ~ 60%	3 ~ 10	0.3 ~ 1

控制器参数凑试的顺序有两种方法：一种认为比例作用是基本的控制作用，因此，首先把比例度凑试好，待过渡过程已基本稳定后，加积分作用以消除余差，最后加入微分作用以进一步提高控制质量。其具体步骤为：

对 P 控制器，将比例度 δ 放在较大数值位置，逐步减小 δ，观察被控量的过渡过程曲线，直到曲线满意为止。

对 PI 控制器，先置 $T_I = \infty$，按纯比例作用整定比例度 δ，使之达到 4∶1 衰减过程曲线；然后将 δ 放大 10% ~ 20%，将积分时间 T_I 由大至小逐步加入，直到获得 4∶1 衰减过程。

对 PID 控制器，将 $T_D = 0$，先按 PI 作用凑试程序整定 δ、T_I 参数，然后将比例度 δ 减到比原值小 10% ~ 20% 位置，T_I 也适当减小之后，再把 T_D 由小至大地逐步加入，观察过渡过程曲线，直到获得满意的过渡过程为止。

另一种整定顺序的出发点是：比例度与积分时间在一定范围内相匹配，可以得到相同递减比的过渡过程。这样，比例度的减小可用增大积分时间来补偿，反之亦然。因此，可根据表 8-3-3 的经验数据，预先确定一个积分时间数值，然后由大至小调整比例度以获得满意的过渡过程为止。如需加微分作用，可取 $T_D = \left(\dfrac{1}{4} \sim \dfrac{1}{3}\right) T_I$，确定 T_I、T_D 之后，再调整比例度。

在用经验法整定控制器参数的过程中，若观察到曲线振荡很频繁，则需把比例度 δ 加大以减小振荡；若曲线最大偏差大，且趋于非周期过程，则需把比例度减小。当曲线波动较大时，应增加积分时间 T_I；曲线偏离设定值后长时间回不来，则需减小积分时间。如果曲线振荡得厉害，需把微分作用减到最小或者暂时不加微分作用；如果曲线最大偏差大而衰减慢，则需把微分时间加长。总之，要以 δ、T_I、T_D 对控制质量的影响为依据，看曲线调参数，不难使过渡过程在两个周期内基本稳定，控制质量满足工艺要求。

三、临界比例度法

临界比例度法又称稳定边界法，是目前应用较广的一种控制器参数整定方法。临界比例度就是先让控制器在纯比例作用下，通过现场试验找到等幅振荡的过渡过程，记下此时的比例度 δ_k 和等幅振荡周期 T_k，再通过简单的计算求出衰减振荡时控制器的参数。具体步骤为：

1）将 $T_I = \infty$，$T_D = 0$ 根据广义对象特性选择一个较大的 δ 值，并在工况稳定的前提下将控制系统投入自动状态。

2）将设定值突增一个数值，观察并记录曲线，此时应是一个衰减过程曲线，逐步减小比例度 δ，再做设定值干扰试验，直到出现等幅振荡为止，如图 8-3-3 所示。记下此时控制器的比例度 δ_k 和振荡曲线的周期 T_k。

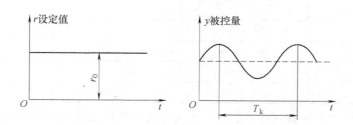

图 8-3-3　临界比例度试验曲线

3）按表 8-3-4 计算衰减振荡时控制器的参数。

使用临界比例度法整定控制器参数时，应注意以下几个问题；

①　此法的关键是准确地测定临界比例度 δ_k 和临界振荡周期 T_k，因而控制器的刻度和记录仪应调校准确。

表 8-3-4　临界比例度法参数计算表（$\varphi \geqslant 0.75$）

控制参数　　控制作用	δ	T_I	T_D
P	$2\delta_k$	—	—
PI	$2.2\delta_k$	$0.85T_k$	—
PID	$1.7\delta_k$	$0.5T_k$	$0.13T_k$

②　当控制通道的时间常数很大时，由于控制系统的临界比例度 δ_k 很小，常使控制阀处于时而全开、时而全关状态，即处于位式控制状态，对生产不利，因而不宜采用此法进行控制器的参数整定；某些生产工艺不允许被控量作较长时间的等幅振荡时，也不能采用此法。

③　有的控制系统临界比例度很小，控制器的比例度已放到最小刻度而系统仍不产生等幅振荡时，就把最小刻度的比例度作为 δ_k 进行控制器的参数整定。

临界比例度法虽然是一种工程整定方法，但它并不是操作经验的简单总结，而是有理论依据的，这就是控制系统边界稳定条件。这里作一简要说明。

设开环控制系统的传递函数为 $W_k(s)$，则闭环控制系统的特征方程为

$$1 + W_k(s) = 0$$

如果闭环控制系统处于边界稳定状态，则特征方程至少有一对虚根 $s = \pm j\omega$。将 $j\omega$ 代入特征方程就可得到

$$W_k(j\omega) = -1 \tag{8-3-1}$$

此式表示：当开环控制系统的频率特性曲线通过（-1，$j0$）点时，则闭环控制系统处于边界稳定状态，并且发生振荡的频率 ω_k 将等于 $W_k(j\omega)$ 曲线通过（-1，$j0$）点的那个频率，这就是奈奎斯特稳定判据。

当把控制系统归并为控制器 $W_c(s)$ 和广义对象 $W_o(s)$ 两大环节组成时，则式（8-3-1）可改写成

$$W_k(j\omega) = W_c(j\omega)W_o(j\omega) = -1 \tag{8-3-2}$$

或

$$W_c(j\omega) = \frac{-1}{W_o(j\omega)} = -W'_o(j\omega) \tag{8-3-3}$$

如果 $W_c(j\omega)$ 和 $W'_o(j\omega)$ 用实部和虚部或模和幅角表示，即

$$W_c(j\omega) = R_c(\omega) + jI_c(\omega) = A_c(\omega)e^{-j\theta_c(\omega)} \tag{8-3-4}$$

$$W'_o(j\omega) = R'_o(\omega) + jI'_o(\omega) = A'_o(\omega)e^{-j\theta'_o(\omega)} \tag{8-3-5}$$

则式（8-3-3）可写成

$$R_c(\omega) + jI_c(\omega) = -[R'_o(\omega) + jI'_o(\omega)]$$

$$A_c(\omega)e^{j\theta_c(\omega)} = A'_o(\omega)e^{j(\pi + \theta'_o(\omega))}$$

从而得到系统处于边界稳定的条件，即

$$\left.\begin{array}{l} R_c(\omega) = -R'_o(\omega) \\ I_c(\omega) = -I'_o(\omega) \end{array}\right\} \tag{8-3-6}$$

或

$$\left.\begin{array}{l} A_c(\omega) = A'_o(\omega) \\ \theta_c(\omega) = \pi + \theta'_o(\omega) \end{array}\right\} \tag{8-3-7}$$

由于广义对象的传递函数 $W_o(s)$ 是已知的，因此，可根据式（8-3-6）或式（8-3-7）计算出控制系统在边界稳定时的振荡频率 ω_k 和控制器的参数。例如，当控制器采用比例作用时，控制器的频率特性为

$$W_c(j\omega) = 1/\delta = K_c$$

所以

$$R_c(\omega) = 1/\delta, \quad I_c(\omega) = 0$$

或

$$A_c(\omega) = 1/\delta, \quad \theta_c(\omega) = 0$$

代入式（8-3-6）或式（8-3-7）就可得到控制系统处于边界稳定时，控制器的比例度和振荡频率，即

$$\left. \begin{aligned} \delta = \delta_k = -\frac{1}{R'_o(\omega)} = -R_o(\omega) \\ \omega = \omega_k \end{aligned} \right\}$$

或

$$\left. \begin{aligned} \delta = \delta_k = \frac{1}{A'_o(\omega)} = A_o(\omega) \\ \omega = \omega_k \end{aligned} \right\}$$

等幅振荡的周期为

$$T_k = \frac{2\pi}{\omega_k}$$

对于实际的控制系统，由于要求它不仅稳定，而且还要有一定的稳定裕量，即要求有一定的递减率，因此，根据式（8-3-6）或式（8-3-7）所确定的参数还要修正。考虑到实际控制系统要求递减率 $\varphi \geqslant 0.75$，再根据大量操作经验的总结，于是，便得到了控制器的整定参数与临界比例度 δ_k 和临界振荡周期 T_k 间的关系表。

四、衰减曲线法

衰减曲线法是针对经验法和临界比例度法的不足，并在此基础上经过反复实验而得出的一种参数整定方法。如果要求过渡过程达到 4:1 递减比，其整定步骤如下：

1）将 $T_1 = \infty$，$T_D = 0$，在纯比例作用下，系统投入运行，按经验法整定比例度，直到出现 4:1 衰减过程为止。此时的比例度为 δ_s，操作周期为 T_s，如图 8-3-4 所示。

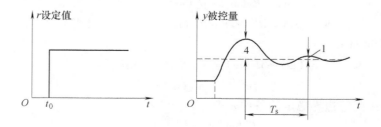

图 8-3-4　4:1 衰减过程曲线

2）根据 δ_s、T_s 值，按表 8-3-5 所列经验关系，计算出控制器的整定参数 δ、T_1 和 T_D。

3）先将比例度放到比计算值大一些的数值上，然后把积分时间放到求得的数值上，再

慢慢放上微分时间，最后把比例度减小到计算值上，观察过渡过程曲线，如不太理想，可作适当调整。

表 8-3-5　4:1 过程控制器整定参数表

整定参数 控制作用	δ	T_I	T_D
P	δ_s	—	—
PI	$1.2\delta_s$	$0.5T_s$	—
PID	$0.8\delta_s$	$0.3T_s$	$0.1T_s$

应用衰减曲线法整定控制器参数时，应注意下列事项：

①　此法的关键是要求取准确的 δ_s 和 T_s，因此，应校准控制器的刻度和记录仪，否则会影响整定结果的准确性。

②　对响应较快的小容量对象，如管道压力、流量等，在记录曲线上读 4:1 与求 T_s 比较困难，此时可用记录指针的摆动情况来判断。指针来回摆动两次就达稳定可视为 4:1 过程，摆动一次的时间为 T_s。

③　工艺条件变动，特别是负荷的变化将会影响控制对象的特性，从而影响 4:1 衰减曲线法的整定结果。因此，在负荷变化比较大时，必须重新整定控制器参数，以求得新负荷下合适的控制器参数。

④　以获得 4:1 递减比为最佳过程，这符合大多数控制系统。但在有些过程中，例如热电厂锅炉的燃烧控制系统，4:1 递减比振荡太厉害，则可采用 10:1 的衰减过程，如图 8-3-5 所示。在这种情况下，由于衰减太快，要测取操作周期较困难，但可测取从施加干扰开始至达到第一个波峰的上升时间 t_r。

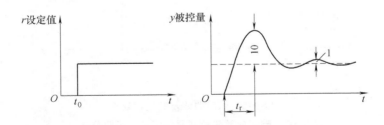

图 8-3-5　10:1 衰减过程曲线

10:1 衰减曲线法整定控制器参数的步骤和要求与 4:1 衰减曲线法完全相同，仅采用的经验公式不同，见表 8-3-6。表中 δ'_s 是指控制过程出现 10:1 递减比时的比例度，t_r 是指达到第一个波峰值的上升时间。

表 8-3-6　10:1 过程控制器整定参数表

整定参数 控制作用	δ	T_I	T_D
P	δ'_s	—	—
PI	$1.2\delta'_s$	$2t_r$	—
PID	$0.8\delta'_s$	$1.2t_r$	$0.4t_r$

衰减曲线法同临界比例度法一样，虽然是一种工程整定方法，但它并不是操作经验的简单总结，而是有理论依据的。表 8-3-5 和表 8-3-6 中的公式是根据自动控制理论，按一定的递减率要求整定控制系统的分析计算，再对大量实践经验总结而得出的。

五、响应曲线法

上面介绍的三种控制器参数整定方法都不需预先知道对象的特性，如果事先知道对象的特性，则可用响应曲线法，其整定精度将更高一些。整定步骤如下：

1）测定广义对象的响应曲线，并对已得到的响应曲线作近似处理，得到表征对象动态特性的纯滞后时间 τ_0 和时间常数 T_0，如图 8-3-6 所示。

2）按下式求取广义对象的放大系数 K_0。

$$K_0 = \frac{\Delta y}{y_{\max} - y_{\min}} \bigg/ \frac{\Delta p}{p_{\max} - p_{\min}} \tag{8-3-8}$$

式中　　Δy——被控量测量值的变化量；

　　　　Δp——控制器输出的变化量；

$y_{\max} - y_{\min}$——测量仪表的刻度范围；

$p_{\max} - p_{\min}$——控制器输出变化范围。

3）根据对象的特性参数 τ_0、T_0 和 K_0，按表 8-3-7 中的公式确定 4:1 递减过程控制器的参数 δ、T_I 和 T_D。

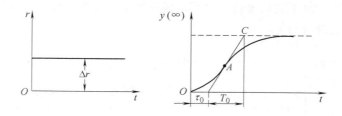

图 8-3-6　响应曲线及其近似处理

表 8-3-7　响应曲线法控制器整定参数经验公式表

整定参数 控制作用	δ	T_I	T_D
P	$\dfrac{K_0 \tau_0}{T_0} \times 100\%$	—	—
PI	$1.1 \dfrac{K_0 \tau_0}{T_0} \times 100\%$	$3.3\tau_0$	—
PID	$0.85 \dfrac{K_0 \tau_0}{T_0} \times 100\%$	$2\tau_0$	$0.5\tau_0$

上述四种工程整定方法各有优缺点。经验法简单可靠，能够应用于各种控制系统，特别是干扰频繁、记录曲线不大规则的控制系统；其缺点是需反复凑试，花费时间长。同时，因是靠经验来整定的，是一种"看曲线，调参数"的整定方法，对于不同经验水平的人，对同一过渡过程曲线可能有不同的认识，从而得出不同结论，整定质量不一定高。因此，对于现场经验较丰富、技术水平较高的人使用此法较为合适。临界比例度法简便而易于掌握，过程曲线易于判断，整定质量较好，适用于一般的温度、压力、流量和液位控制系统；其缺点是对于临界比例度很小，或者工艺生产约束条件严格，对过渡过程不允许出现等幅振荡的控制系统不适用。衰减曲线法的优点是较为准确可靠，而且安全，整定质量较高。但对于外界干扰作用强烈而频繁的系统，或者由于仪表、控制阀、工艺上的某种原因而使记录曲线不规则，对难于从曲线判别其递减比和衰减周期的控制系统不适用。响应曲线法因是根据对象特性来确定控制器的整定参数的，因而整定质量高，其不足之处是要测响应曲线，比较麻烦。因此，在实际应用中，一定要根据生产过程的实际情况与各种整定方法的特点，合理选择使用。

六、衰减频率特性法

整定控制器参数的理论计算方法很多，仅频率特性法就有好几种，但它们的基本出发点是相同的，就是保证控制系统具有一定的稳定裕量，不同之处仅是具体处理方法上的差异，这里以衰减频率特性法为例进行讨论。

要求控制系统具有一定的稳定裕量，就是要求特征方程式所有根的衰减指数$(m = \alpha/\omega)$大于或等于指定的m值，即要求控制系统特征方程式的根落入图8-3-2根平面等m折线AOB上及其左侧。在折线AOB上的各点可以表示为$-\alpha \pm j\omega$，也可以表示为$-|m\omega| \pm j\omega$，则把$W_k(-m\omega \pm j\omega)$称为开环控制系统的衰减频率特性，简记为$W_k(m, j\omega)$。显然，把传递函数中的$s$用$(-m\omega \pm j\omega)$代入，即得到衰减频率特性$W(m, j\omega)$。实际上，衰减频率特性$W(m, j\omega)$是$s$平面上折线$AOB$上的点在$W$平面上的映射，它是$\omega$和$m$的函数。当$m = 0$时，$s$平面上的折线$AOB$就和虚线重合，$W(m, j\omega)|_{m=0} = W(j\omega)$，即为普通的频率特性。

显然，$W(j\omega)$是$W(m, j\omega)$的一个特殊情况，而$W(m, j\omega)$是$W(j\omega)$的扩充。因此，衰减频率特性又称扩充频率特性。

一个闭环控制系统的特征方程为

$$1 + W_k(s) = 1 + W_c(s)W_o(s) = 0$$

当特征方程的根$s = -m\omega + j\omega$时，有

$$1 + W_k(-m\omega + j\omega) = 0 \qquad (8\text{-}3\text{-}9)$$

或

$$W_k(m, j\omega) = -1$$

即

$$W_c(m, j\omega)W_o(m, j\omega) = -1$$

如果把控制器、广义对象的衰减频率特性$W_c(m, j\omega)$、$W_o(m, j\omega)$用模和相位表示，即

$$\begin{cases} W_c(m, j\omega) = |W_c(m, j\omega)| e^{j\theta_c(m,\omega)} \\ W_o(m, j\omega) = |W_o(m, j\omega)| e^{j\theta_o(m,\omega)} \end{cases}$$

则有

$$
\left.\begin{aligned}
\left| W_c(m,\ \mathrm{j}\omega) \right| &= \frac{1}{\left| W_o(m,\ \mathrm{j}\omega) \right|} \\
\theta_c(m,\ \omega) &= \pi - \theta_o(m,\ \omega)
\end{aligned}\right\}
\tag{8-3-10}
$$

或

$$
\left.\begin{aligned}
\mathrm{Re}\left[W_k(m,\ \mathrm{j}\omega) \right] &= -1 \\
\mathrm{Im}\left[W_k(m,\ \mathrm{j}\omega) \right] &= 0
\end{aligned}\right\}
\tag{8-3-11}
$$

根据式（8-3-10）或式（8-3-11）便可计算出在已知的对象特性和指定的稳定裕量——衰减指数 m 下的控制器参数。

从以上分析可见，这种整定参数的计算方法实际上是奈奎斯特稳定性判据的扩展。奈奎斯特判据指出，对于开环稳定的系统，如果开环频率特性 $W_k(\mathrm{j}\omega)$ 包围（-1，j0）点，则闭环系统是不稳定的；不包围该点，则闭环系统是稳定的；穿过该点，则系统处于稳定边界上。用衰减频率特性整定控制器的参数，其思路也是这样。如果开环系统的衰减频率特性 $W_k(m,\ \mathrm{j}\omega)$ 曲线包围（-1，j0）点，则闭环控制系统的稳定裕量将小于 m；不包围该点，则稳定裕量大于 m；穿过该点，则系统具有 m 数值的稳定裕量，见表 8-3-8。因此，按式（8-3-10）或式（8-3-11）计算控制器参数，就是用控制器的特性去校正广义对象的特性，使整个闭环控制系统特征方程的主根位于 s 平面上具有指定稳定裕量 m 的 AOB 折线上，从而使控制系统的过渡过程具有相应于 m 值的递减率。

表 8-3-8　衰减频率特性与开环频率特性的比较

系统描述	包围（-1，jω）	过（-1，jω）	不包围（-1，jω）
开环频率特性 $W_k(\mathrm{j}\omega)$	闭环系统不稳定	闭环系统处于稳定边界上	闭环系统稳定
衰减频率特性 $W_k(m,\ \mathrm{j}\omega)$	闭环系统稳定裕量小于 m	闭环系统稳定裕量等于 m	闭环系统稳定裕量大于 m

为了使用方便，这里列出了经计算整理后的典型工业控制器的衰减频率特性。

P 控制器：

$$
W_c(m,\ \mathrm{j}\omega) = K_c
$$

PI 控制器：

$$
W_c(m,\ \mathrm{j}\omega) = \frac{K_c}{T_I\omega}\sqrt{\frac{(1+m\omega T_I)^2 + \omega^2 T_I^2}{m^2+1}} \times \exp\left[\mathrm{j}\left(\frac{\pi}{2} + \arctan\frac{\omega T_I}{1-m\omega T_I} - \arctan m\right)\right]
\tag{8-3-12}
$$

PD 控制器：

$$
W_c(m,\ \mathrm{j}\omega) = K_c\sqrt{\omega^2 T_D^2 + (1-m\omega T_D)^2} \times \exp\left(\mathrm{j}\arctan\frac{\omega T_D}{1-m\omega T_D}\right)
\tag{8-3-13}
$$

PID 控制器：

$$W_c(m, \ \mathrm{j}\omega) = \frac{K_c}{\omega} \sqrt{\frac{\left(T_D\omega^2 + m\omega - T_D m^2 \omega^2 - \dfrac{1}{T_I}\right)^2 + (\omega - 2m\omega^2 T_D)^2}{m^2 + 1}}$$

$$\times \exp\left[\mathrm{j}\left(\arctan \frac{T_D\omega^2 + m\omega - T_D m^2 \omega^2 - \dfrac{1}{T_I}}{\omega - 2m\omega^2 T_D} - \arctan m\right)\right] \quad (8\text{-}3\text{-}14)$$

如果广义对象的传递函数为

$$W_o(s) = \frac{K_o \mathrm{e}^{-\tau s}}{Ts + 1}$$

则该对象衰减频率特性为

$$W_o(m, \ \mathrm{j}\omega) = \frac{K_o}{T(-m\omega + \mathrm{j}\omega) + 1} \times \exp[-\tau(-m\omega + \mathrm{j}\omega)]$$

$$= \frac{K_o \mathrm{e}^{m\omega\tau}}{\sqrt{\omega^2 T^2 + (m\omega T - 1)^2}} \times \exp\left[\mathrm{j}\left(\arctan \frac{\omega T}{m\omega T - 1} - \omega\tau\right)\right] \quad (8\text{-}3\text{-}15)$$

对于该对象，利用式(8-3-10)可得不同控制作用时控制器整定参数的计算公式，以供参考使用。

P 控制器：

$$\arctan \frac{\dfrac{\omega\tau}{\tau/T}}{\dfrac{m\omega\tau}{\tau/T} - 1} - \omega\tau = \pi \quad (8\text{-}3\text{-}16)$$

$$K_c = \frac{\sqrt{\left(\dfrac{\omega\tau}{\tau/T}\right)^2 + \left(m\dfrac{\omega\tau}{\tau/T} - 1\right)^2}}{K_o \mathrm{e}^{m\omega\tau}} \quad (8\text{-}3\text{-}17)$$

从式(8-3-16)中求出 $\omega\tau$，代入式(8-3-17)中即可求出给定 m 值下的放大系数 K_c。

PI 控制器：

$$K_c = \frac{1}{K_o \dfrac{\tau}{T} \mathrm{e}^{m\omega\tau}} \left[\left(2m\omega\tau - \frac{\tau}{T}\right)\cos\omega\tau + \left(\omega\tau - m^2\omega\tau + m\frac{\tau}{T}\right)\sin\omega\tau\right] \quad (8\text{-}3\text{-}18)$$

$$\frac{K_c}{T_I} = \frac{\omega\tau(1 + m^2)}{K_o\tau \dfrac{\tau}{T\mathrm{e}^{m\omega\tau}}} \left[\omega\tau\cos\omega\tau - \left(m\omega\tau - \frac{\tau}{T}\right)\sin\omega\tau\right] \quad (8\text{-}3\text{-}19)$$

对象特性 T、τ、K_o 是已知的，m 是已指定的，但在式(8-3-18)和式(8-3-19)中有三个未知数 ω、K_c、T_I，这样就会有无穷多组解，即任意给定一个 ω，可求出一对 K_c、T_I 值，所有各组的解都能满足指定的递减率的要求。为了在递减率相同的情况下选择一组最佳的 K_c、T_I 值，可以采用其他一些判别控制过程质量指标的原则，如误差积分准则。但因为在递减率相同的条件下，增大 K_c 或减小 T_I 都能加快控制过程，对减小动态偏差和缩短过渡过程时间都是有利的, 因而一般采用 $\left(K_c, \dfrac{K_c}{T_I} \right)$ 最大的一组为最佳的控制器参数。

PD 控制器:

$$K_c = \frac{1}{K_o \dfrac{\tau}{T} e^{m\omega\tau}} (1 + m^2) \omega\tau\sin\omega\tau \qquad (8\text{-}3\text{-}20)$$

$$K_c T_D = \frac{1}{K_o e^{m\omega\tau}} (m\sin\omega\tau - \cos\omega\tau) \qquad (8\text{-}3\text{-}21)$$

同样, 在两个方程中有三个未知数, 就有无穷多组解, 给定一个 ω, 便求出一组 K_c、$K_c T_D$, 选择 $K_c T_D$ 乘积最大的一组参数, 便可得出最佳控制器参数 K_c 及 T_D。

PID 控制器:

PID 控制器具有三个整定参数 K_c、T_I 和 T_D, 用式 (8-3-11) 进行整定计算时, 两个方程中将有四个未知数 ω、K_c、T_I 和 T_D。这样, 必然使合乎指定衰减系数 m 的解有无穷多组。但是, 在实际使用 PID 控制器时, 因一般取 $T_D/T_I = 0.15 \sim 0.25$, 因此, 在整定计算时还是只有两个独立的参数, 其计算方法也就与 PI 控制器相同。

第四节　单回路控制系统的投运

单回路控制系统设计完成后, 即可按设计要求进行正确安装。控制系统按设计要求安装完毕, 线路经过检查确实无误, 所有仪表经过检查符合精度要求, 并已运行正常, 即可着手进行控制系统的投运。

所谓控制系统投运, 就是将系统由手动工作状态切换到自动工作状态。这一过程是通过控制器上的手动/自动切换开关从手动位置切换到自动位置来完成的, 但是这种切换必须保证无扰动地进行。就是说, 从手动切换到自动的过程中, 不应造成系统的扰动, 不应该破坏系统原有的平衡状态。亦即切换中不能改变原先控制阀的开度。控制器在手动位置时, 控制阀接受的是控制器手动输出信号; 当控制器切换到自动位置时, 控制阀接受的是控制器根据偏差信号大小和方向按一定控制规则运算所得的输出信号。当控制器从手动切换到自动时, 将以自动输出信号代替手动输出信号控制控制阀。反过来, 如果控制器从自动切换到手动, 则以手动输出代替自动输出控制控制阀。如果控制器在切换之前, 自动输出与手动输出信号不相等, 那么, 在切换过程中必然会给系统引入扰动, 这将破坏系统原先的平衡状态, 是不允许的, 因此要求切换过程必须保证无扰动地进行。在控制系统投入运行时, 往往先进行手动操作, 来改变控制器的输出信号, 待系统基本稳定后再切换为自动运行。当控制器的自动部分失灵后, 也必须切换到手动控制。通过控制器的手动/自动双向开关, 可以方便地进行手动/自动切换, 而切换过程中, 都希望切换操作不会给控制系统带来扰动。

对于设计比较先进的电动Ⅲ型、Ⅰ系列、EK 系列等控制器来说, 由于它们有比较完善的自动跟踪和保持电路, 能够做到在手动时自动输出跟踪手动输出, 自动时手动输出跟踪自动输出, 这样, 就可以保证不论偏差存在与否, 随时都可以进行手动与自动切换而不会引起扰动。此功能称为双向平衡无扰动切换。

一、投入运行前的准备工作

控制系统安装完毕或经过停车检修之后，都要（重新）投入运行。在投运每个控制系统前必须要进行全面细致的检查和准备工作。

投运前，首先应熟悉工艺过程，了解主要工艺流程和对控制系统指标的要求，以及各种工艺参数之间的关系，熟悉控制方案，对测量元件、控制阀的位置、管线走向等都要做到心中有数。投运前的主要检查工作如下：

1）对组成控制系统的各组成部件，包括检测元件、变送器、控制器、显示仪表、控制阀等，进行校验检查并记录，保证其准确度要求，确保仪表能正常使用。

2）对各连接管线、接线进行检查，保证连接正确。例如，孔板上下游导压管与变送器高低压端的正确连接：导压管和气动管线必须畅通，不得中间堵塞；热电偶正负极与补偿导线极性、变送器、显示仪表的正确连接；三线制或四线制热电阻的正确接线等。

3）如果采用隔离措施，应在清洗导压管后，灌注流量、液位和压力测量系统中的隔离液。

4）应设置好控制器的正反作用、内外设定开关等；并根据经验或估算，预置控制器的参数值，或者先将控制器设置为纯比例作用，比例带置于较大的位置。

5）检查控制阀气开、气关形式的选择是否正确，关闭控制阀的旁路阀，打开上下游的截止阀，并使控制阀能灵活开关，安装阀门定位器的控制阀应检查阀门定位器能否正确动作。

6）进行联动试验，用模拟信号代替检测变送信号，检查控制阀能否正确动作，显示仪表是否正确显示等；改变比例带、积分和微分时间，观察控制器输出的变化是否正确。

二、控制系统的投运

合理、正确地掌握控制系统的投运，使系统无扰动地、迅速地进入闭环，是工艺过程平稳运行的必要条件。对控制系统投运的唯一要求，是系统平稳地从手动操作转入自动控制，即按无扰动切换（指手、自动切换时阀上的信号基本不变）的要求将控制器切入自动控制。

控制系统的投运应与工艺过程的开车密切配合，在进行静态试车和动态试车的调试过程中，对控制系统和检测系统进行检查和调试。控制系统各组成部分的投运次序一般如下所述：

1. 检测系统投运

温度、压力等检测系统的投运比较简单，可逐个开启仪表和测量变送装置，检查仪表显示值的正确性。流量、液位检测系统应根据测量变送装置的要求，从检测元件的根部开始，逐个缓慢地打开有关根部阀、截止阀，要防止变送器受到压力冲击，直到显示正常。

如果起动以后，变送器各个部分一切都正常，就可以将它投入运行。在运行中如发生故障，需要紧急停车，则停运的操作顺序应和上述的起动步骤相反。

2. 控制系统投运

应从手动遥控开始，逐个将控制回路过渡到自动操作，应保证无扰动切换。

（1）手动遥控（控制阀的投运）　　手动遥控阀门实际上是在控制室中的人工操作，即操作人员在控制室中，根据显示仪表所示被控变量的情况，直接开关控制阀。手动遥控时，由于操作人员可脱离现场,在控制室中用仪表进行操作,因此很受人们的欢迎。在一些比较稳的装置上,手动遥控阀门应用较为广泛。

(2) 投入自动(控制器的手动和自动切换)　控制器的手动操作平稳后,被控变量接近或等于设定值。将内/外设定选择开关扳向内给定位置,然后拨动内给定旋钮使偏差为零;设置 PID 参数后即可将控制器由手动状态切换到自动状态。至此,初步投运过程结束。

与控制系统的投运相反,当工艺生产过程受到较大扰动、被控变量控制不稳定时,需要将控制系统退出自动运行,改为手动遥控,即自动切向手动,这一过程也需要达到无扰动切换。

3. 控制系统的参数调整

所谓控制系统的整定,就是对于一个已经设计并安装就绪的控制系统,通过控制器参数的整定使控制系统达到良好的控制质量。一旦系统按所设计的方案安装就绪,对象特性与干扰位置等基本上都已固定下来,这时系统的质量主要就取决于控制器参数的整定了。合适的控制器参数会带来满意的控制效果,不合适的控制器参数会使系统质量变坏。对于一个系统来说,如果对象特性不好,控制器方案选择得不合理,或是仪表选择和安装不当,那么无论怎样整定控制器参数,也是达不到质量指标要求的。因此,只能说在一定范围内(方案设计合理、仪表选型安装合适),控制器参数合适与否,对控制质量具有重要的影响。

有一点必须加以说明,那就是对于不同的系统,整定的目的、要求可能是不一样的。例如对于定值控制系统,一般要求过渡呈 4:1 的衰减变化;而对于比值控制系统,则要求整定成振荡与不振荡的边界状态;对于均匀控制系统,则要求整定成幅值在一定范围内变化的缓慢的振荡过程。对于单回路控制系统,控制器参数整定的要求,就是通过选择合适的控制器参数 (δ、T_1、T_D),使过渡过程呈现 4:1 的衰减过程。

控制器参数整定的方法很多,归结起来可分为两大类:一类是理论计算方法,另一类是工程整定方法。从控制原理知道,对于一个具体的控制系统,只要质量指标规定了下来,又知道了对象的特性,那么,通过理论计算的方法(微分方程法、频率法、根轨迹法、M 圆法等)就可以计算出控制器的最佳参数。但是,由于对象特性的测试方法和测试技术的完善,石油化工对象的可变性往往使对象特性难以测得,但是所得到的对象特性数据不够准确可靠,且因计算方法一般都比较繁琐,工作量大,耗时较多,因此,长期以来这种理论计算方法在工程实践中没有得到推广和应用。然而这种计算工作对于计算机来说很容易,因此,随着计算机在生产过程中的广泛应用,控制器参数整定的理论计算方法将会不断地得到应用和推广。

思考题与习题

8-1　何谓控制通道?何谓干扰通道?它们的特性对控制系统质量有什么影响?

8-2　如何选择操纵变量?

8-3　什么是可控性指标?怎样根据这个指标来选择控制参数?当过程有多个特性相近的一阶环节串联时,其时间常数该如何处理?

8-4　在设计单回路控制系统时,如何选择控制器的控制规律?怎样确定控制器的正、反作用方式和控制阀的气开、气关形式?

8-5　在单回路系统方案设计正确的前提下,为何还要整定控制器的参数?常用的工程整定方法有哪几种？并比较其各自的特点。

8-6 如习题图 8-1 为液位控制系统原理图。生产工艺要求汽包水位一定且必须稳定。汽包水位过高，会影响汽包内的汽水分离，饱和水蒸气将会带水过多，易导致管壁结垢并损坏。水位过低，则因汽包内的水量较少，而负荷很大，加快水的汽化速度，使汽包内的水量变化速度很快，若不加以控制，将有可能使汽包内的水全部汽化。所以，必须对汽包水位进行严格的控制。

（1）画出控制系统框图，指出被控过程、被控变量和操纵变量。

（2）确定控制阀的流量特性和控制阀的气开、气关形式。

（3）确定控制器的控制规律及其正反作用方式。

8-7 如习题图 8-2 所示某蒸汽加热设备，利用蒸汽将物料加热到所需温度后排出。试问：

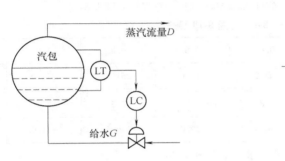

习题图 8-1 习题 8-6 题图   习题图 8-2 习题 8-7 题图

（1）影响物料出口温度的主要因素有哪些？

（2）如果要设计一温度控制系统，如何选择被控变量与操纵变量？说明其原因。

（3）如果物料在温度过低时会凝结，应如何选择控制阀的开闭形式及控制器的正反作用？

8-8 某换热器的温度控制系统在单位阶跃干扰作用下的过渡过程曲线如习题图 8-3 所示。试分别求出最大偏差、余差、衰减比、振荡周期和调节时间（给定值为 200℃）。

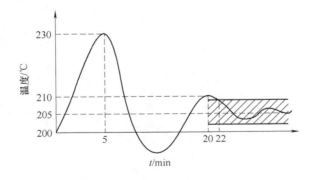

习题图 8-3 习题 8-8 题图

8-9 有一如习题图 8-4 所示的加热器，其正常操作温度为 200℃，温度控制器的测量范围是 150～250℃，当控制器输出变化 1% 时，蒸汽量将改变 3%，而蒸汽量增加 1%，槽内温度将上升 0.2℃。又在正常操作情况下，若液体流量增加 1%，槽内温度将会下降 1℃。假定所采用的是纯比例式控制器，其比例度为 80%，试求当设定值由 200℃ 提高到 220℃ 时，待系统稳定后，则 1）槽内温度应是多少，余差为多少？2）如何消除余差？

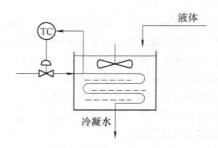

习题图 8-4　习题 8-9 题图

8-10　某过程控制通道做阶跃实验，输入信号 $\Delta u = 50$，其记录数据见习题表 8-1。

习题表 8-1　习题 8-10 题表

t/min	0	0.2	0.4	0.6	0.8	1.0	1.2
$y(t)$	200.1	201.1	204.0	227.0	251.0	280.0	302.5
t/min	1.4	1.6	1.8	2.0	2.2	2.4	2.6
$y(t)$	318.0	329.5	336.0	339.0	340.5	341.0	341.2

1）用一阶加纯时延近似该过程的传递函数，求 $K_\circ$、$T_\circ$ 和 $\tau_\circ$ 值。

2）用动态响应曲线法整定控制器的 PI 参数（取 $\rho = 1$，$\varphi = 0.75$）。

第九章　串级控制系统

单回路控制系统由于其结构简单，系统使用的过程控制仪表较少，系统成本较低，能够解决多数简单被控过程的控制要求而在实际生产过程中得到了广泛应用。但随着工业技术的不断革新，生产不断强化，工业生产过程对工艺参数提出了越来越严格的要求；各工艺参数间的关系也日益复杂，对于一些生产过程比较复杂、生产工艺比较繁琐的情况，简单过程控制系统就无法满足生产过程的控制需求，这时，在生产需求的推动下串级控制就应运而生了，串级控制系统在改善复杂控制系统的控制指标方面具有较大的优势。因而在生产过程控制中，应用很广泛。本章将对串级控制系统的组成、特点、性能、设计、投运和参数整定以及工业应用等问题进行讨论。

第一节　串级控制系统概述

一、基本概念

下面以工业生产过程中的加热炉系统为例介绍串级控制系统的原理和结构。该系统如图 9-1-1 所示，原料在加热管中从入口到出口过程中被加热到指定温度。该系统从燃油燃烧到原料出口温度有三个容量环节：炉膛。管壁和被加热的原料。

系统的基本扰动来自两个方面，一是原料侧的扰动及负荷扰动，二是燃烧侧的扰动，比如燃油压力、配风量等。由于该系统容量滞后较大，如果采用原料出口温度为被测量的单回路控制系统，当燃料侧扰动产生时，系统控制作用才开始反应，但为时已晚。同样，控制器的动作必须经过较大的容积滞后才能开始对输出的改变进行调整。这样感知慢、调整慢，控制系统的品质不可能很高。对于负荷侧的扰动，虽然感知较早，但是控制过程较慢。

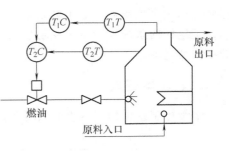

图 9-1-1　加热炉温度控制系统

为此可增设炉膛温度作为另一个被控参量，构成一个如图 9-1-1 所示的串级控制系统，系统的原理框图如图 9-1-2 所示。

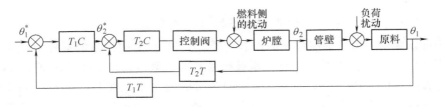

图 9-1-2　加热炉温度控制系统的原理框图

串级控制系统的控制过程如下所述：

为了便于分析假设系统在干扰作用之前处于稳定的"平衡"状态，即此时原料进料温度、出料温度、燃油流量、燃油压力均维持不变。

当燃料侧扰动作用于系统时，首先使炉膛温度 θ_2 发生变化，原料出口温度 θ_1 还没有变化，此时主控制器 T_1C 输出不变，炉膛温度测量值 T_2T 发生变化，按定值控制系统的调节过程，副回路控制器 T_2C 改变控制阀的开度，使炉膛温度 θ_2 稳定。与此同时，炉膛温度的变化也会引起管壁温度的变化，进而影响原料出口温度 θ_1 的变化，使主控器 T_1C 的输出发生变化，由于主控器 T_1C 的输出直接是副控制器 T_2C 的给定，因此，副控制器 T_2C 的给定和测量 T_2T 同时变化，进一步加速了控制系统克服燃料侧扰动的调节过程，使主被控量即原料出口温度 θ_1 恢复到设定值 θ_1^*。

由于内回路的容量滞后小，所以控制作用来得很快，甚至于 θ_2 的变化尚未导致原料温度 θ_1 有明显变化之前就已经被克服。

当负荷侧扰动作用于系统时，主控制器通过外回路及时调节副控制器的设定，使炉膛温度 θ_2 变化，而副控制器 T_2C 一方面接受主控制器的输出信号，同时根据炉膛温度的测量值的变化进行调节，使炉膛温度 θ_2 跟踪设定值变化，并能根据原料温度及时调整，最终使原料出口温度 θ_1 迅速恢复到设定值 θ_1^*。

由于内回路的存在可以显著减小其相位滞后，外回路的动态品质可以得到适当的提高，所以对负荷侧扰动的抑制能力也有所提高。

当燃料侧扰动和负荷侧扰动同时作用于系统时，可按上述方法进行分析，此处不再赘述。

这种系统具有多个控制器和一个执行机构（控制阀），这些控制器被一个接一个地串联起来，前一个控制器的输出就是后一个控制器的设定值，其执行机构由最后一个控制器控制，把这样的系统称为串级控制系统（*Cascade Control System*），显然串级控制系统是按系统的结构命名的。

二、基本组成

串级控制系统的基本组成如图 9-1-3 所示。

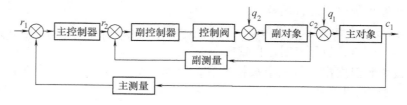

图 9-1-3　串级控制系统的基本组成

由此图可以看出，为了提高系统的控制性能，在以 c_1 为被控量的被控对象中适当选取另一个可测变量 c_2 为中间变量，c_2 称为副被控量，也称副参数，相对于 c_2 把 c_1 称为主被控量，也称主参数。以 c_2 为分界，把整个受控对象分成两个组成部分，以 c_2 为输出的部分称为副对象，而以 c_2 为输入的部分称为主对象，主被控量和副被控量通过各自的控制器构成闭环控制。副被控量的控制回路在内，其设定值就是主控制器的输出，而副控制器的输出就是直接控制阀，这两个控制回路称为内环和外环。通常把作用在主对象上的扰动 q_1 称为一次扰动，作用在副对象上的扰动 q_2 称为二次扰动。

对照加热炉的温度控制，管壁和原料组成主对象，原料的出口温度是主被控量，原料的流量（负荷）、入口温度等属于一次扰动，炉膛组成副对象，炉膛温度是副被控量，燃油的阀前压力、燃油的热值和炉膛送风等属于二次扰动。

从图 9-1-3 也可以清楚地看出，主被控量 c_1 的设定值 r_1 一般情况下是不变的，所以外环是一个恒值控制系统，而内环则构成其受控对象的一部分，副被控量 c_2 的设定值 r_2 则由主控制器加以控制，按实时需要而不断加以控制，所以内环是一个随动系统。

用传递函数和拉普拉斯变换表示的串级控制系统框图如图 9-1-4 所示。

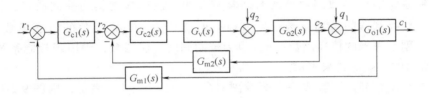

图 9-1-4　串级控制系统框图

图 9-1-4 中各变量及传递函数简述如下：

主被控变量 c_1：大多为工业过程中的重要操作参数，在串级控制系统中起主导作用的被控变量。

副被控变量 c_2：大多为工业过程中影响主被控变量的重要参数，通常为了稳定主被控变量而引入的中间辅助变量。

主控制器 $G_{c1}(s)$：在系统中起主导作用的控制器，按主被控变量和其设定值之差进行控制运算，其输出作为副控制器设定值的控制器，通常称为"主控"。

主对象 $G_{o1}(s)$：大多为工业过程中所要控制的，由主被控变量表征其主要特性的生产过程或设备。

副对象 $G_{o2}(s)$：大多为工业过程中影响主被控变量的，由被控变量表征其主要特性的辅助生产过程或设备。

副控制器 $G_{c2}(s)$：大多为工业过程中起辅助作用的，按所测的副被控变量和主控变量输出之差进行控制运算，其输出直接作用于控制阀的控制器，通常简称为"副控"。

主测量 $G_{m1}(s)$：也称为主变送器，它测量并转换主被控变量。

副测量 $G_{m2}(s)$：也称为副变送器，它测量并转换副被控变量。

副回路：位于串级控制系统内部，由副测量、副控制器、控制阀 $G_v(s)$ 和副对象构成的闭环回路，也称为"副环"或"内环"。

主回路：整个串级控制系统，由主测量、主控制器、副回路等效环节、主对象构成的闭环回路，也称为"主环"或"外环"。

通过上面分析可知，串级控制系统的结构特点可概括如下：

1）由两个或两个以上的控制器串联而成，一个控制器的输入是另一个控制器的设定。

2）由两个或两个以上的控制器、相应数量的检测变送器和一个执行器组成。

3）主回路是恒值控制系统，对主控制器的输出而言，副回路是随动系统，对二次扰动而言，副回路是恒值控制系统。

第二节　串级控制系统的特点与分析

串级控制系统与单回路控制系统相比，在结构上前者具有两个控制器串联工作，并且多了一个副回路。这种结构上的差别必然使串级控制系统具有自己的特点，本节从理论上就以下几个特点进行分析，以深化对该系统的认识。

一、改善了被控过程的动态特性

串级控制系统能使等效副对象的时间常数变小，故能显著提高控制质量。设 $W_{c1}(s)$、$W_{c2}(s)$ 为主、副控制器的传递函数；$W_{o1}(s)$、$W_{o2}(s)$ 为主、副对象的传递函数；$H_{m1}(s)$、$H_{m2}(s)$ 为主、副变送器的传递函数；$W_v(s)$ 为控制阀的传递函数，则串级控制系统的框图可用图 9-2-1 所示的一般形式来表示。

如果把整个副控制回路看成一个等效副对象，并以 $W'_{o2}(s)$ 表示，则图 9-2-1 可简化成图 9-2-2 所示的单回路控制系统。

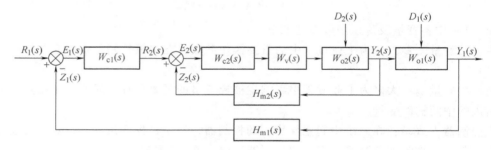

图 9-2-1　串级控制系统框图的一般形式

假定：

$$W_{c2}(s) = K_{c2} 、 W_v(s) = K_v 、 H_{m2}(s) = K_{m2} 、 W_{o2}(s) = \frac{K_{o2}}{T_{o2}s + 1}$$

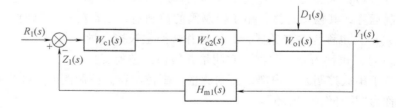

图 9-2-2　串级控制系统简化框图

则由图 9-2-1 可求出副回路的等效传递函数为

$$W'_{o2}(s) = \frac{Y_2(s)}{R_2(s)} = \frac{W_{c2}(s)W_v(s)W_{o2}(s)}{1 + W_{c2}(s)W_v(s)W_{o2}(s)H_{m2}(s)} \tag{9-2-1}$$

将各环节的传递函数代入式(9-2-1)，可得

$$W_{o2}'(s) = \frac{K_{c2}K_v \dfrac{K_{o2}}{T_{o2}s+1}}{1 + K_{c2}K_v \dfrac{K_{o2}}{T_{o2}s+1}K_{m2}} = \frac{K_{o2}'}{T_{o2}'s+1} \tag{9-2-2}$$

式中

$$\left.\begin{aligned} K_{o2}' &= \frac{K_{c2}K_vK_{o2}}{1 + K_{c2}K_vK_{o2}K_{m2}} \\ T_{o2}' &= \frac{T_{o2}}{1 + K_{c2}K_vK_{o2}K_{m2}} \end{aligned}\right\} \tag{9-2-3}$$

将 $W_{o2}'(s)$ 与 $W_{o2}(s)$ 相比较，由于在一般情况下，$K_{m2} > 1$，故有

$$\left.\begin{aligned} K_{o2}' &< K_{o2} \\ T_{o2}' &< T_{o2} \end{aligned}\right\} \tag{9-2-4}$$

上述计算表明：在串级控制系统中由于副回路的存在，使等效副对象的时间常数 T_{o2}' 是副对象本身时间常数 T_{o2} 的 $\dfrac{1}{1 + K_{c2}K_vK_{o2}K_{m2}}$，在 K_v、K_{o2}、K_{m2} 不变的情况下，随着副控制器放大系数 K_{c2} 的增大，T_{o2}' 比 T_{o2} 小得越多，意味着控制通道的缩短，从而使控制作用更加及时，响应速度更快，控制质量必然得到提高。另一方面，由于等效副对象的放大系数 K_{o2}' 是原来对象放大系数的 $\dfrac{K_{o2}K_v}{1 + K_{c2}K_vK_{o2}K_{m2}}$，因此，串级控制系统中的主控制器的放大系数 K_{c1} 就可以整定得比单回路控制系统更大些，这对于提高控制系统的抗干扰能力也是有好处的，这一点将在后面再作分析。

二、提高了系统的工作频率

在串级控制系统中，由于副回路的存在起到了改善对象特性的作用，等效副对象的时间常数缩小了，因而使系统的工作频率提高了。串级控制系统的工作频率可以从它的特征方程式中求得，而特征方程式可由图 9-2-2 方便地得到，即

$$1 + W_{c1}(s)W_{o2}'(s)W_{o1}(s)H_{m1}(s) = 0 \tag{9-2-5}$$

将式(9-2-1)代入式(9-2-5)，可得

$$1 + W_{c1}(s)\frac{W_{c2}(s)W_v(s)W_{o2}(s)}{1 + W_{c2}(s)W_v(s)W_{o2}(s)H_{m2}(s)}W_{o1}(s)H_{m1}(s) = 0$$

经整理之后有

$$1 + W_{c2}(s)W_v(s)W_{o2}(s)H_{m2}(s) + W_{c1}(s)W_{c2}(s)W_v(s)W_{o2}(s)W_{o1}(s)H_{m2}(s) = 0 \tag{9-2-6}$$

现假定主回路各环节的传递函数为

$$W_{c1}(s) = K_{c1} \qquad H_{m1}(s) = K_{m1} \qquad W_{o1}(s) = \frac{K_{o1}}{T_{o1}s+1}$$

而副回路各环节的传递函数同前，将这些环节的传递函数代入式(9-2-6)后，有

$$1 + k_{c2}K_v\frac{K_{o2}}{T_{o2}s+1}K_{m2} + K_{c1}K_{c2}K_vK_{m1}\frac{K_{o2}}{T_{o2}s+1}\frac{K_{o1}}{T_{o1}s+1} = 0$$

将此式进行整理可得

$$s^2 + \frac{T_{o1} + T_{o2} + K_{c2}K_vK_{o2}K_{m2}T_{o1}}{T_{o1}T_{o2}}s + \frac{1 + K_{c2}K_vK_{o2}K_{m2} + K_{c1}K_{c2}K_{m1}K_{o1}K_{o2}K_v}{T_{o1}T_{o2}} = 0 \qquad (9\text{-}2\text{-}7)$$

令

$$\left.\begin{array}{l} 2\xi\omega_0 = \dfrac{T_{o1} + T_{o2} + K_{c2}K_vK_{o2}K_{m2}T_{o1}}{T_{o1}T_{o2}} = 0 \\[4mm] \omega_0^2 = \dfrac{1 + K_{c2}K_vK_{o2}K_{m2} + K_{c1}K_{c2}K_{m1}K_{o1}K_{o2}K_v}{T_{o1}T_{o2}} \end{array}\right\} \qquad (9\text{-}2\text{-}8)$$

于是，特征方程就可以改写成标准形式

$$s^2 + 2\xi\omega_0 s + \omega_0^2 = 0 \qquad (9\text{-}2\text{-}9)$$

式中　ξ——串级控制系统的衰减系数；

　　ω_0——串级控制系统的自然频率。

对式(9-2-9)求解，其特征根为

$$s_{1,2} = \frac{-2\xi\omega_0 \pm \sqrt{4\xi^2\omega_0^2 - 4\omega_0^2}}{2} = -\xi\omega_0 \pm \omega_0\sqrt{\xi^2 - 1}$$

只有当 $0 < \xi < 1$ 时系统才会出现振荡，而振荡频率即为串级控制系统的工作频率，因此

$$\omega_{串} = \omega_0\sqrt{1 - \xi^2}$$

$$= \frac{T_{o1} + T_{o2} + K_{c2}K_vK_{o2}K_{m2}T_{o1}}{T_{o1}T_{o2}}\frac{\sqrt{1 - \xi^2}}{2\xi} \qquad (9\text{-}2\text{-}10)$$

为便于比较，同样可求得图 9-2-3 所示单回路控制系统的工作频率 $\omega_{单}$。

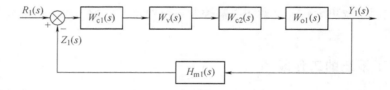

图 9-2-3　单回路控制系统

系统的特征方程式为

$$1 + W'_{c1}(s)W_v(s)W_{o2}(s)W_{o1}(s)H_{m1}(s) = 0 \qquad (9\text{-}2\text{-}11)$$

假定 $W'_{c1}(s) = K'_{c1}$，而其他环节的传递函数同前，则有

$$1 + K'_{c1}K_v\frac{K_{o2}}{T_{o2}s + 1}\frac{K_{o2}}{T_{o1}s + 1}K_{m1} = 0$$

对此式整理简化可得

$$s^2 + \frac{T_{o1} + T_{o2}}{T_{o1}T_{o2}}s + \frac{1 + K'_{c1}K_vK_{o2}K_{o1}K_{m1}}{T_{o1}T_{o2}} = 0 \qquad (9\text{-}2\text{-}12)$$

$$\left.\begin{array}{l} 2\xi'\omega'_0 = \dfrac{T_{o1} + T_{o2}}{T_{o1}T_{o2}} \\[4mm] \omega_0'^2 = \dfrac{1 + K'_{c1}K_vK_{o2}K_{o1}K_{m1}}{T_{o1}T_{o2}} \end{array}\right\} \qquad (9\text{-}2\text{-}13)$$

将单回路控制系统的特征方程表示成标准形式为

$$s^2 + 2\xi'\omega'_0 s + \omega_0'^2 = 0 \qquad (9\text{-}2\text{-}14)$$

用同样的方法求得单回路控制系统的工作频率为

$$\omega_{\text{单}} = \omega_0' \sqrt{1-\xi'^2} = \frac{T_{o1} + T_{o2}}{T_{o1} T_{o2}} \frac{\sqrt{1-\xi'^2}}{2\xi'} \tag{9-2-15}$$

假如通过控制器的参数整定，使得串级控制系统和单回路控制系统具有相同的衰减系数，即 $\zeta = \zeta'$，则有

$$\frac{\omega_{\text{串}}}{\omega_{\text{单}}} = \frac{T_{o1} + T_{o2} + K_{c2} K_v K_{o2} K_{m2} K_{o1}}{T_{o1} + T_{o2}} = \frac{1 + (1 + K_{c2} K_v K_{o2} K_{m2}) T_{o1}/T_{o2}}{1 + T_{o1}/T_{o2}} \tag{9-2-16}$$

因为 $1 + K_{c2} K_v K_{o2} K_{m2} > 1$，所以 $\omega_{\text{串}} > \omega_{\text{单}}$。

由此可见，当主、副对象都是一阶惯性环节，主、副控制器均采用比例作用时，串级控制系统由于副回路改善了对象的特性，从而使整个系统的工作频率比单回路系统的工作频率有所提高。而且当主、副对象特性一定时，副控制器的放大系数 K_{c2} 越大，则工作频率越高，尤其是 T_{o1}/T_{o2} 比值较大的对象，这种效果越显著，如图 9-2-4 所示。

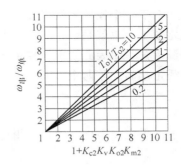

图 9-2-4　$\omega_{\text{串}}/\omega_{\text{单}}$ 与

$(1 + K_{c2} K_v K_{o2} K_{m2})$ 关系曲线

可以证明，上述结论对于主控制器采用其他控制作用，主对象是多容环节的情况也是正确的。

三、具有较强的抗干扰能力

在一个自动控制系统中，因为控制器的放大系数值决定了这个系统对偏差信号的敏感程度，因此，也就在一定程度上反映了这个系统的抗干扰能力。

对于串级控制系统，假定二次干扰从控制阀前进入，如图 9-2-5 所示，并可等效成图 9-2-6。如果用 $W_{o2}'(s)$ 代表图中虚线部分的等效传递函数，则有

$$W_{o2}'(s) = \frac{W_v(s) W_{o2}(s)}{1 + W_v(s) W_{o2}(s) W_{c2}(s) H_{m2}(s)} \tag{9-2-17}$$

对于图 9-2-6 所示的串级控制系统，在二次干扰作用下的闭环传递函数为

$$\frac{Y_1(s)}{D_2(s)} = \frac{W_{o2}'(s) W_{o1}(s)}{1 + W_{c1}(s) W_{c2}(s) W_{o2}'(s) W_{o1}(s) H_{m1}(s)} \tag{9-2-18}$$

在设定值作用下的闭环传递函数为

$$\frac{Y_1(s)}{R_1(s)} = \frac{W_{c1}(s) W_{c2}(s) W_{o2}'(s) W_{o1}(s)}{1 + W_{c1}(s) W_{c2}(s) W_{o2}'(s) W_{o1}(s) H_{m1}(s)} \tag{9-2-19}$$

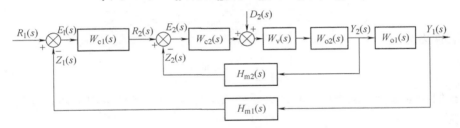

图 9-2-5　干扰从阀前进入的串级控制系统

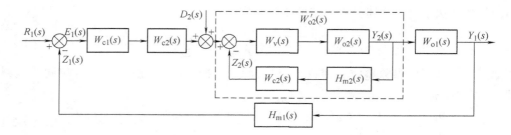

图 9-2-6　图 9-2-5 的等效框图

对于一个控制系统来说，在干扰作用下，要求能尽快地克服它的影响，使被控量稳定在设定值上。也就是说，式(9-2-18)越接近零，控制质量越好。而在设定值作用下，系统是一个随动过程，因此要求被控量尽快地跟随设定值变化，也就是说，式(9-2-19)越接近 1，控制质量越高。若两个方面一起考虑，控制系统的抗干扰能力可用它们的比值来评价，即

$$\frac{Y_1(s)/R_1(s)}{Y_1(s)/D_2(s)} = W_{c1}(s)W_{c2}(s) \tag{9-2-20}$$

如果主、副控制器均采用比例作用，放大系数分别为 K_{c1}、K_{c2}、则有

$$\frac{Y_1(s)/R_1(s)}{Y_1(s)/D_2(s)} = K_{c1}K_{c2} \tag{9-2-21}$$

这就是说，主、副控制器比例放大系数的乘积越大，抗干扰能力越强，控制质量越高。

为了便于比较，需分析同等条件下单回路控制系统(见图 9-2-7)的抗干扰能力。由图可得在干扰作用下的闭环传递函数为

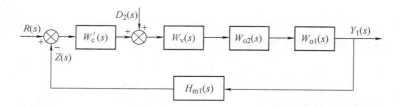

图 9-2-7　同等条件下的单回路控制系统

$$\frac{Y(s)}{D_2(s)} = \frac{W_v(s)W_{o2}(s)W_{o1}(s)}{1 + W_c'(s)W_v(s)W_{o2}(s)W_{o1}(s)H_{m1}(s)} \tag{9-2-22}$$

在设定值作用下的闭环传递函数为

$$\frac{Y(s)}{R(s)} = \frac{W_c'(s)W_v(s)W_{o2}(s)W_{o1}(s)}{1 + W_c'(s)W_v(s)W_{o2}(s)W_{o1}(s)H_{m1}(s)} \tag{9-2-23}$$

抗干扰能力为

$$\frac{Y(s)/R(s)}{Y(s)/D_2(s)} = W_c'(s) \tag{9-2-24}$$

如果控制器也选择比例作用，其放大系数为 K_c'，则同等条件下的单回路控制系统的抗干扰能力为

$$\frac{Y(s)/R(s)}{Y(s)/D_2(s)} = K_c' \tag{9-2-25}$$

比较式（9-2-21）和式（9-2-25），在一般情况下有 $K_{c1}K_{c1} > K_c'$。

由以上分析可知，串级控制系统由于存在副回路，控制作用的总放大系数增大了，因此，其抗干扰能力比同等条件下的单回路控制系统强。这一点比较容易理解，因为与单回路系统相比串级控制系统多了一个副回路，只要扰动从副回路引入，副回路立刻进行调节，这样该扰动对主参数的影响就会大大减小，从而提高了主参数的控制质量，所以说串级控制系统具有较强的扰动能力。

四、具有一定的自适应能力

在单回路控制系统中，控制器的参数是在一定的负荷即一定的工作点下，按一定的质量指标要求而整定得到的，也就是说，一定的控制器参数只能适应于一定的负荷。如果对象具有非线性，随着负荷的变化，工作点就会移动，对象特性就会发生改变。原先基于一定负荷整定的那套控制器参数就不再能适应了，需要重新调整控制器参数以适应新的工作点，否则，控制质量会随之下降。

但是，在串级控制系统中，主回路虽然是一个定值控制系统，而副回路却是一个随动系统，它的设定值是随主控制器的输出而变化的。这样，主控制器就可以按照操作条件和负荷变化相应地调整副控制器的设定值，从而保证在负荷和操作条件发生变化的情况下，控制系统仍然具有较好的控制质量。

从另一方面看，由式（9-2-3）可知，等效副对象放大系数为 $K_{o2}' = K_{c2}K_vK_{o2}/(1 + K_{c2}K_vK_{o2}K_{m2})$，虽然当负荷变动时，也会引起对象特性 K_{o2} 的变化，但是，在一般条件下有 $K_{c2}K_vK_{o2}K_{m2} \gg 1$，因此，$K_{c2}$ 的变化对等效对象的放大系数 K_{o2}' 来说，影响却是很小的。所以串级控制系统的副回路能自动地克服对象非线性的影响，可见串级控制系统对负荷变化具有一定的自适应能力。

第三节　串级控制系统设计

合理地设计串级控制系统，才能使它的优越性得到充分发挥。一般来说，一个结构合理的串级控制系统，当干扰从副回路进入时，其最大偏差将是单回路控制系统的 1/100 ～ 1/10，当干扰从主对象进入时，串级系统仍比单回路系统优越，最大偏差仍能缩小到 1/5 ～ 1/3。因此，必须十分重视串级控制系统的设计工作。设计工作主要包括主、副回路的选择，主、副控制器控制规律的选择及其设计。

一、主回路的选择

主回路的选择就是确定主变量。一般情况下，主变量的选择原则与单回路控制系统被控量的选择原则是一致的，即凡能够直接或间接地反映生产过程质量或者安全性能的参数都可被选为主变量。由于串级控制系统副环的超前作用，使得工艺过程比较稳定，因此，在一定程度上允许主变量有一定的滞后，这就为直接以质量指标为主变量提供了一定的方便。具体的选择原则主要有：用质量指标作为被控量最直接也最有效，在条件许可时可选它作为主变量；当不能选用质量指标作主变量时，应选择一个与产品质量有单值对应关系的参数作为主变量；所选的主变量必须具有足够的灵敏度；应考虑到工艺过程的合理性和实现的可能性。

二、副回路的选择

副回路的选择即确定副变量。由于串级控制系统的种种特点主要来源于它的副环,因此副环的设计好坏决定串级控制系统设计的成败。在主变量确定之后,副变量的选择可以从以下几个方面进行考虑。

1. 从抗干扰方面考虑

从抗干扰角度考虑,副回路的选择应遵循以下一些原则。

(1) 副回路应包括尽可能多的主要扰动　前面分析已指出,串级控制系统的副回路具有动作速度快、抗干扰能力强的特点,要想使这些特点得以充分发挥,在设计串级控制系统时,应尽可能地把各种干扰纳入副回路,特别是把那些变化最剧烈、幅值最大、最频繁的主要干扰包括在副回路之内,由副回路把它们克服到最低程度,那么对主变量的影响就很小了,从而可提高控制质量,否则采用串级控制系统的意义就不大。为此,在设计串级控制系统时,研究系统的干扰来源是十分重要的。

例如上述温度控制系统,如果燃料油的阀前压力波动是主要扰动,当加热物料的流量和入口温度(负荷侧扰动)相对比较稳定时,采用燃料油流量——原料出口温度的串级控制比较合适,这时主要扰动就包含在副回路中,而副回路的控制通道又很短。

这里必须指出:副回路应尽可能多地包括一些干扰,并非越多越好。因为事物总是一分为二的,包括的干扰多,能减小干扰对主变量的影响,这是有利的一面。但包括的干扰太多,势必使副变量的位置越靠近主变量,使副回路克服干扰的灵敏度反而下降。在极端情况下,副回路包括了全部干扰,主回路也就没有存在的必要,而和单回路控制系统基本一样了。因此,在选择副回路时,究竟要把哪些干扰包括进去,应对具体情况作具体分析。

(2) 主、副回路的时间常数应匹配　从副回路响应越快对二次扰动抑制效果越好考虑,要求副回路的时间常数要小,另一方面控制通道要短。虽然这两方面是矛盾的,前者要求副回路包含的环节要少一些以缩短空盒子通道,实际选用时需要具体情况具体分析。

例如温度控制系统,如果负荷侧扰动是主要的,则这种方案就不适合了。这时由于原料的流量和入口温度加在系统的最后一个环节上,副回路不能把原料这个环节也包含进去,那样副回路与主回路就没有什么区别了,从串级对一次扰动的抑制作用也有提高的分析出发,可以让副变量尽量贴近一次扰动的作用。这时选炉膛温度作为副被控量较为合适,应当指出,这样做对负荷侧扰动的抑制能力比燃料油流量作为副被控量有很大提高,但毕竟主要扰动也不在副回路中,以致有时还可能不满足工艺要求,这可以采用原料和入口温度的前馈补偿,构成串级加前馈的方式效果更好。关于前馈将在后面的章节中加以讨论。

2. 从防止副回路产生共振考虑

在串级系统中,副回路的给定是主控制器的输出,如果主回路的工作效率接近副回路的谐振频率,则副回路将呈现出很高的增益和很大的相位滞后,这时反过来将严重影响主回路的稳定性,促使主回路振荡从而引起主副回路之间互相促进的振荡现象,这就是共振,也称为"哮喘"。

为了避免共振出现,假设副回路可以用一个二阶系统来表示,即

$$G_2(s) = \frac{\omega_{02}^2}{s^2 + 2\zeta_2\omega_{02}s + \omega_{01}^2} \qquad (9\text{-}3\text{-}1)$$

式中，ζ_2 是该二阶系统的阻尼比，ω_{02} 是固有角频率，由自动控制原理可知，其谐振峰值为

$$M_{r2} = \frac{1}{2\zeta_2 \sqrt{1 - \zeta_2^2}} \tag{9-3-2}$$

其谐振频率为

$$\omega_{r2} = \omega_{02} \sqrt{1 - 2\zeta_2^2} \tag{9-3-3}$$

另一方面，在用例如 4:1 衰减法的工程整定法时，其中 $\zeta = 0.216$，则工作频率 $\omega_2 = \omega_{02} \sqrt{1 - \zeta^2}$ 几乎与 ω_{r2} 是相等的。

为了避免谐振，主回路的工作频率至少应是副回路工作频率的 1/3，由于副回路的响应高于主回路，所以主回路的工作频率总是低于副回路，即 $\omega_2 > 3\omega_1$。

一般工程上常取 $\omega_2 = （3 \sim 10）\omega_1$。由于在 ζ 一定时，工作频率和二阶系统的时间常数成反比，所以

$$T_2 = （3 \sim 10） T_1 \tag{9-3-4}$$

其中，T_2 和 T_1 是主副回路的等效时间常数。

因此从防止共振的角度出发，主、副回路的时间常数应保持合理的比例关系。

副回路选择的其他考虑因素是从改善系统的动态性能和提高系统的工作频率出发，副回路包含的时间常数稍大一些效果更好，若希望系统对于非线性的影响有一定的适应能力，则应把相关的非线性包含在副回路中。

三、主、副调节器控制规律的选择

在串级控制系统中，主、副控制器所起的作用是不同的，主控制器起定值控制作用，副控制器起随动控制作用，这是选择控制规律的基本出发点。

主参数是工艺操作的主要指标，允许波动的范围很小，一般要求无余差，因此，主调节器应选 PI 或 PID 控制规律。副参数设置时为了保证主参数的控制质量，可以允许在一定范围内变化，允许有余差，因此副控制器只要 P 控制器就可以了，一般不引入积分控制规律。因为副参数允许有余差，而且副控制器的放大系数较大，控制作用强，余差小，若采用积分规律，会延长空盒子过程，减弱副回路的快速作用。一般也不引入微分控制规律，因为副回路本身起着快速作用，再引入微分规律会使调节阀动作过大，对控制不利。

四、主、副控制器的设计

同单回路控制系统一样，控制器的选择包括控制作用的选择和正、反作用方式的选择两个部分的内容。

1. 控制作用的选择

在串级控制系统中，由于生产工艺对主、副变量的控制要求不同，因而主、副控制器的控制作用也就不同。有下列四种情况：

1）主变量是生产工艺的重要指标，控制质量要求高，超出规定范围就要出次品或事故。副变量的引入主要是通过闭合的副回路来提高和保证主变量的控制精度。这是串级控制系统的基本类型。

因生产工艺对主变量的控制质量要求高，因而主控制器宜选 PI 控制作用。有时为了克

服对象的容量滞后，进一步提高主变量的控制质量，则应加进微分作用，即选 PID 控制作用。对于副控制器，因对副变量的控制质量要求不高，一般选 P 作用就行了。此时引进积分作用反而减弱了副回路的快速性。但这不是绝对的，当对象的时间常数较小、比例度又放得较大时，为了加强控制作用，也可适当引入积分作用。

2）生产工艺对主变量的控制质量要求比较高，对副变量的要求也不低。这时为使主变量在外界干扰作用下不致产生余差，主控制器需选择 PI 作用；同时，为了克服进入副环干扰的影响，保证副变量也达到一定的控制质量要求，副控制也应选 PI 作用。需要指出，因副控制器的设定值是由主控制器输出提供的，假如主控制器输出变化太剧烈，即使副控制器具有积分作用，副变量也不能稳定在工艺的数值上。因此，在参数整定时应考虑到这一点。

3）对主变量的控制质量要求不高，甚至允许它在一定范围内波动，但要求副变量能快速地、准确地跟随主控制器的输出而变化。显然此时主控制器应选 P 作用，而副控制器应选择 PI 作用。

4）对主变量的控制要求不十分严格，对副变量的控制质量要求也不高，采用串级控制的目的仅在于互相兼顾，例如串级均匀系统。此时，主、副控制器均可采用 P 作用。有时为了防止主变量在同向干扰作用下偏离设点值太远，主控制器也可适当引进积分作用。

总之，对主、副控制器控制作用的选择，应根据生产工艺的要求，通过具体分析而妥善地选择。

2. 正、反作用方式的选择

在单回路控制系统中已指出，控制器正、反作用方式的选择原则是使整个控制系统构成负反馈系统，并且给出了"乘积为负"的判别式。这一判别式同样适用于串级控制系统副控制器正、反作用方式的选择。对于串级控制系统主控制器正、反作用的选择，其判别式为

$$（主控制器 ±）·（副对象 ±）·（主对象 ±）=（-）$$

因此，当主、副变量同向变化时，主控制器应选反作用方式，反向变化则应选正作用方式。

第四节　串级控制系统的参数整定

串级控制系统有主环和副环两个回路，也就有主、副两个控制器，其中任一控制器的任一参数值发生变化，对整个串级系统都有影响。因此，串级控制系统控制器的参数整定比单回路控制系统要复杂一些。但整定的实质却是相同的，这就是通过改变控制器的参数，来改善控制系统的静、动态特性，以得到最佳的控制过程。

串级控制系统从主回路来看，是一个定值控制系统，因而其控制质量指标和单回路定值控制系统是一样的。从副回路来看，它是一个随动系统，一般来讲，对它的控制质量要求不高，只要能准确、快速地跟随主控制器的输出而变化就行了。两个控制回路完成任务的侧重点不同，对控制质量要求也就往往不同，因此必须根据各自完成的任务和质量要求去确定主、副控制器的参数。串级控制系统控制器参数整定的方法，常用的有逐步逼近法、两步整定法和一步整定法三种。下面对这三种方法的步骤、特点及使用中应该注意的问题作一介绍。

一、逐步逼近法

所谓逐步逼近法，就是先在主环断开的情况下，求其副控制器的整定参数，然后将副控制器参数放在所求得的数值上，再使主回路闭合起来求取主控制器的整定参数。之后，将主控制器参数放在所求的参数值上，再行整定，求出第二次副控制器的整定参数。比较两次整定的参数及控制质量，如果满意了，整定工作就此结束。如不满意，再依此法求取第二次主控制器的整定参数值。如此循环下去，直至求得合适的整定参数值。显然，每循环一次，其整定参数就与最佳参数接近一步，故称为逐步逼近法。

整定步骤可归纳为：

1）主环断开，把副环看成一个单回路控制系统，按单回路控制系统参数整定的方法求取副控制器的整定参数 $[W_{c2}]^1$。

2）副控制器的参数置于 $[W_{c2}]^1$ 数值上，将主环闭合，而把副环视为一个等效对象，这样串级系统又成为一个单回路控制系统，于是同样按单回路控制系统参数整定方法，求取主控制器的整定参数 $[W_{c1}]^1$。

3）系统处于串级运行状态，主控制器参数置于 $[W_{c1}]^1$，再求取副控制器的整定参数 $[W_{c2}]^2$，至此已完成一次逼近循环。如控制质量已达到要求，整定工作就此结束。主、副控制器的整定参数分别取 $[W_{c1}]^1$ 及 $[W_{c2}]^2$。

4）如果控制质量经一次循环还不能满足要求，则需要继续整定下去。将副控制器参数置于 $[W_{c2}]^2$，再求取主控制器的整定参数 $[W_{c1}]^2$。

依此循环进行，逐步提高，直至控制质量满足要求。这种方法虽可行，但往往费时较多，特别是副控制器采用 PI 作用时。

二、两步整定法

所谓两步整定法，就是根据串级控制系统分为主、副两个闭合回路的实际情况，分两步进行。第一步整定副控制器参数；第二步，把已整定好的副控制器视为串级控制系统的一个环节，对主控制器参数进行整定。

两步整定法依据于下述两个实际情况：其一，一个设计正确的串级控制系统，主、副对象的时间常数应适当匹配，一般要求 $T_{o1}/T_{o2} = 3 \sim 10$。这样，主、副回路的工作频率和操作周期就大不相同，主回路的工作周期远大于副回路的工作周期，从而使主、副回路间的动态联系很小，甚至可以忽略。因此，当副控制器参数整定好之后，可视它为主回路的一个环节，按单回路系统的方法整定主控制器参数，而不再考虑主控制器参数变化会反过来对副环的影响。其二，一般工业生产中，对主变量的控制要求很高、很严，而对副变量的控制要求较低。在多数情况下，副变量设置的目的是为进一步提高主变量的控制质量。因此，当副控制器参数整定好之后，再整定主控制器参数时，虽然会影响副变量的控制质量，但是，只要主变量通过主控制器的参数整定保证了控制质量，副变量的质量牺牲一点也是允许的。

两步法的整定步骤是：

1）在工艺生产稳定，系统处于串级运行，主、副控制器均为比例作用条件下，先将主控制器的比例度固定在 100% 刻度上，然后逐渐降低副控制器的比例度，求取副回路在满足某种递减比（例如 4:1）下的副控制器比例度 δ_{2s} 和操作周期 T_{2s}。

2）在副控制器比例度等于 δ_{2s} 的条件下，逐步降低主控制器的比例度，求取同样的递减比过程中主控制器的比例度 δ_{1s} 和操作周期 T_{1s}。

3）按已求得的 δ_{1s}、T_{1s}、δ_{2s}、T_{2s} 值，结合控制器的选型，按单回路控制系统衰减曲线法整定参数的经验公式，计算主、副控制器的整定参数值。

4）按照先副后主、先 P 次 I 后 D 顺序，将计算出的参数值设置到控制器上，做一些扰动试验，观察过渡过程曲线，适当调整，直至过渡过程质量最佳。

和逐步逼近法相比，显然此法简便得多，并且在对主、副变量控制质量要求不同的情况下，用此法整定的参数，其结果比较准确，因而获得了广泛的应用。

应用举例：

某化肥厂硝酸生产过程中有一套氧化炉温度与氨气流量串级控制系统，炉温为主变量，对它的要求较高，最大偏差不得超过 ±5℃。对副变量氨流量要求不高，允许在一定范围内变化。其整定过程如下：

1）在串级运行条件下，将炉温控制器的比例度放在 100% 刻度上，$T_1 = \infty$；氨流量控制器的 $T_1 = \infty$，并将比例度由大至小逐步调整，使得副变量呈现 4:1 的振荡过程，此时副控制器的比例度 $\delta_{2s} = 32\%$，操作周期 $T_{2s} = 15s$。

2）将氨流量控制器的比例度置于 32% 刻度上，$T_1 = \infty$，将主控制器的比例度由 100% 往小的方向逐步调整，得到主变量呈现 4:1 振荡过程的参数 $\delta_{1s} = 50\%$，$T_{1s} = 7\min$。

3）按 4:1 衰减曲线法控制器整定参数的经验计算公式，计算主、副控制器的整定参数。

主控制器：

$$\delta_1 = \delta_{1s} \times 1.2 = 60\%$$
$$T_1 = T_{1s} \times 0.5 = 3.5\min$$

副控制器：

$$\delta_2 = \delta_{2s} = 32\%$$

将上述计算出的参数，按规定的次序分别置于主、副控制器上，使串级控制系统在该参数下运行。经实际运行表明，主变量（氧化炉温度）稳定，完全满足生产工艺的要求。

三、一步整定法

两步整定法虽然适应性强，但由于分两步整定，要寻求两个 4:1 衰减过程，因而仍比较费时。通过实践，对两步法进行了简化，从而得出了一步整定法。显然此法的整定准确性略低于两步整定法，但由于方法更简单，因而获得了广泛应用。所谓一步整定法，就是根据经验先确定副控制器的整定参数，将其放好，然后按单回路控制系统控制器的整定方法，整定主控制器的参数。

一步法是在调试实际经验基础上总结出来的一种方法，它的思想是先按一般经验，调整副控制器的比例带。这种方法的依据是，在串级控制系统中，通常主变量是工艺过程的主要操作指标，直接关系到产品的质量，因而对控制精度要求较高；而选择副变量主要是为了提高主变量的控制质量，对副变量没有很高的控制精度要求，允许其在一定范围内变化，因此，系统整定的主要目标是主变量，只要主变量达到规定的质量指标要求即可。

对于具体类型的串级控制系统来说，如温度、压力、流量、液位等串级控制系统，在一定范围内，主、副控制器的增益是可以相互匹配的，只要主、副控制器的增益，即 K_{c1} 和 K_{c2} 的乘积等于 K_s（主变量出现 4:1 衰减振荡时控制器的增益为 K_s），系统就能产生 4:1 的衰减过程。

常见对象的经验比例带见表 9-4-1，然后在副回路已经闭合的条件下按单回路控制器参数整定方法整定主控制器。

表 9-4-1　常见对象的副控制器比例带的经验值

副变量	放大系数 K_{c2}	比例带 δ_2	副变量	放大系数 K_{c2}	比例带 δ_2
温度	5 ~ 1.7	20% ~ 60%	流量	2.5 ~ 1.25	40% ~ 80%
压力	3 ~ 1.4	30% ~ 70%	液位	5 ~ 1.25	20% ~ 80%

第五节　串级控制系统的工业应用

一、用于克服被控过程较大的容量滞后

在过程控制系统中，被控过程的容量滞后较大，特别是一些被控量是温度等参数时，控制要求较高，如果采用单回路控制系统往往不能满足生产工艺的要求。利用串级控制系统存在二次回路而改善过程动态特性，提高系统工作频率，合理构造二次回路，减小容量滞后对过程的影响，加快响应速度。在构造二次回路时，应该选择一个滞后较小的副回路，保证快速动作。

例如图 9-1-1 所示的某加热炉，主过程的时间常数为 15min，扰动因素多，为提高控制质量，选择时间常数和滞后较小的炉膛温度作为副被控量、物料出口温度为主被控量的串级控制系统可以有效地提高控制质量。

二、用于克服被控过程的纯滞后

被控过程中存在纯滞后会严重影响控制系统的动态特性，使控制系统不能满足生产工艺的要求。使用串级控制系统，在距离调节阀较近、纯滞后较小的位置构成副回路，把主要扰动包含在副回路中，提高副回路对系统的控制能力，可以减小纯滞后对主被控量的影响，改善控制系统的控制质量。

例 9-5-1　网前箱温度串级控制。

网前箱温度控制系统是造纸业常用的温度过程控制系统，如图 9-5-1 所示。当纸浆从储槽送至混合器，在混合器中加热到 72℃ 左右后，经过立筛、圆筛过滤除去杂质后送到网前箱，再去铜网脱水。从纸张的质量考虑，网前箱的温度要保持在 61℃ 左右，偏差不能超过 ±1℃。

某造纸厂的网前箱温度控制系统当采用单回路控制系统时，由于从混合器到网前箱的滞后纯时间为 90s，当纸浆流量为 35kg/min 时，温度最大偏差为 8.5℃，过渡过程时间为 450s，控制质量很差，不能满足生产工艺要求。

采用温度串级控制系统。在距调节阀较近处选择混合器温度作为副被控参数，网前箱出口温度为主被控参数构成温度串级控制系统，这样就把纸浆流量波动（扰动）包括在副回

路中，当流量出现波动时，实验表明，温度的最大偏差不超过 1℃，过渡过程时间为 200s，满足工艺要求。

例 9-5-2　沸腾焙烧炉炉温串级控制。

如图 9-5-2 所示系统，冶金生产过程中现场使用的锌精矿由圆盘给料机送至传送带，经加料传送带将料送入炉内。锌精矿经燃烧后送至炉壁进行流态化焙烧，焙砂由排料口排出，加料量的改变通过执行器来实现。整个生产过程是连续进行的。

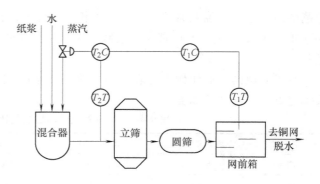

图 9-5-1　网前箱温度控制系统示意图

影响沸腾炉正常生产的因素较多，其中以焙烧温度对焙砂质量和产量的影响较大。在实际操作中，常令鼓风量、鼓风压、排烟量、循环冷却水以及精矿成分等为定值，以稳定或调整加料量来控制焙烧温度。根据生产工艺要求，焙烧温度应保持（870±10）℃。由于大型沸腾炉从圆盘给料机到沸腾炉的纯滞后时间和时间常数都较大，当采用单回路控制系统时，温度

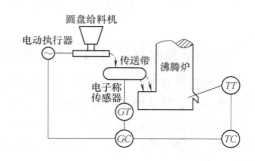

图 9-5-2　沸腾炉温度串级控制

波动较大，而且保持时间长，不能满足工艺要求。为此，以加料量为副参数和沸腾炉排料口温度为主参数构成串级控制系统。当圆盘给料机下料的变化为主要扰动时，利用串级副回路快速作用的特点迅速调整圆盘给料机的转速，以改变下料量，使扰动在影响排料口温度之前，已基本被抑制，剩余的再由主回路来进行调节。实践证明，这种串级控制系统的控制质量能够满足工艺的生产要求。

三、用于抑制变化剧烈幅度较大的扰动

串级控制系统的副回路对于回路内的扰动具有很强的抑制能力。只要在设计时把变化剧烈幅度大的扰动包含在副回路中，即可以大大削弱其对主被控量的影响。

例 9-5-3　某厂精馏塔塔釜温度的串级控制。

精馏塔是石油、化工生产过程的主要工艺设备。对于由多组分组成的混合物，利用其各自组分不同的挥发度，通过精馏操作，可以将其分离成较纯组分的产品。如图 9-5-3 所示的精馏塔温度串级控制系统。塔釜温度是保证混合物分离出产品成分的关键参数，因此要对塔釜温度进行控制。生产工艺要求塔釜温度控制在 ±1.5℃ 范围内。在生产过程中，蒸汽压力变化频繁，幅度较大，严重情况下变化可达 40%。如果采用单回路控制系统，塔釜温度最大偏差为 10℃，无法满足工艺要求。

若采用图 9-5-3 所示精馏塔温度串级控制系统，以蒸汽流量为副被控参数，塔釜温度为主被控参数，把扰动蒸汽流量包括在副回路中，利用副回路具有的强大抑制能力，大大减小了蒸汽压力变化对主被控参数塔釜温度的影响。实际系统中，塔釜温度的最大偏差在 1.5℃

以内，完全满足了生产工艺要求。

例 9-5-4　热风成分串级控制。

在炼铁生产过程中，需要给高炉输送热风。为了提高生产效率，除了要求热风具有一定的稳定性以外，还要求热风具有一定的温度；同时，为了使热风富氧化，还需按热风量的大小，介入一定比例的氧气。热风输送工艺系统比较简单。如图 9-5-4 所示，它由热风总管、

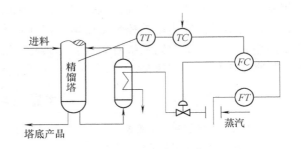

图 9-5-3　精馏塔温度串级控制系统示意图

水蒸气支管和氧气支管等组成。为了满足上述生产工艺要求，设计和应用了以水蒸气流量为副参数、热风温度为主参数的串级控制和以氧气流量为副参数、热风流量为主参数的串级控制两套系统。水蒸气流量的波动和氧气流量的变化这两个主要扰动分别包含在这两套串级控制的副回路之中，这充分发挥了串级控制系统抑制扰动能力强的特点，取得了较好的效果。

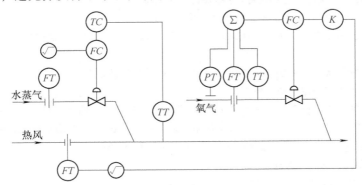

图 9-5-4　热风成分串级控制

四、用于克服被控过程的非线性

在过程控制中，一般的被控过程都存在着一定的非线性。这会导致当负载变化时整个系统的特性发生变化，影响控制系统的动态特性。单回路系统往往不能满足生产工艺的要求，由于串级控制系统的副回路是随动控制系统，具有一定的自适应性，在一定程度上可以补偿非线性对系统动态特性的影响。

图 9-5-5 所示为醋酸乙炔合成反应器示意图。在生产过程中，温度是保证合成气质量的重要参数，工艺对温度的要求较高。从示意图中可以看到，在系统中包含两个换热器和一个合成反应器，具有一定的非线性特性，这就导致了整个系统的特性在运行过程中会出现变化。如果以合成反应器温度为被控量，醋酸和乙炔混合气流量

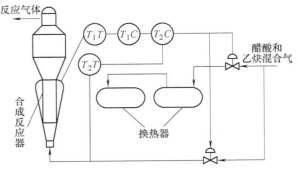

图 9-5-5　醋酸乙炔合成反应器示意图

为控制量，由于系统存在非线性，无法保证系统的控制指标。采用合成反应器温度为主被控量，换热器出口温度为副被控量组成串级控制系统，把随负荷变化引起的非线性过程包含在副回路中，由于串级控制系统对负荷变化具有一定的自适应性能力，减小了对被控制量的影响，提高了系统的控制质量。

思考题与习题

9-1　什么叫串级控制？串级控制系统是如何构成的？试举例说明它的工作过程。

9-2　试分析串级控制系统的基本组成。

9-3　与单回路系统相比，串级控制系统有哪些主要特点？

9-4　为什么说串级控制系统具有改善过程动态特性的特点？

9-5　为什么提高系统的工作频率也算是串级控制系统的一大特点？

9-6　与单回路相比，为什么说串级控制系统由于存在一个副回路，具有较强的抑制扰动的能力？

9-7　如何理解串级控制系统有一定的自适应能力？

9-8　设计串级控制系统时，应解决好哪些问题？

9-9　在串级控制系统中，副回路的选择应遵循哪些主要原则？

9-10　设计串级控制系统时，主、副回路时间常数常取 $T_2 = (3 \sim 10) T_1$。试问当 T_2、T_1 不满足此关系时会有何问题？

9-11　在串级控制系统的参数整定中，如何整定主、副控制器的参数？

9-12　串级控制系统的整定方法有哪些？

9-13　在设计某加热炉出口温度（主参数）与炉膛温度（副参数）的串级控制方案中，主控制器采用 PID 控制规律，副控制器采用 P 控制规律。为了使系统运行在最佳状态，采用两步整定主、副控制器参数，按 4∶1 衰减曲线法测得：$\delta_{1s} = 42\%$、$T_{1s} = 11\min$、$\delta_{2s} = 75\%$、$T_{1s} = 25s$。

试求主、副控制器的整定参数值。

试分析串级控制系统适用在哪些场合。

第十章 其他控制系统

第一节 比值控制系统

一、基本概念

在各种工业生产过程中，工艺上常要求两种或两种以上的物料流量保持一定比例关系，一旦比例失调就会影响生产的正常进行，甚至造成生产事故。

例如，在煤气锅炉燃烧的生产过程中，若空气输入量不足，煤气将得不到充分燃烧，一方面降低了燃烧效率，造成了能源的浪费和环境的污染；另一方面，不充分燃烧的煤气还会出现析碳现象，对锅炉的寿命和使用安全都有重要的影响；还有可能由于不充分燃烧，环境中的煤气大量积存造成事故隐患。若空气输入量过多，过剩的空气又会将大量的热量以废弃的方式排放掉造成热能的大量浪费。此时就需要对煤气与空气按一定的比例配比（最佳配比为 1:1.05）后输送到燃烧室。

因此，把两种或两种以上的物料量自动地保持一定比例的控制系统，就称为比值控制系统。

在需要保持比例关系的两种物料中，必定有一种物料处于主导地位，称此物料为主物料或主动量，用 Q_1 表示。而另一种物料按主物料进行配比，在控制过程中跟随主物料而变化，因此称为从物料或从动量，用 Q_2 表示。在比值控制系统中，物料参数几乎全是流量，因而常将主动量称为主流量，从动量称为副流量。工艺要求的主、副流量间的比值用 K 表示，

$$K = \frac{Q_2}{Q_1}$$

如上所述，在比值控制系统中，从动量是随主动量按一定比例变化的，因此，比值控制系统实际上是一种随动控制系统。

二、比值控制系统的类型

1. 开环比值控制系统

开环比值控制系统如图 10-1-1 所示，它是比值系统中最简单的控制方案。在稳定状态时，两物料的关系满足 $Q_2 = KQ_1$ 的要求。当主物料 Q_1 在某一时刻由于干扰作用而发生变化时，比值器（比例控制器）按 Q_1 对设定值的偏差而动作，按比例发出信号去改变控制阀的开度，使从物料 Q_2 重新与变化后的 Q_1 保持原有比例关系。显然，主物料 Q_1 仅提供测量变送信号给控制器，本身并没有形成反馈回路；从流量 Q_2 则没有测量输入信号，只有控制信号，因此整个系统是开环的。

开环比值控制系统虽然结构简单，所用仪表少，仅需一台比例控制器就可实现。但是，只有当 Q_1 变化时才起作用。假若 Q_1 不变，而 Q_2 因管线两端压力波动而引起变化时，由于系统不起控制作用，控制阀位置不会变，必然破坏 Q_1、Q_2 间的比值关系。因此，只有当副

流量没有干扰的情况下这种方案才适用，然而副流量的干扰常常是不可避免的。因此，这种开环比值控制方案实际上很少应用。

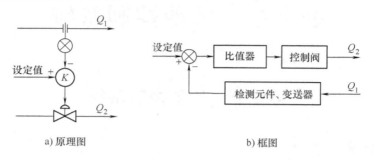

a) 原理图　　　　　　　　　　　　b) 框图

图 10-1-1　开环比值控制系统

2. 单闭环比值控制系统

单闭环比值控制系统是为克服开环比值方案的不足而设计的，它是在开环比值控制系统的基础上，增加了一个副流量控制回路而构成的，如图 10-1-2 所示。

在稳定状态下，主、副流量满足工艺要求的比值，即 $Q_2/Q_1 = K$ 为一常数。当主流量变化时，其流量信号经变送器送到比值器，比值器则按预先设置好的比值使输出成比例地变化，也就是成比例地改变副流量控制器 Q_c 的设定值，从而使 Q_2 跟随 Q_1 变化，使得在新稳定状态下，$Q_2'/Q_1' = K$ 保持不变。当副流量 Q_2 由于干扰作用发生变化时，这时因主流量 Q_1 不变，经过检测元件、变送器，由比值器送到控制器的设定值不变，因此，对于副流量的干扰，闭合回路相当于一个定值控制系统予以克服，使工艺要求的两流量比值仍不变。

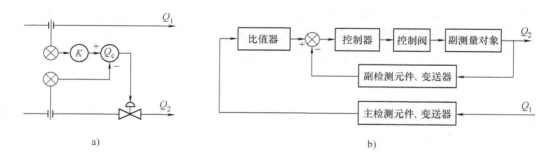

a)　　　　　　　　　　　　　　　b)

图 10-1-2　单闭环比值控制系统

如果比值计算器采用比例控制器，并把它视为主控制器，由于它的输出作为流量控制器的设定值，两控制器是串联工作的。因此，单闭环比值控制系统在连接方式上和串级控制系统相同，但从系统总体结构看和串级控制系统不是完全一样的。它只有一个闭合回路，该回路对 Q_1 是一个随动系统，对 Q_2 的干扰是一个定值控制系统的作用。因此，它与串级控制系统的副环相同。

图 10-1-3 是单闭环比值控制系统的应用实例。丁烯洗涤塔的任务是用水除去丁烯馏分中所夹带的乙腈，为了保证洗涤质量，要求根据进料流量配以一定比例洗涤水量。

单闭环比值控制方案的优点是：它不但能实现副流量跟随主流量的变化而变化，而且能克服副流量本身干扰对比值的影响，从而实现主、副流量的精确比值；结构形式简单，实施起来比较方便。因此，这种比值控制方案已大量地得到应用。但是，该系统存在以下问题：

1）主流量可以因干扰作用或负荷的升降而任意变化即它是不受控制的，因此当它出现大幅度波动时，副流量在控制过程中相对于控制器的设定值会出现较大的偏差，主、副流量的比值就会较大地偏离工艺要求的流量比，即不能保证动态比值。因此，这种比值控制方案对于严格要求动态比值的场合是不合适的。

2）由于主流量是一个不定值，副流量随其变化而发生变化，所以系统处理的总物料量不固定，对生产过程的生产能力无法进行控制。因此对于负荷变化幅度大、物料又直接去化学反应器的场合是不适合的。因为负荷变化幅度

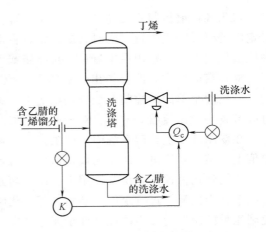

图 10-1-3　丁烯洗涤塔进料量与
洗涤水量的比值控制系统

大，使参加化学反应的物料总量变化大，有可能造成反应不完全或反应放出的热量不能及时被带走等，从而给反应带来一定的影响，甚至造成事故。

如上所述单闭环比值控制系统的适用场合：工艺上允许外部干扰引起的主流量变化，只有一种物料可控其他不可控；对负荷的总量要求没有限制；对动态比值准确度要求不是很高的定比值控制系统。单闭环比值控制系统的实施也比较方便，仅仅需要一个比值调节器或一个比例调节器即可实现。

3. 双闭环比值控制系统

双闭环比值控制系统是为了克服单闭环方案主流量不受控所造成的不足而设计的。它是在单闭环比值方案的基础上，增加了主流量控制回路而构成的，如图 10-1-4 所示。

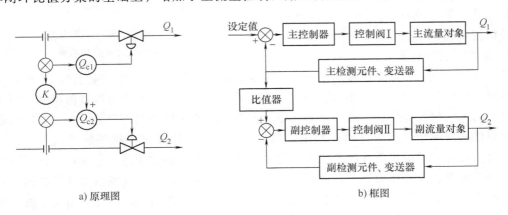

a) 原理图　　　　　　　　　　　　　b) 框图

图 10-1-4　双闭环比值控制系统

双闭环比值控制系统实际上由一个定值控制的主流量控制回路和一个由主流量通过比值器而设定的属于随动控制系统的副流量控制回路组成。正是由于主流量控制回路的存在，实现了对主流量的定值控制，大大克服了主流量干扰的影响，使主流量变得比较平稳。通过比值控制，副流量也将比较平稳。这样，系统总负荷将是稳定的，从而克服了上述单闭环比值控制系统的缺点。

　　双闭环比值控制系统的另一优点是升降负荷比较方便，只要缓慢地改变主流量控制器的设定值就可升降主流量。同时，副流量也自动跟踪升降并保持两者比值不变。因此，对于这种比值控制方案，常用在主流量干扰频繁或工艺上不允许负荷有较大波动，或工艺上经常需要升降负荷的场合。需要指出，双闭环比值控制系统的两个控制回路除去比值器则是独立的。若用两个单回路控制系统分别稳定主、副流量，也能保证它们间的比值，这样在投资上可以节省一台比值器。并且，对于两个单回路流量控制系统，在操作上要显得方便些。

　　在双闭环比值控制系统中，因主、副流量不仅要保持恒定比值，而且主流量要维持在设定值上，结果副流量控制器的设定值也是恒定的。因此，两个控制器均应选择 PI 控制作用。

　　双闭环比值控制系统在使用中应注意防止"共振"。因为主、副控制回路通过比值器互相联系，当主流量进行定值控制后，其变化幅值肯定大大减小，但变化的频率往往会加快，使副流量控制器的设定值经常处于变化之中。当它的频率与副流量回路的工作频率接近时，有可能引起共振，以致系统无法投入运行。因此，对主流量控制器进行参数整定时，应尽量保证其输出为非周期变化，从而防止产生共振。

　　图 10-1-5 为烷基化装置中的双闭环比值控制系统示意图。进入反应器的异丁烷-丁烯馏分要求按比例配以催化剂硫酸，同时又要求各自的流量比较稳定。在稳定状态下，异丁烷-丁烯馏分和硫酸以一定的比值定量地进入反应器。在某一时刻，进料量受干扰作用而变化，该变送器的输出一方面输入主控制器进行流量的定值控制，一方面经比值器后作为副控制器的设定值。经控制作用，两个物料量均重新回到设定值，并保持原比值不变。

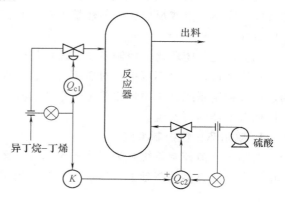

图 10-1-5　异丁烷—丁烯馏分与
硫酸的双闭环比值控制系统

4. 变比值控制系统

　　前面介绍的比值控制系统都属于定比值控制，因为它们的主、副物料之间的比值是确定的，控制的目的是要保持主、副物料的比值关系是恒值。但是，生产上维持两流量比恒定不是最终目的，它仅仅是保证产品产量和质量或安全生产的一种手段。而另一方面，定比值控制系统只能克服流量干扰对比值的影响。当系统中存在着除流量干扰外的其他干扰，如温度、成分、反应器中触媒活性的变化等干扰时，为了保证产品的质量，必须适当修正进料流量的比值，即重新设置比值系数。由于这些干扰往往是随机的，干扰幅值又各不相同，显然无法用人工方法去经常修正比值系数，定比值控制系统也无能为力。因此，出现了按一定工艺指标自行修正比值系数的变比值控制系统，图 10-1-6 为用除法器构成的变比值控制系统框图。

　　由图可见，变比值控制系统实际上是一个以某种质量指标 y（常被称为第三参数或主参数）为主变量而以两流量比为副变量的串级控制系统。因此，也常将变比值系统称为串级比值系统。

　　该系统在稳定状态下，主、副流量恒定，它们分别经检测、变送、开方运算后送入除法器相除，其输出表征了它们的比值，同时作为比值控制器的测量信号。这时，表征某产品质

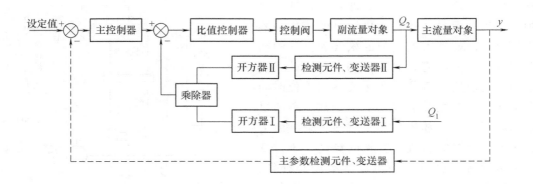

图 10-1-6 用除法器构成的变比值控制系统框图

量指标的主参数 y 也恒定。所以，主控制器输出信号稳定，且和比值信号相等，比值控制器输出稳定，控制阀处于某一开度，产品质量合格。

当出现影响产品质量的流量干扰时，通过比值控制回路及时克服，保证流量比值一定，从而大大减少了干扰对产品质量的影响。

当主、副物料的温度、压力变化时，对于气体流量来说，尽管比值控制能保证主、副流量的变送信号比值不变，但这是在新的温度或压力的比值，在没有进行温度或压力补偿时，它不能表示两流体原来的真实流量比，最终必影响到产品质量指标 y 偏离设定值，使主控制器输出变化，从而修正了比值控制器的设定值，即修正了比值，使系统在新的比值上重新稳定。

同样，当主、副物料成分发生变化时，虽然它们的流量比值不变，但因参加混合或反应的有效成分的比例变化了，这将直接影响产品质量，使 y 偏离设定值。通过主控制器修正比值，直到主、副流量的有效成分比例回到原来比例时，系统才稳定下来。

若主、副物料是去进行化学反应的，当反应器内由于触媒衰老等干扰引起产品质量指标 y 偏离设定值时，也需要对比值进行修正，变比值控制系统同样能自动地完成这一任务。

在变比值控制系统中，选取的第三参数 y 往往是衡量产品质量的最终指标，而流量比值只是参考指标和控制手段。因此，在选用这种方案时必须考虑第三参数 y 是否可以进行连续地测量，否则，系统方案将无法实施。

图 10-1-7 是串级比值控制系统的应用实例。

氧化炉是硝酸生产中的关键设备，其任务是将原料氨气和空气在混合器内混合，经过滤器加入氧化炉中，氨氧化生成一氧化氮气体，同时放出大量的热，其反应方程式为

$$4NH_3 + 5O_2 = 4NO + 6H_2O + Q$$

反应放出的热量可使炉内温度高达 $750 \sim 820 \ ℃$，反应后生成的一氧化氮气体通过废热锅炉进行热量回收，并经快速冷却器降温，再进入硝酸吸收塔，与空气第二次氧化后再与水作用生成稀硝酸。在整个生产过程中，稳定氧化炉的操作是保证优质高产、低耗、无事故的首要条件，而稳定氧化炉操作的关键是反应温度，因此氧化炉温度可以间接表征氧化生产的质量指标。

经测定，混合器中氨含量的变化是影响氧化炉温度的主要因素，当含量增加 1% 时，炉温将上升 $64.9 ℃$。若设计一套比值控制系统，保证进入混合器的氨气和空气的比值，就可

基本上控制反应放出的热量，即基本控制了氧
化炉的温度。但是，影响氧化炉温度变化的其
他干扰很多，如进入氧化炉的氨气和空气的初
始温度变化，意味着物料带入的能量变化，直
接影响炉内温度；负荷的变化关系到单位时间
里参加化学反应的物料量，负荷增加，参加反
应的物料量增加，放出的热量就多，炉温就上
升；送入混合器的氨气、空气的温度、压力变
化，会影响流量测量的精度，若不进行补偿，
则要影响它们的真实比值，也就会影响氧化炉
的温度；其他还有大气温度、压力变化，空气
中水蒸气的含量变化，触媒的活性变化等，均
对氧化炉温度有不同程度的影响。也就是说，
仅仅保证氨气和空气的比值，还不能最终保证

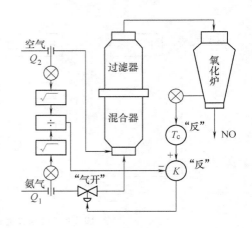

图 10-1-7　氧化炉温度与氨气/
空气串级比值控制系统

氧化炉温度恒定。因此，必须根据氧化炉温度的变化来适当修正氨气和空气的流量比，以维
持氧化炉温度不变。所以，这里设计了图 10-1-7 所示的以氧化炉温度为主变量、氨气和空
气流量比值为副变量的串级比值控制系统。

　　由图可见，当出现直接引起氨气/空气流量比值变化的干扰时，通过比值控制系统可以
得到及时克服，以保证炉温不变。对于其他干扰引起的炉温变化，则可通过温度控制器对氨
气/空气比值进行修正，以保证氧化炉温度恒定。

　　由于变比值控制系统具有串级控制系统的结构形式，有关主、副变量的选择和控制器的
选型等问题均可参照串级控制系统进行。

三、比值控制系统的设计

1. 主副物料的选择

　　在比值控制系统中，主副物料的选择影响系统的控制方向、产品质量、经济性及安全
性。主副物料的确定是比值系统设定的首要一步。在实际生产中，主副物料的选择主要遵循
以下原则：

　　1）在可测的两种物料中，如果一种物料流量是可控的，另一种物料流量是不可控的。
将不可控的物料作为主物料，可测又可控的物料作为副物料。

　　2）分析两种物料的供应情况，将有可能供应不足的物料作为主物料，供应充足的物料
作为副物料。

　　3）将生产负荷起关键作用的物料作为主物料。

　　4）一般选择流量较小的物料作为副物料，这样控制工程中调节阀的开度小，系统控制
灵敏。

　　5）从安全的角度出发，当某种物料供应不足会导致不安全时，应选择该物料为主物
料。

2. 比值控制系统的选用原则

　　比值系统常用的类型有单闭环、双闭环、变比值三种，可根据工艺过程控制要求进行选

择。

（1）单闭环比值控制系统　如果两种可测物料，一种物料的流量是可控的，另一种物料的流量是不可控的，可选用单闭环比值控制系统，此时不可控物料作为主物料，可控物料作为副物料。

如果主物料流量为可测可控，但是变化不大，受到的扰动较小或者扰动的影响不大，宜选用单闭环比值控制系统。

如果工艺对保持两种物料流量的比值要求很高，且主物料流量仍然是不可控的，则只能采用单闭环比值控制系统。

（2）双闭环比值控制系统　如果主物料流量可测也可控，并且变化较大，宜选用双闭环比值控制系统。

（3）变比值控制系统　当两种物料流量的比值与主被控变量（通常为过程质量指标）有内在关系。需要根据主物料流量的测量值和主被控变量的设定值调整主副物料流量的比值实现对主被控变量的设定值的跟踪控制或定值控制时，应当选用变比值控制系统，具体如下：

1）当比值要根据生产过程的需要，由另一个控制器进行调节时，应当选择变比值控制系统。

2）当主物料作为前馈信号，并影响串级控制系统的流量副回路时，应当采用变比值控制系统。

3）当质量偏离控制指标，需要改变物料的比值时，应当选用变比值控制系统。

3. 比值系数的折算

比值控制的实质是解决物料量之间的比例关系问题。工艺上要求的比值 K 是指两流体的重量或体积流量之比，而通常所用的单元组合仪表使用的是统一标准信号。电动单元组合仪表是 $0 \sim 10\text{mA}$ 或 $4 \sim 20\text{mA}$ 直流电流，气动仪表是 $0.02 \sim 0.1\text{MPa}$ 气压。显然，必须把工艺上的比值 K 折算成仪表上的比值系数 K'，才能进行比值设定。比值系数的折算方法随流量与测量信号间是否成线性关系而不同。

（1）流量与测量信号成线性关系时的折算　转子流量计、涡轮流量计、差压变送器经开方运算后的流量信号均与测量信号成线性关系。下面以 DDZ-Ⅲ 型仪表为例，说明比值系数的折算方法。

当流量由零变至最大值 $Q_{\max}$ 时，变送器对应的输出为 $4 \sim 20\text{mA}$ DC，则流量的任一中间值 Q 所对应的输出电流为

$$I = \frac{Q}{Q_{\max}} \times 16\text{mA} + 4\text{mA} \qquad (10\text{-}1\text{-}1)$$

则有

$$Q = (I - 4\text{mA}) Q_{\max}/16\text{mA} \qquad (10\text{-}1\text{-}2)$$

由式（10-1-2）可得符合工艺的流量比值为

$$K = \frac{Q_2}{Q_1} = \frac{(I_2 - 4\text{mA}) Q_{2\max}}{(I_1 - 4\text{mA}) Q_{1\max}} \qquad (10\text{-}1\text{-}3)$$

由此可折算成仪表的比值设定值 K' 为

$$K' = \frac{I_2 - 4\text{mA}}{I_1 - 4\text{mA}} = K \frac{Q_{1\max}}{Q_{2\max}} \qquad (10\text{-}1\text{-}4)$$

式中　　Q_{1max}、Q_{2max}——主、副流量变送器的最大量程。

（2）流量与测量信号成非线性关系时的折算　使用节流装置测量流量而未经开方处理时流量与压差的关系为

$$Q = C \sqrt{\Delta p} \tag{10-1-5}$$

式中　　C——节流装置的比例系数。

压差由零变到最大值 ΔP_{max} 时，变送器输出是 $0 \sim 10mA$ 或 $4 \sim 20mA$，或 $0.02 \sim 0.1MPa$，任一中间流量 Q 对应的输出信号分别为

DDZ-Ⅱ型仪表：

$$I = \frac{\Delta p}{\Delta p_{max}} \times 10mA = \frac{Q^2}{Q_{max}^2} \times 10mA \tag{10-1-6}$$

DDZ-Ⅲ型仪表：

$$I = \frac{Q^2}{Q_{max}^2} \times 16mA + 4mA \tag{10-1-7}$$

QDZ 型仪表：

$$p = \frac{Q^2}{Q_{max}^2} \times 0.08MPa + 0.2MPa \tag{10-1-8}$$

根据式（10-1-6）～式（10-1-8），可求出各种仪表的折算比值系数，它们均为

$$K' = K^2 \frac{Q_{1max}^2}{Q_{2max}^2} \tag{10-1-9}$$

由此可见，比值系数的折算方法与仪表的结构型号无关，只和测量的方法有关。

4. 比值控制的实施方案

为了获得两流量的比值关系，可用不同的仪表组合来实现，可分为两大类，既然要求 $Q_2 = KQ_1$，那么就可以对 Q_1 的测量值乘以某一系数，作为 Q_2 流量控制器的设定值，称为相乘方案。既然 $Q_2/Q_1 = K$，那么也可以将 Q_2 与 Q_1 的测量值相除，作为比值控制器的设定值，称为相除方案。

（1）相乘方案　采用相乘方案构成的单闭环比值控制系统如图 10-1-8 所示。图中 "×" 表示比值器，或配比器，或分流器，或乘法器。如果比值为常数，则上述四种仪表均可以应用。若比值为变量（在变比值控制系统中），则必须用乘法器，只需将比值设定信号换接成第三参数的测量值就行了。

（2）相除方案　用除法器组成的单闭环比值控制系统如图 10-1-9 所示。

由于除法器的输出直接代表两流量信号的比值，所以可直接对它进行比值指示和比值越限报警，这样比值就很直观，并且比值可直接由控制器进行设定，操作方便。因此，很受操作人员欢迎。若比值设定改作第三参数，就可实现变比值控制。

在用除法器作比值计算单元时，应该注意比值系数不能使用在 1 附近。因为若比值系数等于 1，则比值设定已经达到最大值，除法器输出也是最大值。如果此时出现某种干扰使 Q_1 下降或 Q_2 增加，因除法器输出已饱和，虽然 Q_2/Q_1 比值增加了，但输出却不变化，相当于系统的反馈信号不变，故比值只好任其增加。因此，对于主、副流量信号有可能出现相等或接近相等的场合，除法器输出将达最大值时，可在副流量回路中串入一个比值系数为 0.5 的比值器，以调整比值设定在量程的中间值附近，从而使控制留有余地。

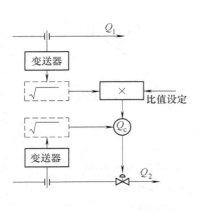

图 10-1-8　相乘方案

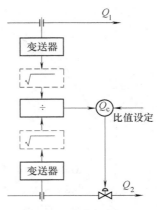

图 10-1-9　相除方案

5. 比值系统中非线性环节的影响

（1）测量环节的非线性影响　比值控制系统中的流量测量采用节流装置时，流量与差压之间的非线性关系会对比值控制系统有一些影响。

首先，对系统的动态特性有影响。为了便于说明，以信号范围为 0～10mA DC 的变送装置为例，即测量信号与流量之间的关系式为

$$I = \left(\frac{Q}{Q_{\max}} \right)^2 \times 10$$

整个测量变送环节的静态放大系数是

$$K = \frac{\partial I}{\partial Q} \Bigg|_{Q = Q_0} = \frac{10}{Q_{\max}^2} \times 2Q_0 \qquad\qquad (10\text{-}1\text{-}10)$$

式中　K——静态放大系数；

Q_0——Q 的静态工作点。

由式（10-1-10）可知，采用差压法测量流量时，整个测量变送环节的静态放大系数 K 正比于静态工作点的流量，即随着负荷的增加而增加。这样的一个环节引入控制系统后，将影响系统的动态质量。如果在负荷小时系统尚稳定，大负荷时，必将使系统的控制质量下降，甚至不稳定。

要解决这个矛盾，可以选用不同流量特性的控制阀来补偿，但根本的解决方法是在差压变送器的输入端加上开方器，使最终信号与流量之间成线性关系，至于在比值系统中是否要加开方器，需根据控制质量的要求及负荷的变化情况而定。当控制质量要求一般、负荷变化一般时，可不必加开方器。然而对控制质量要求较高、负荷变化较大时，则必须加开方器。

流量测量的非线性同时将影响比值系数的计算。当然对于测量变送中是否有非线性，可以采用不同的比值系数计算公式与之相对应。这里要指出的是，假若两个流量测量均采用节流式仪表，若两管道中的孔板及差压计的量程选择不适合，会出现图 10-1-10 所示的情况，此时一个近似线性，一个非线性，按式（10-1-4）或式（10-1-9）均无法计算出 K'，也可以说，用一个比值系数此时确保各点都成比例是不可能的。此时，只有采取加开方器的方法，开放后按式（10-1-4）的线性关系计算比值系数 K'。所以，对于用节流阀测量流量的比值系统，两流量要么具有相似的非线性，要么经开方都成为线性。

（2）除法器的非线性　在采用除法器组成的比值控制系统中，由于除法器本身是一个放

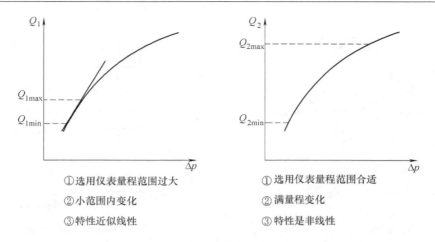

①选用仪表量程范围过大 　　　①选用仪表量程范围合适

②小范围内变化 　　　　　　　②满量程变化

③特性近似线性 　　　　　　　③特性是非线性

图 10-1-10　两种量程的选择

大系数随负荷变化的非线性环节，且除法器在闭环回路之内，这种非线性特性将对整个闭环控制系统产生影响。在图 10-1-11 所示的闭环控制系统中，除法器的输入变量是 I_1，输出变量是 $K' = I_2/I_1$，如果忽略除法器的惯性，则除法器的放大系数为

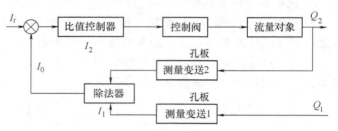

图 10-1-11　用除法器组成的单闭环比值控制系统

$$\frac{\mathrm{d}K'}{\mathrm{d}I_2} = \frac{1}{I_1} \qquad\qquad (10\text{-}1\text{-}11)$$

式中 I_1 是 F_1 的测量信号，即表征负荷的大小，由此可见，除法器的放大系数是随着负荷的减少而增大，这与采用差压法测量流量而又不经过开方运算时的情况正好相反。所以在一般情况下（过程的特性是基本线性的），比值系统由于除法器非线性的引入，在小负荷时，系统不易稳定，当然也有特殊情况，如过程的特性是非线性的（放大系数随负荷的增大而增大），此时采用除法器组成比值控制系统，除法器的非线性不仅对系统的控制质量无害，反而能起到过程非线性的补偿作用。在合成氨生产的 CO 变换炉中，曾有人采用除法器组成变换炉温度对水蒸气/煤气比值进行校正的变比值控制系统，就是利用除法器的非线性来补偿变换炉的非线性，收到了良好的效果。

除法器的非线性补偿可采用具有相反特性的对数控制阀，这种方法只可能得到部分的补偿，另一种方法是当主、副流量均为差压法测量时，主流量加开方器，而副流量不加开方器，利用副流量测量变送的非线性去补偿除法器的非线性。但此时，主、副流量测量信号一个是线性的，另一个是非线性的，造成比值系数 K' 随 Q_1 变化的现象，因此既要补偿除法器的非线性，又要保证 K' 不随 Q_1 而变，就必须设法使比值控制器的给定值也随 Q_1 而变化，这种补偿方法原理图如 10-1-12 所示。

6. 动态比值问题

随着生产的发展，对自动化的要求也越来越高。对比值控制系统而言，除要求静态比值恒定外，还要求动态比值一定，即要求它们在外界干扰作用下，从一个稳态过渡到另一个稳

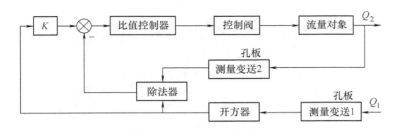

图 10-1-12 除法器非线性补偿原理图

定状态的整个变化过程中，主、副流量接近同步变化。例如，硝酸生产中的氨氧化过程，氨和空气之比具有一定的比例要求，当超过极限时就有发生爆炸的危险。因此，不仅要求稳态时物料量保持一定比值，而且还要求动态时比值也保持一定。但是，前面介绍的几种比值控制方案都不能保证这一动态比值要求。例如单闭环比值控制方案，当主流量发生变化时，需经检测、变送、比值计算后，控制器才有输出变化，并改变控制阀的开度以实现副流量的跟踪，保证其比值不变，显然这种控制是不及时的。由于这种时间上的差异，要保证主、副流量在控制过程中的每一瞬时比值都一定是不可能的。为了使主、副流量变化在时间和相位上同步，必须引入"动态补偿环节"$W_z(s)$，使得 $Q_2(s)/Q_1(s) = K$，便可实现动态比值恒定。

在单闭环比值方案中，设 $W_z(s)$ 串在比值器之后、副流量控制器之前，如图 10-1-13 所示。

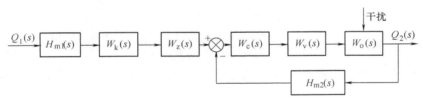

图 10-1-13 具有动态补偿环节的单闭环比值系统框图

设控制器选 PI 作用，控制阀、检测元件、变送器、对象均为一阶环节，其传递函数分别为

$$W_c(s) = K_c\left(1 + \frac{1}{T_I s}\right) = \frac{K_c}{T_I s}(T_I s + 1)$$

$$W_v(s) = \frac{K_v}{T_v s + 1}, \qquad H_{m1}(s) = \frac{K_{m1}}{T_{m1} s + 1}, \qquad H_{m2}(s) = \frac{K_{m2}}{T_{m2} s + 1}, \qquad W_o(s) = \frac{K_o}{T_o s + 1}$$

由图 10-1-13 可得该系统的传递函数为

$$\frac{Q_2(s)}{Q_1(s)} = \frac{H_{m1}(s) W_k(s) W_z(s) W_c(s) W_v(s) W_o(s)}{1 + W_c(s) W_v(s) W_o(s) H_{m2}(s)} = K \tag{10-1-12}$$

因为

$$W_k(s) = K' = K Q_{1\max}/Q_{2\max}$$

所以有

$$W_z(s) = \frac{1 + W_c(s) W_v(s) W_o(s) H_{m2}(s)}{H_{m1}(s) W_c(s) W_v(s) W_o(s)} \frac{Q_{2\max}}{Q_{1\max}} \tag{10-1-13}$$

把各环节的传递函数代入式(10-1-13)可得

$$W_z(s) = \frac{1 + \dfrac{K_c K_v K_o K_{m2}(T_1 s + 1)}{T_1 s(T_v s + 1)(T_o s + 1)(T_{m2} s + 1)}}{\dfrac{K_c K_v K_o K_{m1}(T_1 s + 1)}{T_1 s(T_v s + 1)(T_o s + 1)(T_{m1} s + 1)}} \frac{Q_{2max}}{Q_{1max}}$$

$$= \frac{\dfrac{T_1 s(T_v s + 1)(T_o s + 1)(T_{m2} + 1) + (T_1 s + 1)}{K_c K_v K_o K_{m2}}}{\dfrac{K_{m1}(T_1 s + 1)(T_{m2} + 1)}{K_{m2}(T_{m1} + 1)}} \frac{Q_{2max}}{Q_{1max}}$$

$$= \frac{A s^4 + B s^3 + C s^2 + D s + 1}{(T_1 s + 1)(T_{m2} s + 1)/(T_{m1} s + 1)} \left(\frac{K_{m2}}{K_{m1}} \frac{Q_{2max}}{Q_{1max}}\right) \qquad (10\text{-}1\text{-}14)$$

式中，因 K_{m1}、K_{m2} 分别为主、副流量测量变送环节的放大系数，而 Q_{1max}、Q_{2max} 分别是主、副流量仪表的最大量程，所以有

$$\frac{K_{m2}}{K_{m1}} \frac{Q_{2max}}{Q_{1max}} = 1 \qquad (10\text{-}1\text{-}15)$$

又因为

$$A s^4 + B s^3 + C s^2 + D s + C = (A_1 s^2 + B_1 s + C_1)(A_2 s^2 + B_2 s + C_2) \qquad (10\text{-}1\text{-}16)$$

而工艺上一般希望副流量尽快地跟踪主流量，副流量控制器在参数整定时，使过程曲线处于振荡与不振荡的边界。这样，式（10-1-16）又可表示成

$$A s^4 + B s^3 + C s^2 + D s + 1 = (T_4 s + 1)(T_3 s + 1)(T_2 s + 1)(T_1 s + 1) \qquad (10\text{-}1\text{-}17)$$

将式（10-1-15）和式（10-1-17）代入式（10-1-14）可得

$$W_z(s) = \frac{(T_4 s + 1)(T_3 s + 1)(T_2 s + 1)(T_1 s + 1)(T_{m1} s + 1)}{(T_1 s + 1)(T_{m2} s + 1)} \qquad (10\text{-}1\text{-}18)$$

这就是说，补偿环节的模型可以看成是由五个正微分单元和两个反微分单元串联组成的。

由于流量对象的时间常数较小，反应较快，因此可以把除控制器外的副流量广义对象近似为一阶环节，同时又将主、副流量的检测、变送单元特性视为相同。这样，式（10-1-13）可简化为

$$W_z(s) = \frac{1 + W_c(s) W_o'(s)}{W_c(s) W_o'(s)} \qquad (10\text{-}1\text{-}19)$$

式中　$W_o'(s)$——广义对象传递函数，$W_o'(s) = K_o'/(T_o' s + 1)$。

若副流量控制器选择 PI 作用，则有

$$W_z(s) = \frac{1 + \dfrac{K_c K_o'(T_1 s + 1)}{T_1 s(T_o' s + 1)}}{\dfrac{K_c K_o'(T_1 s + 1)}{T_1 s(T_o' s + 1)}}$$

$$= \frac{\dfrac{T_1 T_o'}{K_c K_o'} s^2 + \left(\dfrac{1}{K_c K_o'} + 1\right) T_1 s + 1}{T_1 s + 1}$$

$$= \frac{(T_1 s + 1)(T_2 s + 1)}{T_1 s + 1} \qquad (10\text{-}1\text{-}20)$$

这就是说，作近似处理后，补偿环节模型只需两个正微分单元和一个反微分单元串联便

可实现。如果在控制器参数整定时,把积分时间 T_1 凑得和式(10-1-20)分子中的其中一个时间常数(例如 T_2)差不多,则补偿环节的模型可进一步简化成

$$W_z(s) = T_1 s + 1 \tag{10-1-21}$$

即动态补偿环节只需要用一个正微分单元就行了。

以上讨论的是单闭环方案的情况,对于其他比值控制方案,同样可求得相应的动态补偿环节的模型,应该指出,保证动态比值一定的方法是多样的,采用动态补偿环节仅是其中之一。

四、比值控制系统的参数整定

比值控制系统在设计、安装好以后,首先要进行系统的投运。在投运之前必须对电/气管线、检测/变送单元、计算单元、控制器及控制阀等进行详细的检查和调整。同时根据比值计算数据设置好比例系数 K'。然后把测量主、副流量的仪表投入运行,待系统基本稳定后,实现手动遥控,并校正比值系数。当系统平稳后,就可进行手动/自动切换,使系统投入自动运行。此后便可进行控制器的参数整定工作。

在比值控制系统中,变比值控制系统因结构上是串级控制系统,因此,主控制器可按串级控制系统进行整定。双闭环比值控制系统的主流量回路可按单回路定值控制系统进行整定。这样,比值控制系统的整定问题就是讨论单闭环比值控制系统、双闭环的副流量回路、变比值系统中的变比值回路的整定方法。由于在比值控制系统中,副流量回路(或变比值回路)是一个随动控制系统,对它们的要求是:副流量能快速地、正确地跟随主流量变化,并且不宜有过调。因此,不能按定值控制系统4:1衰减过程要求进行整定,而应以达到振荡与不振荡的临界过程为"最佳"。

整定步骤可归述为:

1)根据工艺要求的两流量比值 K,进行比值系数 K' 计算。在现场整定时,根据计算的比值系数 K' 投运,在投运过程中可适当调整。

2)将积分时间置于最大,由大到小改变比例度,直到系统处于振荡与不振荡的临界过程为止。

3)如有积分作用,则在适当放宽比例度(一般为20%)的情况下,然后缓慢地把积分时间减小,直到出现振荡与不振荡的临界过程或微振荡过程为止。

第二节 前 馈 控 制

一、前馈控制的基本概念

前馈控制是在企业生产经营活动开始之前进行的控制,是一种开环控制。管理过程理论认为,只有当管理者能够对即将出现的偏差有所觉察并及时预先提出某些措施时,才能进行有效的控制,因此前馈控制具有重要的意义。前馈控制采用的普遍方式,是利用所能得到的最新信息,进行认真、反复的预测,把计划所要达到的目标同预测相比较,并采取措施修改计划,以使预测与计划目标相吻合。

前面讨论的几种控制系统都是按偏差大小进行控制的反馈控制系统。这类控制系统有一

个共同点是对象受到干扰作用后，必须在被控量出现偏差时，控制器才产生控制作用以补偿干扰对被控量的影响。由于被控对象总存在一定的纯滞后和容量滞后，因而，从干扰产生到被控量发生变化需要一定的时间；从偏差产生到控制器产生控制作用，以及操纵量改变到被控量发生变化又需要一定的时间。可见，这种反馈控制方案的本身决定了无法将干扰克服在被控量偏离设定值之前，从而限制了这类控制系统控制质量的进一步提高。

考虑到偏差产生的直接原因是干扰作用的结果，如果能直接按扰动而不是按偏差进行控制，也就是说，当干扰一出现，控制器就直接根据检测到的干扰大小和方向，按一定规律去进行控制。由于干扰发生后，被控量还未显示出变化之前，控制器就产生了控制作用，这在理论上就可以把偏差彻底消除。按照这种理论构成的控制系统就称为前馈控制系统，显然，前馈控制对于干扰的克服要比反馈控制系统及时得多。

前馈控制系统的工作原理可结合图 10-2-1 所示的换热器前馈控制系统作进一步说明，图中虚线部分表示反馈控制系统。

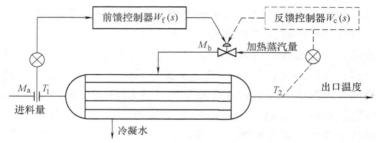

图 10-2-1　换热器前馈控制系统

假设换热器的进料量 M_a 的变化是影响被控量出口温度 T_2 的主要扰动，当采用前馈控制方法时，可以通过一个流量变送器测取进料量 M_a，并送到前馈控制器 $W_f(s)$。前馈控制器按照输入信号经过一定控制作用的运算去操纵控制阀，从而改变蒸汽量 M_b 来补偿进料量 M_a 对被控温度 T_2 的影响。例如，当 M_a 增大时将使出口温度 T_2 下降，而前馈控制器的校正作用在测得进料量 M_a 增大时，按一定的规律增大加热蒸汽量 M_b，只要蒸汽量改变的幅值和动态过程合适，就可以显著减小由于换热器进料量波动而引起的出口温度的波动。假如进料量 M_a 产生一个阶跃变化，在不加控制作用时出口温度 T_2 的阶跃响应如图 10-2-2 中的曲线 a。在前馈控制情况下，前馈控制器在得到进料量 M_a 的阶跃变化信号后，按照一定的动态过程去改变加热器蒸汽量 M_b，使这一校正作用引起 T_2 的变化恰好同进料量 M_a 对 T_2 的阶跃响应曲线的幅值相等，而符号相反，如图 10-2-2 中的曲线 b，这样便实现了对扰动 M_a 的完全补偿，从而使被控量 T_2 与扰动量 M_a 完全无关，成为一个被控量 T_2 对扰动量 M_a 绝对不灵敏的系统。

从上述前馈控制系统的工作原理可知，它与反馈控制系统的差别主要在于产生控制作用的依据不同。首先，前馈控制系统检测的信号是干扰，按干扰的大小和方向产生相应的控制作用。而反馈控制系统检测的信号是被控量，按照被控量与设定值的偏差大小和方向产生相应的控制作用。其次，控制的效果不同。前馈控制作用很及时，不必等到被控量出现偏差就产生了控制作用，因而在理论上可以实现对干扰的完全补偿，使被控量保持在设定值。而反馈控制是不及时的，必须在被控量出现偏差之后，控制器才对操纵量进行调节以克服干扰的影响，理论上不可能使被控量始终保持在设定值，它总要以被控量的偏差作为代价来补偿干扰的影响，亦即在整个控制系统中要做到无偏差，必须首先要有偏差。第三，实现的经济性和可能性不同。前馈控制必须对每一个干扰单独构成一个控制系统，才能克服所有干扰对控制量的影响，而反馈控制只用一个控制回路就可克服多个干扰。事实上，干扰因素众多，因而前者是不经济的，也是不完全可能的。第四，前馈控制是开环控制系统，不存在稳定性问题，而反馈控制系统是闭环控制，则必须考虑它的稳定性问题，而稳定性与控制精度是矛盾的，因而限制了控制精度的进一步提高。由此可见，两类控制方法各有优缺点，如能将它们结合起来，取长补短，其控制效果必然更好。

由上述分析可知，实现对干扰完全补偿的关键是确定前馈控制器的控制作用。显然，$W_f(s)$ 取决于对象控制通道和干扰通道的特性，应用不变性原理，可以方便地导出前馈控制器传递函数的一般表达式。例如图 10-2-1 所示的换热器前馈控制系统，其框图如图 10-2-3 所示，图中 $W_d(s)$ 为干扰通道的传递函数，$W_o(s)$ 为控制通道的传递函数。

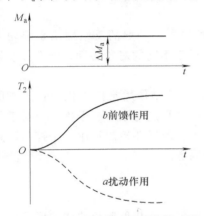

图 10-2-2　前馈控制系统的补偿过程

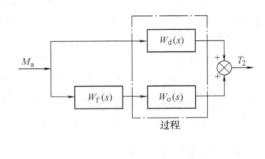

图 10-2-3　换热器前馈控制系统框图

由图 10-2-3 可知，系统在干扰 M_a 作用下的传递函数为

$$\frac{T_2(s)}{M_a(s)} = W_d(s) + W_f(s)W_o(s) \tag{10-2-1}$$

系统对干扰 M_a 实现完全补偿的条件是

$$M_a(s) \neq 0, \ \text{而} \ T_2(s) = 0 \tag{10-2-2}$$

将式（10-2-2）代入式（10-2-1），可得出前馈控制器的传递函数 $W_f(s)$ 为

$$W_f(s) = -\frac{W_d(s)}{W_o(s)} \tag{10-2-3}$$

由式（10-2-3）可知，理想前馈控制器的控制作用是干扰通道传递函数与控制通道传递函数之比。式中负号表示前馈控制作用的方向与干扰作用的方向相反。显然，要得到完全补偿，不确切知道通道的特性是不行的，并且对于不同的通道特性就有相应的前馈控制作用。

1）前馈控制是按照干扰作用的大小进行控制的，如果控制作用恰到好处，一般比反馈控制要及时。由于前馈是按干扰作用的大小进行控制的，而被控变量偏差产生的直接原因是干扰作用，因此当干扰一出现，前馈控制器就直接根据检测到的干扰，按一定规律去进行控制。这样，当干扰发生后，被控变量还未发生变化，前馈控制器就产生了控制作用，在理论上可以把偏差彻底消除。显然，前馈控制对于干扰的克服要比反馈控制要及时得多，这个特点也是前馈控制的一个主要特点，可把前馈控制与反馈控制作如下比较（见表10-2-1）：

表 10-2-1　　前馈控制与反馈控制的比较

控制类型	控制的依据	检测的信号	控制作用的发生时间
反馈控制	被控变量的偏差	被控变量	偏差出现后
前馈控制	干扰量的大小	干扰量	偏差出现前

2）前馈控制属于开环控制系统。反馈控制系统是一个闭环控制系统，而前馈控制是一个"开环"控制系统，前馈控制器按扰动的扰动量产生控制作用后，对被控变量的影响并不反馈回来影响控制系统的输入信号——扰动量。

前馈控制系统是一个开环控制系统，这一点从某种意义上来说是前馈控制的不足之处。反馈控制由于是闭环系统，控制结果能够通过反馈获得检验，而前馈控制的效果并不通过反馈加以检验，因此前馈控制对被控对象的特性掌握必须比反馈控制清楚，才能得到一个较合适的前馈控制作用。

3）前馈控制器使用的是视对象特性而定的专用控制器。一般的反馈控制系统均采用通用类型的 PID 控制器，而前馈控制器是专用控制器，对于不同的对象特性，前馈控制器的形式将是不同的。

4）一种前馈控制作用只能克服一种干扰。由于前馈控制作用是按干扰进行工作的，而且整个系统是开环的，因此根据一种干扰设置的前馈控制只能克服这一干扰，而对于其他干扰，由于这个前馈控制器无法感受到，也就无能为力了。而反馈控制只用一个控制回路就可克服多个干扰，所以这一点也是前馈控制系统的一个弱点。

二、前馈控制系统的结构形式

前馈控制系统按其结构形式而言，种类甚多，这里仅介绍几种典型的结构形式。

1. 静态前馈控制系统

前馈控制器的输出信号 m_f 是输入干扰信号 d 和时间 t 的函数，即输出与输入间的关系是一个随时间因子而变化的动态过程，可表示为

$$m_f = f(d, t) \tag{10-2-4}$$

所谓静态前馈，就是前馈控制器的输出 m_f 仅仅是输入 d 的函数，而与时间因子 t 无关。因此，相应的前馈控制作用可简化为

$$m_f = f(d) \tag{10-2-5}$$

在许多工业对象中，为了便于工程上的实施，又将式（10-2-5）的关系近似地表示为线性关系，前馈控制器就仅将其静态放大系数作为校正的依据，即

$$W_f(s) = -K_f = -\frac{K_d}{K_o} \tag{10-2-6}$$

式中　K_d、K_o——干扰通道和控制通道的放大系数。它可以用实验的方法测取；如果有条件列写对象有关参数的静态方程，K_f 便可通过计算确定。

例如，图 10-2-1 所示的换热器温度控制系统，当进入换热器的物料量 M_a 为主要干扰时，为了实现静态前馈补偿，可按热量平衡关系列写出静态前馈控制方程。假如忽略换热器的热损失，其热量平衡关系式为

$$M_b H_b = M_a C_p \ (T_2 - T_1) \tag{10-2-7}$$

式中　　T_1、T_2——被加热物料入、出口温度；

　　　　　C_p——被加热物料的定压比热容；

　　M_b、H_b——加热蒸汽量、蒸汽汽化潜热。

由式（10-2-7）可得静态前馈控制方程为

$$M_b = M_a \frac{C_p}{H_b} \ (T_2 - T_1) \tag{10-2-8}$$

或

$$T_2 = T_1 + \frac{M_b H_b}{M_a C_p} \tag{10-2-9}$$

假定物料入口温度不变，由式（10-2-9）可得

控制通道的放大系数为

$$K_o = \frac{dT_2}{dM_b} = \frac{H_b}{M_a C_p}$$

干扰通道的放大系数为

$$K_d = \frac{dT_2}{dM_a} = -\frac{M_b H_b}{C_p} M^{-2} = -\frac{M_b H_b}{C_p M_a} \frac{1}{M_a} = \frac{-\ (T_2 - T_1)}{M_a}$$

因此

$$-K_f = -\frac{K_d}{K_o} = \frac{C_p \ (T_2 - T_1)}{H_b} \tag{10-2-10}$$

这样，按式（10-2-8）可得如图10-2-4
所示的换热器静态前馈控制流程。

静态前馈是前馈控制中最简单的形式。
因为前馈控制作用中不包含时间因子，通
常不需要专用的控制装置，现有的单元组
合仪表便可满足使用要求。事实证明，在
不少场合下，特别是当 $W_d(s)$ 与 $W_o(s)$
滞后相差不大时，应用静态前馈控制方法
仍可获得较高的控制精度。

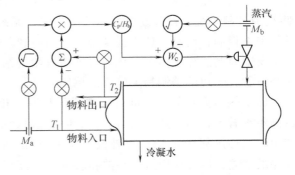

图10-2-4　按静态方程所得的
换热器静态前馈控制流程

2. 动态前馈控制系统

在静态前馈控制系统中，只能保证被

控量的静态偏差等于或接近于零，而不能保证在干扰作用下，控制过程的动态偏差等于或接
近于零。对于需要比较严格控制动态偏差的场合，用静态前馈控制就不能满足要求，因而应
采用动态前馈控制。通过选择合适的前馈控制作用，使干扰经过前馈控制器至被控量通道的
动态特性完全复制干扰通道的动态特性，并使它们的符号相反，便可达到控制作用完全补偿
干扰对被控量的影响，从而使系统不仅保证了静态偏差等于或接近于零，而且也保证了动态
偏差等于或接近于零。

动态前馈控制通常与静态前馈控制结合在一起使用，以进一步提高控制过程的动态品
质。例如，在图10-2-4的换热器静态前馈控制系统基础上，再考虑对进料量 M_a 进行动态补
偿，则相应的动态前馈控制系统如图10-2-5所示。

图中 S 为静态前馈（Static Feedforward，SF）与动态前馈（Dynamic Feedforward，DF）

的切换开关，应用不变性原理，同样可
求得动态前馈控制器的传递函数为

$$W_f(s) = -\frac{W_d(s)}{W_o(s)}$$

式中　　$W_d(s)$——进料量 M_a 对 T_2 的传
递函数；

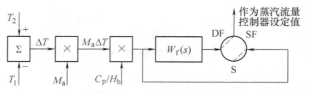

图 10-2-5　换热器动态前馈控制原理方案

　　　　$W_o(s)$——蒸汽量 M_b 对 T_2 的传递函数。

　　动态前馈控制方式虽然能显著地提高系统的控制质量，但系统的结构要复杂一些，需要
专用的控制装置，运行和参数整定过程也较复杂，因此，只有工艺对控制精度要求很高，而
反馈或静态前馈控制难以满足要求时，才考虑动态前馈方案。

3. 前馈-反馈控制系统

　　正如前面所指出的那样，前馈控制系统也是有局限性的，首先表现在前馈控制系统中不
存在对被控量的反馈，即对于补偿的结果没有检验的手段。因而，当前馈控制作用并没有最
后消除偏差时，系统无法得知这一信息而做进一步的校正。其次，由于实际工业对象存在着
多个干扰，为了补偿它们对被控量的影响，势必设计多个前馈通道，增加了投资费用和维护
工作量。此外，前馈控制模型的精度也受到多种因素的限制，对象特性要受负荷和工况等因
素的影响而产生漂移，必将导致 $W_d(s)$ 和 $W_o(s)$ 的变化，因此一个事先固定的前馈模型难以
获得良好的控制质量。为了克服这一局限性，可以将前馈控制与反馈控制结合起来，构成前
馈-反馈控制系统，或称复合控制系统。在该系统中，将那些反馈控制不易克服的主要干扰
进行前馈控制，而对其他干扰则进行反馈控制。这样，既发挥了前馈校正及时的优点，又保
持了反馈控制能克服多个干扰并对被控量始终给予检验的长处。因此，在过程控制系统中，
它是一种较理想的控制精度较高的控制方法。

　　以换热器为对象，当负荷是主要干扰时，相应的前馈-反馈控制系统如图 10-2-6 所示。
由图不难看出，当换热器负荷 M_a 发生变化时，前馈控制器获得此信息后，即按一定的控制
作用改变加热蒸汽量 M_b，以补偿负荷 M_a 对出口温度 T_2 的影响。同时，对于前馈未能完全
消除的偏差，以及未引入前馈的物料进口温度、蒸汽压力等干扰引起的 T_2 变化，则在温度
控制器获得 T_2 的变化信息后，按 PID 作用对蒸汽量 M_b 产生校正作用。这样，两个通道的校
正作用相叠加，将使 T_2 尽快地回到设定值。

　　由图 10-2-6b 可知，干扰 M_a 对被控量 T_2 的闭环传递函数为

$$\frac{T_2(s)}{M_a(s)} = \frac{W_d(s)}{1 + W_c(s)W_o(s)} + \frac{W_f(s)W_o(s)}{1 + W_c W_o(s)} \tag{10-2-11}$$

　　应用不变性条件：$M_a(s) \neq 0$ 而 $T_2(s) = 0$，代入式（10-2-11）便导出前馈控制器的传递函
数为

$$W_f(s) = -\frac{W_d(s)}{W_o(s)} \tag{10-2-12}$$

　　由式（10-2-12）可知，从实现对主要干扰完全补偿的条件看，无论采用前馈还是前馈-反
馈控制方案，其前馈控制器的特性不变，不会因为增加了反馈而需要修正。应当指出，当前
馈与反馈控制相结合时，由于前馈控制器的特性是根据通道的特性确定的，前馈控制器输出
信号加入点的位置不能任意改动。如加入点位置变了，通道特性也变了，前馈控制器的控制

作用也应作相应的修正。例如，对于图
10-2-6b 所示的框图，若将前馈控制器
的输出信号改接到反馈控制器 $W_c(s)$ 的
输入端，则可推导得实现全补偿时前馈
控制器的传递函数为

$$W_f(s) = -\frac{W_d(s)}{W_c(s)W_o(s)}$$

可见，此时前馈控制器的传递函数
不仅与对象传递函数有关，与反馈控制
器的传递函数也有关。因此，在实际设
计和安装时应加注意。一般在选用前
馈-反馈控制系统的结构形式时，要力
求使前馈控制器的模型尽量简单，以便
于工程实施。

比较式（10-2-11）与式（10-2-1），即
将前馈-反馈控制与单纯的前馈控制相

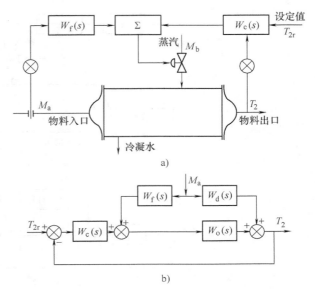

图 10-2-6　换热器前馈-反馈控制系统

比较，由于反馈控制作用的存在，使得前馈-反馈控制时，被控量 T_2 受干扰 M_a 的影响是单
纯前馈控制时的 $1/[1 + W_c(s)W_o(s)]$。由式（10-2-11）还可知，反馈控制与前馈-反馈控制的
传递函数分母相同，因此不会因引入前馈作用而影响反馈控制作用的稳定性。

综上所述，前馈-反馈控制系统的优点是：①由于在前馈系统中增加了反馈控制回路，
这就大大地简化了原有前馈控制系统。只需对主要的、反馈控制不易克服的干扰进行前馈补
偿，而其他干扰均可由反馈控制予以校正。②由于反馈回路的存在，降低了对前馈控制器模
型的精度要求，这为工程上实现比较简单的前馈补偿创造了条件。③在反馈控制系统中，控
制精度与稳定性是矛盾的，因而往往为保证系统的稳定性而无法进一步提高控制精度。前
馈-反馈控制系统具有控制精度高、稳定速度快的特点，因而在一定程度上解决了稳定性与
控制精度间的矛盾。因此，目前工程上广泛应用的前馈控制系统，大多属于前馈-反馈控制
类型。

4. 前馈-串级控制系统

由图 10-2-6a 所示的换热器前馈-反馈控制系统可知，前馈控制器的输出与反馈控制器的
输出叠加后，直接作用在控制阀上。这实际上是将所要求的进料量 M_a 与加热蒸汽量 M_b 的
对应关系转化为物料量与控制阀膜头压力之间的对应关系。因此，为了保证前馈控制的精
度，对控制阀提出了比较严格的要求，希望它灵敏、线性和具有尽可能小的滞环区。此外，
还要求控制阀前后的压差恒定。否则，同样的前馈输出信号所对应的蒸汽量就不同，从而无
法实现精确的校正。为了降低对控制阀的上述要求，工程上可以在原有反馈回路中再增设一
个蒸汽流量控制回路，构成换热器出口温度 T_2 与蒸汽流量 M_b 的串级控制系统，再将前馈控
制器的输出与温度控制器的输出叠加后，作为蒸汽流量控制器的设定值，实现了进料量与蒸
汽量的对应关系，从而构成了图 10-2-7 所示的前馈-串级控制系统。

由图 10-2-7b 可列出在干扰 M_a 作用下系统的闭环传递函数，并进而导出前馈控制器的
传递函数，即

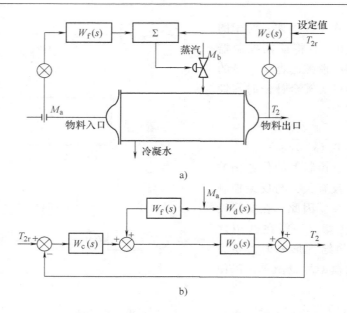

图 10-2-7　换热器前馈-串级控制系统

$$\frac{T_2(s)}{M_a(s)} = \cfrac{W_d(s)}{1 + \cfrac{W_{c2}(s)W_{o2}(s)}{1 + W_{c2}(s)W_{o2}(s)}W_{c1}(s)W_{o1}(s)}$$

$$+ \cfrac{W_f(s)\cfrac{W_{c2}(s)W_{o2}(s)}{11 + W_{c2}(s)W_{o2}(s)}W_{o1}(s)}{1 + \cfrac{W_{c2}(s)W_{o2}(s)}{1 + W_{c2}(s)W_{o2}(s)}W_{c1}(s)W_{o1}(s)} \qquad (10\text{-}2\text{-}13)$$

在串级控制系统中，当副回路的工作频率高于主回路工作频率 10 倍时，即副回路等效时间常数比主回路时间常数约小 9/10，那么，副回路的传递函数可以近似为

$$\frac{W_{c2}(s)W_{o2}(s)}{1 + W_{c2}(s)W_{o2}(s)} \approx 1 \qquad (10\text{-}2\text{-}14)$$

将式（10-2-14）代入式（10-2-13），并利用全补偿条件：$M_a(s) \neq 0$，而 $T_2(s) = 0$，可导出前馈控制器的传递函数为

$$W_f(s) = -\frac{W_d(s)}{W_{o1}(s)} \qquad (10\text{-}2\text{-}15)$$

三、前馈控制作用的实施

前面按照不变性条件，求得了前馈或前馈-反馈控制系统中前馈控制器的传递函数表达式，它表明前馈控制器的特性由过程的干扰通道和控制通道特性所确定。想要获得完全补偿，就必须精确地知道上述两通道的特性。由于工业对象的特性极为复杂，就导致了前馈控制作用的形式颇多，但从工业应用的观点看，特别是应用常规仪表组成的控制系统，总是力求使得控制仪表具有一定的通用性，以利于设计、运行和维护。实践证明，相当数量的工艺过程都具有非周期与过阻尼的特性，因此往往可以用一个一阶或二阶的容量滞后，必要时再串联一个纯滞后环节来近似。这样，就为前馈控制器模型具有通用性创造了条件。假如：

控制通道的特性为

$$W_o(s) = \frac{K_1}{T_1 s + 1} e^{-\tau_1 s}$$

干扰通道的特性为

$$W_d(s) = \frac{K_2}{T_2 s + 1} e^{-\tau_2 s}$$

则前馈模型可归结为如下的形式：

$$W_f(s) = -\frac{W_d(s)}{W_o(s)} = \frac{\dfrac{K_2}{T_2 s + 1} e^{-\tau_2 s}}{\dfrac{K_1}{T_1 s + 1} e^{-\tau_1 s}}$$

$$= -\frac{K_2}{K_1} \frac{T_1 s + 1}{T_2 s + 1} e^{-(\tau_1 - \tau_2)s} = -K_f \frac{T_1 s + 1}{T_2 s + 1} e^{-\tau s} \qquad (10\text{-}2\text{-}16)$$

式中，$K_f = -K_2/K_1$，$\tau = \tau_1 - \tau_2$，当 $\tau_1 = \tau_2$ 时，式（10-2-16）可写成

$$W_f(s) = -K_f \frac{T_1 s + 1}{T_2 s + 1} \qquad (10\text{-}2\text{-}17)$$

在式（10-2-17）中，若 $T_1 = T_2$，则

$$W_f(s) = -K_f \qquad (10\text{-}2\text{-}18)$$

由此得出，目前常用的前馈控制器模型有："K_f"、"$K_f \dfrac{T_1 s + 1}{T_2 s + 1}$" 及 "$K_f \dfrac{T_1 s + 1}{T_2 s + 1} e^{-\tau s}$" 型。

1. "K_f"型前馈控制器

式（10-2-18）是它的特性方程，由于它仅考虑了参数间的静态关系，因此是静态前馈。K_f 的大小应根据对象干扰通道和控制通道的静态放大系数来决定。这种模型实施比较容易，用比例控制器或比值器等常规仪表就可实现。在某些要求不高的场合，直接用测量变送器也能达到静态补偿的目的，只不过此时的 K_f 不可能调整。K_f 可在现场进行整定。这样，便大大扩大了前馈控制的应用范围。

2. "$K_f \dfrac{T_1 s + 1}{T_2 s + 1}$"型前馈控制器

式（10-2-17）是它的特征方程。这就是所谓的一阶"超前-滞后"前馈控制器。当不考虑 K_f 时，这种前馈控制器在单位阶跃干扰作用下的时间特性可表示为

$$m_f(t) = 1 - \frac{T_2 - T_1}{T_2} e^{-t/T_2} = 1 + \left(\frac{1}{a} - 1\right) e^{-t/(a T_1)} \qquad (10\text{-}2\text{-}19)$$

式中　$a = T_2/T_1$。

当 $a > 1$ 和 $a < 1$ 时，相应的单位阶跃响应曲线如图 10-2-8 所示。当 $a > 1$ 时，前馈补偿带有滞后性质，因此适用于对象控制通道滞后小于干扰通道滞后的场合；而当 $a < 1$ 时，前馈补偿带有超前性质，因此适用于控制通道滞后大于干扰通道滞后的场合。

这种前馈模型可按图 10-2-9 所示的框图组合而成。

由图可得

$$W_f(s) = K_f \left(\frac{-K}{T_2 s + 1} + 1 + K\right)$$

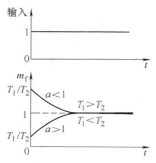

图 10-2-8 　$\dfrac{T_1 s + 1}{T_2 s + 1}$ 型前馈控制器单位阶跃响应曲线

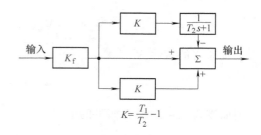

图 10-2-9 　$K_f \dfrac{T_1 s + 1}{T_2 s + 1}$ 型前馈控制器实施框图

令

$$K = \frac{T_1}{T_2} - 1$$

可得

$$W_f(s) = K_f \left[\frac{-(T_1 / T_2) - 1}{T_2 s + 1} + 1 + \frac{T_1}{T_2} - 1 \right] = K_f \frac{T_1 s + 1}{T_2 s + 1}$$

上述前馈模型也可用常规仪表来实现，即由一个正、反微分器及比值器串联而成。

正微分器的传递函数为

$$W_{正}(s) = \frac{K_d T_1 s + 1}{T_2 s + 1}$$

反微分器的传递函数为

$$W_{反}(s) = \frac{T_1 s + 1}{K_d T_1 s + 1}$$

比值器可实现

$$W_{比}(s) = K_f$$

则有

$$W_f(s) = K_f \frac{(K_d T_1 s + 1)(T_1 s + 1)}{(T_2 s + 1)(K_d T_1 s + 1)}$$

$$= K_f \frac{T_1 s + 1}{T_2 s + 1}$$

在 DDZ-Ⅲ型仪表和组装仪表中，上述前馈模型都有相应的硬件模块，这就为前馈控制的广泛应用，特别是实现前馈-反馈控制提供了方便的条件。

3. "$K_f \dfrac{T_1 s + 1}{T_2 s + 1} e^{-\tau s}$" 型前馈控制器

式（10-2-17）是它的特性方程。这就是所谓的具有纯滞后的超前-滞后前馈控制器。显然，它的特性实际上就是上述两种特性与一个纯滞后特性的串联形式。因此，实现这一前馈模型只需在实现 "$K_f \dfrac{T_1 s + 1}{T_2 s + 1}$" 型装置的后面再串联一个能实现 "$e^{-\tau s}$" 型模型的装置即可，如图 10-2-10 所示。

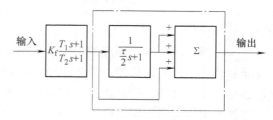

图 10-2-10 　"$K_f \dfrac{T_1 s + 1}{T_2 s + 1} e^{-\tau s}$" 型前馈控制实施框图

纯滞后环节 $e^{-\tau s}$ 可用一阶近似式表示，即

$$e^{-\tau s} = \frac{1 - (\tau/2)s}{1 + (\tau/2)s} = \frac{1 - Ts}{1 + Ts} = \frac{2}{Ts + 1} - 1 \qquad (10\text{-}2\text{-}20)$$

式中　$T = \tau/2$。

$e^{-\tau s}$ 由图 10-2-10 的虚线部分来实现，由图可知

$$W_\tau(s) = \frac{1}{(\tau/2)s + 1} - \frac{1}{(\tau/2)s + 1} - 1 = \frac{1 - (\tau/2)s}{1 + (\tau/2)s} \approx e^{-\tau s}$$

四、前馈控制系统的工程整定

生产过程中的前馈控制一般均采用前馈-反馈或前馈-串级复合控制系统。复合控制系统中的参数整定要分别进行。本节主要讨论前馈控制器参数的整定方法。

由不变性原理出发的前馈补偿模型，应由过程扰动通道及控制通道特性的比值决定，但因过程特性的测试精度不高，不能准确地掌握扰动通道模型 $W_f(s)$ 及控制通道模型 $W_o(s)$，故前馈模型的理论整定难以进行，目前广泛采用的是工程整定法。

实践证明，相当数量的化工、热工、冶金等工业过程的特性都是非周期、过阻尼的。因此，为了便于进行前馈模型的工程整定，同时又能满足工程上一定的精度要求，常将被控过程的控制通道及扰动通道处理成含有一阶或二阶容量时滞，必要时再加一个纯滞后的形式，即

$$W_o(s) = \frac{K_1}{T_1 s + 1} e^{-\tau_1 s} \qquad (10\text{-}2\text{-}21)$$

$$W_f(s) = \frac{K_2}{T_2 s + 1} e^{-\tau_2 s} \qquad (10\text{-}2\text{-}22)$$

将式（10-2-21）、式（10-2-22）代入式 $W_M(s) = -\dfrac{W_f(s)}{W_o(s)}$，得

$$W_M(s) = \frac{\dfrac{K_2}{T_2 s + 1} e^{-\tau_2 s}}{\dfrac{K_1}{T_1 s + 1} e^{-\tau_1 s}} = -K_M \frac{T_1 s + 1}{T_2 s + 1} e^{-\tau s} \qquad (10\text{-}2\text{-}23)$$

式中　K_M——静态前馈系数，$K_m = K_2/K_1$；

　　T_1、T_2——控制通道及扰动通道时间常数；

　　　　τ——扰动通道与控制通道纯滞后时间之差，$\tau = \tau_2 - \tau_1$。

工程整定法是在具体分析前馈模型参数对过渡过程影响的基础上，通过闭环试验来确定前馈控制器参数的。

1. 静态参数 K_M 值的确定

K_M 是前馈控制器中的一个重要参数。K_M 闭环整定法框图如图 10-2-11 所示。

静态 FFC-FBC 系统中，在整定好闭环 PID 控制系统的基础上，闭合开关 S，得到闭环试验过程曲线，如图 10-2-12 所示。对比图 10-2-12 a、b 可见，当 K_M 值过小时，不能显著

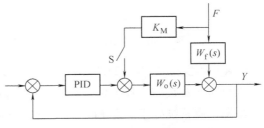

图 10-2-11　K_M 闭环整定法框图

地改善系统的品质，此时为欠补偿过程。反之，当 K_M 值过大时，虽然可以明显地降低控制过程的第一个峰值，但由于 K_M 值过大造成的静态前馈输出过大，相当于对反馈控制系统又施加了一个不小的扰动，这只有依靠 PID 调节器来加以克服，因而造成被控量下半周期的严重过调，致使过渡过程长时间不能恢复，故 K_M 过大也会降低过渡过程的品质，如图 10-2-12 c、d 所示，此时称为过程补偿过程。只有当 K_M 值取得恰当时，过程品质才能得到明显的改善，如图 10-2-12e 所示，即取此时的 K_M 值为整定值。

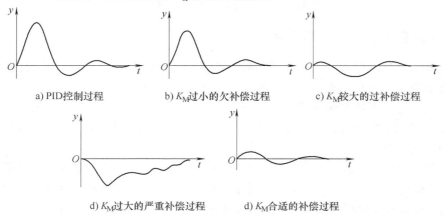

a) PID控制过程　　　b) K_M 过小的欠补偿过程　　　c) K_M 较大的过补偿过程

d) K_M 过大的严重补偿过程　　　d) K_M 合适的补偿过程

图 10-2-12　K_M 闭环整定法试验曲线

这种整定法是在闭环下进行的，因此在整定的过程中，对生产的正常运行影响较小，是工程上比较普遍采用的一种静态参数 K_M 值的整定方法。

2. 过程时滞 τ 的影响

τ 值是过程扰动通道及控制通道纯时间滞后的差值。它反映了前馈补偿作用提前于扰动对被控参数影响的程度。当扰动通道与控制通道纯滞后时间相近时，相当于提前了前馈作用，增强了前馈的补偿效果。而过于提前的前馈作用又易引起控制过程发生反向过调的现象，如图 10-2-13 所示。

3. 动态参数 T_1、T_2 的确定

在讨论前馈控制器动态参数整定时，前馈控制器的数学模型可取式（10-2-23）忽略 τ 后的形式，即

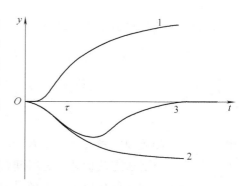

图 10-2-13　τ 对前馈控制过程的影响
1—扰动对被控量的影响　2—前馈补偿作用
3—系统的控制过程

$$W_M(s) = -K_M \frac{T_1 s + 1}{T_2 s + 1} \qquad (10\text{-}2\text{-}24)$$

由式（10-2-24）可见，增大 T_1 或减小 T_2 均会增强前馈补偿的作用。

前馈动态参数的工程整定是在闭环下，根据过渡过程形状的变化决定 T_1、T_2 的值。

首先，使系统处于静态 FFC-FBC 方案下运行，分别整定好反馈控制下的 PID 参数及静态前馈参数 K_M，然后闭合动态 FFC-FBC 复合系统，如图 10-2-14 所示。先使前馈控制器中的动态参数 $T_1 = T_2$，在 $f(t)$ 的阶跃扰动下，由被控量 $y(t)$ 的变化形状判断 T_1、T_2 应调整的方向。

如图 10-2-15 所示，给出了选取 T_1、T_2
的实验过程曲线。图 10-2-15 中的曲线分别
表示了 PBC 及动态 FFC-FBC 过程。曲线 1
为单回路反馈控制下被控参数的变化，曲
线 2 及曲线 3 均为动态前馈-反馈控制过程。
其中曲线 2 表示采用动态 FFC-FBC 时被控
参数的超调与采用 FBC 时的方向相同，这
说明此时为欠补偿过程。因此应继续加强
前馈补偿作用，即前馈控制器参数 T_1 应继
续加大（或减小 T_2）；当出现曲线 3 的情况
时，说明已达到了过补偿的控制过程，此时
应减小前馈控制器参数 T_1（或加大 T_2），以
免使过渡过程的反向超调进一步扩大。

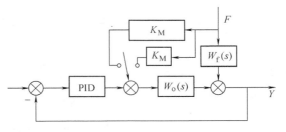

图 10-2-14　　动态前馈参数整定框图

如前所述，动态前馈控制器的参数整定
是在系统闭环下进行的，先从过程为欠补偿
情况开始，逐步强化前馈补偿作用（增大 T_1
或减小 T_2），直到出现过补偿的趋势时，再

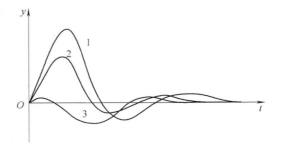

图 10-2-15　　选取 T_1、T_2 的实验过程曲线

稍微削弱一点前馈补偿作用，即适当地减小 T_1 或增大 T_2，以得到补偿效果满意的过渡过程，
此时的 T_1、T_2 值即为前馈控制器的动态整定参数。

五、前馈控制系统工业应用举例

前馈控制可以用来补充单回路反馈控制及串级控制所不易解决的某些控制问题，因而在
石油、化工、冶金、发电厂等过程控制中得到了广泛的应用。随着目前微型计算机的发展，
动态前馈控制也取得了较大进展。目前，前馈-反馈、前馈-串级等复合控制已成为改善控制
品质的重要过程控制方案。

下面介绍几个较成熟的工业应用示例。

1. 冷凝器温度前馈-反馈复合控制系统

许多生产过程中都有冷凝设备，它的作用是把中间产品冷凝成液体，再送往下一个工段
继续加工。这类冷凝设备的主要被控量是冷凝液的温度，控制量则为冷却水的流量。图
10-2-16所示为发电厂冷凝器的控制方案，其工作原理是：从低压汽轮机出来的乏蒸汽经冷
凝器以后，变成温水，再由循环泵送至除氧器，经除氧处理后的温水，可继续作为发电锅炉
的给水。本系统采用前馈-反馈复合控制方式：利用乏蒸汽被冷凝后的温水温度信号控制冷
却水的阀门开度，即由温度变送器（TI、PI）、调节器（TC）、冷却水阀门及过程控制通道构
成反馈控制系统。乏蒸汽流量是个可测不可控且经常变化的扰动因素，故对乏蒸汽流量进行
前馈控制，使冷却水流量跟随乏蒸汽流量的变化而提前变化，以维持温水的水温达到指定的
范围。

2. 控制精馏塔塔顶产品成分的前馈-反馈复合控制系统

精馏是化工生产中广泛应用的传质过程，其目的是将混合液中的各组分进行分离以达到
规定的纯度要求。图 10-2-17 所示是精馏过程示意图。

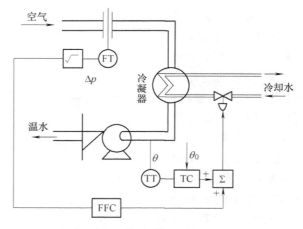

a) 控制系统原理图

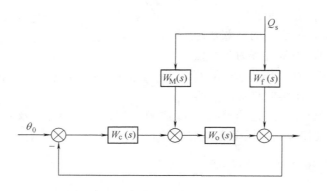

b) 系统方案图

图 10-2-16　冷凝器温度前馈-反馈控制方案

一般是利用被分离物各组分的挥发点不同，把混合物分离成组分较纯的产品。但在精密精馏过程中，由于被分离的物料具有相同的分子量和十分狭窄的沸点范围，因而不可能通过温度来反映馏出物的组分，此时，常用成分反馈调节器实现直接质量控制。在多数情况下，精馏塔的进料变化是其主要扰动，为此对进料流量进行前馈补偿以实现精馏塔的物料平衡控制。对于任何一个精馏塔，在一定的进料条件下，只要保持恒定的回流比，也就保持了一定的分离条件，因此选取回流罐的回流量为控制

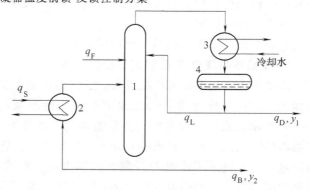

图 10-2-17　精馏过程示意图

1—精馏塔　2—蒸汽加热釜　3—冷凝器　4—回流罐
q_F—进料流量　q_S—蒸汽量　q_L—回流量　q_D—塔顶产品流量
y_1—塔顶产品成分　q_B—塔底产品流量　y_2—塔底产品成分

变量。图 10-2-18 所示为实现上述控制思想的精馏塔塔顶产品成分前馈-反馈控制系统。运行结果表明，该精馏塔采用了如上的前馈控制之后，大大提高了精馏塔的分离效果，满足了工

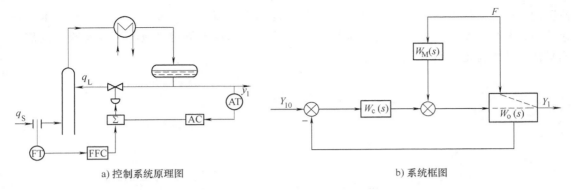

a) 控制系统原理图　　　　　　　　b) 系统框图

图 10-2-18　精馏塔塔顶产品成分的复合控制方案

艺对产品纯度的要求。

3. 锅炉给水前馈-反馈三冲量控制系统

汽鼓锅炉水位控制的任务主要是为了保证锅炉的安全运行，为此必须维持汽鼓水位基本恒定（稳定在允许范围内）。显然，在锅炉给水自动控制中，应以汽鼓水位 h 作为被控参数。而引起水位变化的扰动量很多，如锅炉的蒸发量 q_D、给水流量 q_w、炉膛热负荷（燃料量）及汽鼓压力等。但其中燃料量的改变不但会影响到水位变化，更主要的是可以起到稳定汽压的作用，故常把它作为锅炉燃烧控制系统中的一个控制量；蒸发量 q_D 是锅炉的负荷，显然这是一个可测而不可控的扰动，因此常常对蒸汽负荷考虑采用前馈补偿，以改善在蒸汽负荷扰动下的控制品质；最后，从物质平衡关系可知，为适应蒸汽负荷的变化，应以给水流量 q_w 为控制变量。

锅炉水位的动态特性，对自动控制是很不利的。其控制通道的动态特性是具有纯滞后的无自平衡特性，且其飞升速度很高，如汽压为 9.8MPa、负荷为 230t/h 的高压锅炉，当水位变化 200mm 时，飞升速度 $\varepsilon \approx 0.036\ 1/s$。这说明，对高温高压、大容量的锅炉提出了较高的控制要求。图 10-2-19 是其扰动通道动态特性，由于存在着通常所说的"虚假水位"现象，而且这种"虚假水位"的大小还与锅炉的工作压力及其蒸发量有关，对于高压锅炉来说，一般当负荷突然变化 10%时，"虚假水位"可达 30～40mm，由于"虚假水位"具有如此快的变化速度，简单的反馈控制作用几乎不能减小其所造成的水位最大偏差。为了确保运行的安全，目前均采用三冲量给水控制方案。

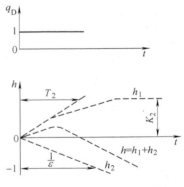

图 10-2-19　汽鼓锅炉水位扰动
通道阶跃响应曲线
h_1—水面下汽泡容积变化引起的水位变化
h_2—给水量与蒸发量不平衡引起的水位变化

在三冲量给水控制系统中，调节器接受汽鼓水位 h、蒸汽流量 q_D 及给水流量 q_w 三个信号（冲量），如图 10-2-20a 所示。系统框图如图 10-2-20b 所示。

进入调节器各信号的极性是这样决定的：当信号增大时，调节器应开大调节阀门者，标以"＋"，反之标以"－"。而由水位测量原理知，当汽鼓水位下降时，差压信号增加，这时应开大给水阀门，因此水位信号 h 的极性为"＋"；蒸汽负荷增加时，为维持物质平衡关系应开大给水阀门，故蒸汽负荷信号 q_D 的极性为"＋"；给水流量若由于给水母管压力波动等原因发生变化，因这时 q_W 的变化不是控制作用的结果，而只是一种内部扰动，故应予以迅速消除，显然，给水流量信号 q_W 的极性应为"－"；水位给定值信号应与被控参数水位信号相平衡，故水位定值信号 h_0 的极性为"－"。

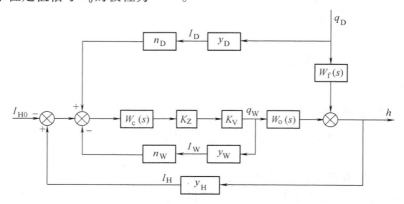

a) 控制系统结构原理图

K_Z—执行器 K_V—调节阀门

y_D、y_W、y_H—蒸汽流量、给水流量、水位测量变送器的转换系数

n_D、n_W—蒸汽流量、给水流量分流器的分流系数

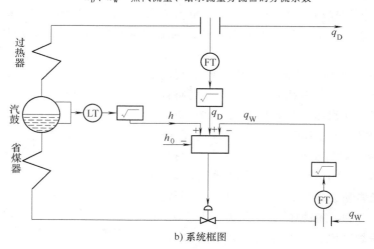

b) 系统框图

图 10-2-20   三冲量给水控制系统

在这种三冲量给水控制系统中，汽鼓水位信号 h 是主信号，也是反馈信号，在任何扰动引起汽鼓水位变化时，都会使调节器动作，以改变给水阀门开度，使汽鼓水位恢复到允许的波动范围内。因此，以水位 h 为被控量形成的外回路能消除各种扰动对水位的影响，保证汽鼓水位维持在工艺要求所允许的变动范围内。蒸汽流量信号是系统的主要干扰，对其进行前馈控制能克服因"虚假水位"而引起调节器的误动作，因为在负荷变化时产生的"虚假水位"现象，是汽鼓锅炉扰动通道自身的固有特性，单纯采用水位的反馈控制时，这种"虚假水位"现象必然引起调节器的误动作，而应用了前馈补偿后，就可以在蒸汽负荷变化的同时，按正确方向及时地改变给水流量，以保证汽鼓中的物料平衡关系，从而可保持水位的平稳。另外，蒸汽流量信号与给水流量的恰当配合，又可消除系统的静态偏差。给水流量信号是内

回路反馈信号，它能及时反映给水流量的变化，当给水调节阀门的开度没有变化，而由于其他原因使给水母管压力发生波动引起给水流量变化时，由于测量给水流量的孔板前后差压信号反应很快、时滞很小（为 1～3s），故可在被控量水位还未来得及变化的情况下，调节器即可消除给水侧的扰动而使过程很快地稳定下来，因此，由给水流量信号局部反馈形成的内回路能迅速消除系统的内部扰动，稳定给水流量。

这种控制系统对三个信号的静态配合有严格的要求，否则会由于变送器特性的差异及锅炉排污等原因而引起水位的静态偏差。这三个信号中，除水位信号外，蒸汽流量及给水流量信号在进入调节器前均应加分流器，这是因为系统被控参数 h 的变化范围最小，当以水位信号为基准时，必须对变化范围较大的蒸汽流量和给水流量信号进行分流，使其与水位信号在进入调节器时相匹配。图 10-2-20a 中，n_D、n_W 分别代表蒸汽负荷 q_D 及给水流量 q_W 的分流系数。

前馈及其复合控制方式目前在工业锅炉、精馏塔、换热设备、化学反应器等工业过程的自动控制中，已经得到了广泛的应用。控制方式也由单变量的前馈控制发展到按动态前馈模型、以计算机为控制工具的多变量前馈控制。因此，前馈控制在过程控制系统中的应用前景将更加广阔。

第三节 分程与选择性控制系统

前面介绍的过程控制系统有个显著特点，即在正常生产情况下，组成系统的各部分如检测仪表、变送器、控制器、控制阀等，一般工作在一个较小的工作区域内。为了使系统工作范围扩大或在系统受到大扰动甚至事故状态下仍能安全生产，科技工作者开发了分程与选择性控制系统。分程与选择性控制是通过有选择的非线性切换方式使不同的部件工作在不同区域内来实现工作范围的扩大。在计算机控制系统中，分程控制与选择性控制很容易实现。

分程控制与选择性控制原理比较简单，本节扼要对其特点与设计方法作一介绍。

一、分程控制系统原理与设计注意问题

单回路控制系统是由一个控制器的输出带动一个控制阀动作的。在生产过程中，有时为了满足被控制参数宽范围的工艺要求，需要改变几个控制参数。这种由一个控制器的输出信号分段分别去控制两个或两个以上控制阀动作的系统称为分程控制系统。如图 10-3-1 所示的分程控制系统框图，一个气动控制阀在控制器输出信号为 20～60kPa 范围内工作，另一个气动控制阀在 60～100kPa 范围内工作。再如，在有些工业生产中，要求控制阀工作时其可调范围很大，但是国产统一设计的柱塞式控制阀，其可调范围 $R = 30$，满足了

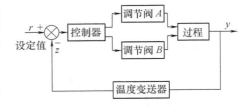

图 10-3-1 分程控制系统框图

大流量就不能满足小流量，反之亦然。为此，可设计和应用分程控制，将两个控制阀作为一个控制阀使用，从而可扩大其控制范围，改善其特性，提高控制质量。

设分程控制中使用的大、小两只控制阀的最大流通能力分别为

$$K_{VAmax} = 4, \quad K_{VBmax} = 100$$

其可调范围为

$$R_A = R_B = 30$$

故小阀的最小流通能力为

$$K_{VAmin} = \frac{K_{VAmax}}{R_A} = \frac{4}{30} = 0.134$$

分程控制把两个控制阀作为一个控制阀使用，其最小流通能力为 0.134，最大流通能力为 100，可调范围为

$$R_分 = \frac{K_{VBmax} + K_{VAmax}}{K_{VAmin}} = \frac{104}{4/30} = 26 \times 30 = 780$$

可见，分程后控制阀的可调范围为单个控制阀的 26 倍。这样，既能满足生产上的要求，又能改善控制阀的工作特性，提高控制质量。

分程控制是通过阀门定位器或电-气阀门定位器来实现的。它将控制器的输出压力信号分成几段，不同区段的信号由相应的阀门定位器转化为 20 ~ 100kPa 压力信号，使控制阀全行程动作。例如，控制阀 A 的阀门定位器的输入信号范围为 20 ~ 60kPa，其输出（控制阀的输入）信号是 20 ~ 100kPa，控制阀 A 作全行程动作；控制阀 B 的阀门定位器输入是 60 ~ 100kPa，使控制阀 B 全行程动作。也就是说，当控制器输出信号小于 60kPa 时，控制阀 A 动作，控制阀 B 不工作；当信号大于 60kPa 时，控制阀 A 已动至极限，控制阀 B 动作。

分程控制根据控制阀的气开、气关形式和分程信号区段不同，可分为两类：一类是控制阀同向动作的分程控制，即随着控制阀输入信号的增加和减小，控制阀的开度均逐渐开大或均逐渐减小，如图 10-3-2 所示。另一类是控制阀异向动作的分程控制，即随着控制阀输入信号的增加或减小，控制阀开度按一只逐渐开大、而另一只逐渐关小的方向动作，如图 10-3-3 所示。分程控制系统中控制阀同向或异向动作的选择完全由生产工艺安全的原则决定。

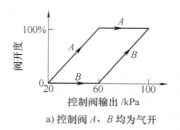

a) 控制阀 A、B 均为气开

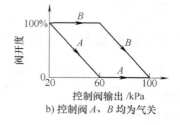

b) 控制阀 A、B 均为气关

图 10-3-2　控制阀同向动作

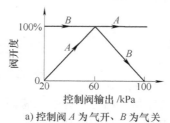

a) 控制阀 A 为气开、B 为气关

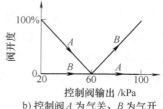

b) 控制阀 A 为气关、B 为气开

图 10-3-3　控制阀异向动作

　　在分程控制中，实际上是把两个控制阀作为一个控制阀使用，因此要求从一个阀向另一个阀过渡时，其流量变化要平滑。但由于两个阀的放大系数不同，在分程点上常会引起流量特性的突变，尤其是大、小阀并联工作时，更需注意。如采用前面介绍的可调范围达780的两个控制阀，当均为线性阀时，其突变情况非常严重，如图10-3-4a所示，当均采用对数阀时，突变情况会好一些，如图10-3-4b所示。由此可知，在分程控制中，控制阀流量特性的选择非常重要，为使总的流量特性比较平滑，一般应考虑如下措施：

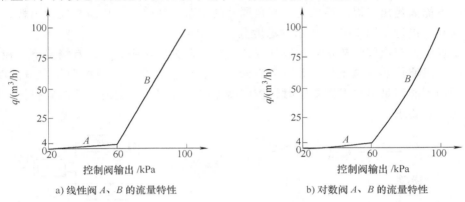

a) 线性阀 A、B 的流量特性　　　　　　　b) 对数阀 A、B 的流量特性

图 10-3-4　分程控制系统控制阀的流量特性（无重叠）

　　1）尽量选用对数控制阀，除非控制阀范围扩展不大时（此时两个控制阀的流通能力很接近），可选用线性阀。

　　2）采用分程信号重叠法。如图10-3-5所示，使两个阀有部分区段重叠的控制器输出信号，这样不等到小阀全开，大阀就已渐开。

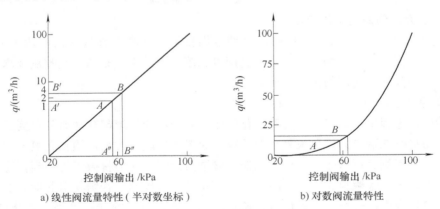

a) 线性阀流量特性（半对数坐标）　　　　　b) 对数阀流量特性

图 10-3-5　分程控制信号重叠的控制阀的流量特性

　　控制阀的泄漏量大小是实现分程控制的一个很重要的问题。选用的控制阀应不泄漏或泄漏量极小，尤其是大、小阀并联工作时，若大阀泄漏量过大，小阀将不能充分发挥其控制作用，甚至起不到控制作用。

　　分程控制系统本质上是一个单回路控制系统，有关控制器控制规律的选择及其参数整定可参照单回路系统的方法进行。但是分程控制中的两个控制通道特性不会完全相同，所以只能兼顾两种情况，选取一组比较合适的整定参数。

二、分程控制工业应用示例

分程控制能扩大控制阀的可调范围，提高控制质量，同时能解决生产过程中的一些特殊问题，所以应用很广。

1. 用于节能控制

如在某生产过程中，冷物料通过热交换器用热水（工业废水）和蒸汽对其进行加热，当用热水加热不能满足出口温度要求时，则再同时使用蒸汽加热，从而减少能源消耗，提高经济效益。为此，设计了图 10-3-6 所示的温度分程控制系统。

在本系统中，蒸汽阀和热水阀均选气开式，控制器为反作用，在正常情况下，控制器输出信号较小，只能使热水阀工作，此时蒸汽阀全关，以节省蒸汽；当扰动使出口温度下降，热水阀全开仍不能满足出口温度要求时，控制器输出信号增加，同时使蒸汽阀打开，以满足出口温度的工艺要求。

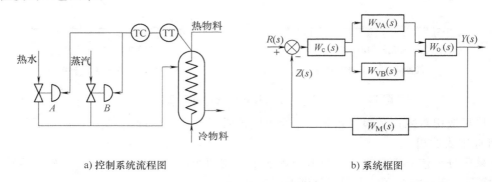

a) 控制系统流程图　　　　　　　　　　　b) 系统框图

图 10-3-6　温度分程控制系统

2. 用于扩大控制阀的可调范围

如废水处理中的 pH 值控制，控制阀可调范围特别大，废液流量变化可达 4 ~ 5 倍，酸碱含量变化几十倍，在这种场合下，若控制阀可调范围不够大，是达不到控制要求的，为此必须采用大、小阀并联使用的分程控制。

3. 用于保证生产过程的安全、稳定

在有些生产过程中，许多存放着石油化工原料或产品的储罐都建在室外，为了保证使这些原料或产品与空气隔绝，以免被氧化变质或引起爆炸危险，常采用罐顶充氮气的方法与外界空气隔绝。采用氮封技术的工艺要求是保持储罐内的氮气压力呈微正压。当储罐内的原料或产品增减时，将引起罐顶压力的升降，故必须及时进行控制，否则将引起储罐变形，甚至破裂，造成浪费或引起燃烧、爆炸危险。所以，当储罐内原料或产品增加，即液位升高时，应及时使罐内氮气适量排空，并停止充氮气；反之，当储罐内原料或产品减小，即液位下降时，为保证罐内氮气呈微正压的工艺要求，应及时停止氮气排空，并向储罐充氮气。为此，设计与应用了分程控制系统，如图 10-3-7 所示。

在氮封分程控制系统中，控制器为"反"作用式，控制阀 A 为气开式，控制阀 B 为气关式。根据上述工艺要求，当罐内物料增加，液位上升时，应及时停止充氮气，即 A 阀全关，并使罐内氮气排空，即 B 阀打开；反之，当罐内物料减少，液位下降时，应及时停止氮气排空，即 B 阀全关，并应向储罐充氮气，即 A 阀打开工作。

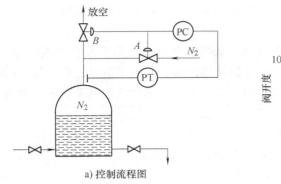

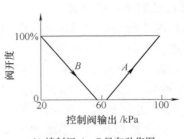

a) 控制流程图

b) 控制阀 A、B 异向动作图

图 10-3-7　储罐氮封分程控制系统

4. 用于不同工况下的控制

在化工生产中，有时需要加热，有时又需要移走热量，为此配有蒸汽和冷水两种传热介质，设计分程控制系统，以满足生产工艺要求。

如釜式间歇反应器的温度控制。在配置好反应物料后，开始需要加热升温，以引发反应，当反应开始趋于剧烈时，由于放出大量热量，若不及时移走热量，温度会越来越高引起事故，所以需要冷却降温。为了满足工艺要求，采用图 10-3-8 所示的分程控制系统。

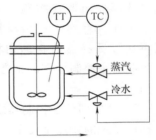

图 10-3-8　釜式间歇反应器
温度分程控制系统

在图 10-3-8 所示分程控制系统中，蒸汽阀为气开式，冷水阀为气关式，温度控制器为反作用式。其工作过程为：起始温度低于给定值，控制器输出信号增大，打开蒸汽阀，通过夹套对反应釜加热升温，引发化学反应；当反应温度升高超过给定值时，控制器输出信号减小，逐渐关小蒸汽阀，接着开大冷水阀以移走热量，使温度满足工艺要求。

三、选择性控制系统原理与设计原则

在现代工业生产过程中，要求设计的过程控制系统不但能够在正常工况下克服外来扰动，实现平稳操作，而且还必须考虑事故状态下能安全生产。

由于实际生产限制条件多，其逻辑关系又比较复杂，操作人员的自身反应往往跟不上生产变化速度，在突发事件、故障状态下难以确保生产安全，以往大多采用手动或联锁停车保护的方法。但停车后少则数小时，多则数十小时才能重新恢复生产。这对生产影响太大，会造成经济上的严重损失。为了有效地防止生产事故的发生，减少开车、停车的次数，开发了一种能适应短期内生产异常，改善控制品质的控制方案，即选择性控制。

选择性控制是把生产过程中的限制条件所构成的逻辑关系，叠加到正常的自动控制系统上去的一种组合控制方法。即在一个过程控制系统中，设有两个控制器（或两个以上的变送器），通过高、低值选择器选出能适应生产安全状况的控制信号，实现对生产过程的自动控制。当生产过程趋近于危险极限区，但还未进入危险区时，一个用于控制不安全情况的控制方案通过高、低选择器将取代正常生产情况下工作的控制方案（此时正常控制器处于开环状态），直至使生产过程重新恢复正常。然后，又通过选择器使原来的控制方案重新恢复工作。因而这种选择性控制系统又被称为自动保护系统，或称为软保护系统。

1. 选择性控制系统的分类

选择性控制系统的特点是采用了选择器。选择器可以接在两个或多个控制器的输出端，对控制信号进行选择，也可以接在几个变送器的输出端，对测量信号进行选择，以适应不同生产过程的需要。根据选择器在系统结构中的位置不同，选择性控制系统可分为两种。

1) 选择器位于控制器的输出端，对控制器输出信号进行选择的系统，如图10-3-9 所示。这种选择性控制系统的主要特点是：两个控制器共用一个控制阀。在生产正常的情况下，两个控制器的输出信号同时送至选择器，选出正常控制器输出的控制信号送给控制阀，实现对生产过程的自动控制。当生产不正常时，通过选择器由取代控制器取代正常控制器的工作，直到生产情况恢复正常。然后再通过选择器的自动切换，仍由原正常控制器来控制生产的正常进行。这种选择性控制系统，在现代工业生产过程中得到了广泛应用。

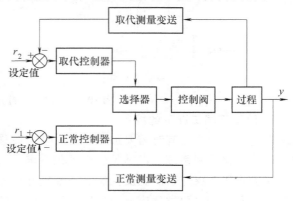

图 10-3-9　选择性控制系统 1

2) 选择器位于控制器之前，对变送器输出信号进行选择的系统，如图 10-3-10 所示。该选择性系统的特点是几个变送器合用一个控制器。通常选择的目的有两个，其一是选出最高或最低测量值；其二是选出可靠测量值。如固定床反应器中，为了防止温度过高烧坏催化剂，在反应器的固定催化剂床层内的不同位置上，装设了几个温度检测点，各点温度检测信号通过高值选择器，选出其中最高的温度检测信号作为测量值，进行温度自动控制，从而保证了反应器催化剂层的安全。

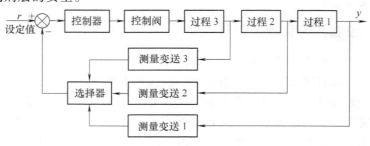

图 10-3-10　选择性控制系统 2

选择性控制系统可等效为两个(或更多个)单回路控制系统。选择性控制系统设计的关键(其与单回路控制系统设计的主要不同点)是在选择器的设计选型以及多个控制器控制规律的确定上，下面分别介绍。

2. 选择性控制系统设计的关键问题

(1) 选择器的选型　选择器有高值选择器和低值选择器。前者容许较大信号通过，后者容许较小信号通过。在选择器具体选型时，根据生产处于不正常情况下，取代控制器的输出信号为高值或低值来确定选择器的类型。如果取代控制器输出信号为高值，则选用高值选择器；如果取代控制器输出信号为低值，则选用低值选择器。

（2）控制器控制规律的确定　对于正常控制器，由于控制精度要求较高，同时要保证产品质量，所以应选用 PI 控制规律；如果过程的容量滞后较大，可以选用 PID 控制规律；对于取代控制器，由于在正常生产中开环备用，仅要求在生产将要出问题时，能迅速及时采取措施，以防事故发生，故一般选用 P 控制规律即可。

（3）控制器的参数整定　选择性控制系统进行控制器参数整定时，可按单回路控制系统的整定方法进行整定。但是，取代控制方案投入工作时，取代控制器必须发出较强的控制信号，产生及时的自动保护作用，所以其比例度 δ 应整定得小一些。如果有积分作用，积分作用也应整定得弱一点。

四、选择性控制系统工业应用举例

在锅炉的运行中，蒸汽负荷随用户需要而经常波动。在正常情况下，用控制燃料量的方法来维持蒸汽压力的稳定。当蒸汽用量增加时，蒸汽总管压力将下降，此时正常控制器输出信号去开大控制阀，以增加燃料量。同时，燃料气压力也随燃料量的增加而升高。当燃料气压力超过某一安全极限时，会产生脱火现象，可能造成生产事故。为此，设计应用如图 10-3-11 所示的蒸汽压力与燃料气压力的选择性控制系统。

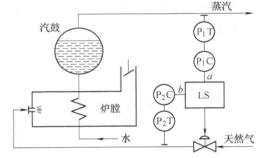

图 10-3-11　选择性控制系统

在正常情况下，蒸汽压力控制器输出信号 a 小于天然气压力控制器输出信号 b，低值选择器 LS 选中 a 去控制控制阀。而当蒸汽压力大幅度降低，控制阀开得过大，阀后压力接近脱火压力时，b 被 LS 选中来取代蒸汽压力控制器工作去关小阀的开度，避免脱火现象的发生，起到自动保护作用。当蒸汽压力恢复正常时，$a < b$，经自动切换，蒸汽压力控制器重新恢复运行。

五、选择性控制系统中的积分饱和及其防止方法

对于在开环状态下具有积分作用的控制器，由于给定值与实际值之间存在偏差，控制器的积分动作将使其输出不停地变化，一直达到某个限值（如气动控制器的积分饱和上限约为气源压力 140kPa，下限值接近大气压）并停留在该值上，这种情况称为积分饱和。

在选择性控制系统中，总有一个控制器处于开环状态，只要有积分作用都可能产生积分饱和现象。若正常控制器有积分作用，当由取代控制器进行控制，在生产工况尚未恢复正常时（此时一定存在偏差，且一般为单一极性的大偏差），正常控制器的输出就会积分到上限或下限值。在正常控制器输出饱和情况下，当生产工况刚恢复正常时，系统仍不能迅速切换回来，往往需要等待较长一段时间。这是因为，刚恢复正常时，若偏差极性尚未改变控制器输出仍处于积分饱和状态，即使偏差极性已改变了，控制器输出信号仍有很大值。若取代控制器有积分作用，则问题更大，一旦生产出现不正常工况，就要延迟一段时间才能进行切换，这样就起不到防止事故的作用。为此，必须采取措施防止积分饱和现象的产生。

对于数字控制器来说，防止积分饱和比较容易实现（如可通过编程方式停止处于开环状态下控制器的积分作用）；对于模拟控制器，常采用以下方法防止积分饱和：

1. PI-P 法

对于电动控制器来说，当其输出在某一极限内时，具有 PI 作用；当超出这一极限时，则为纯比例（P）作用，可避免积分饱和现象。

2. 外反馈法

对于采用气动控制器的选择性控制系统，取代控制器处于备用开环状态时，不用其本身的输出而用正常控制器的输出作为积分反馈，以限制其积分作用。

如图 10-3-12 所示，选择性控制系统的两台 PI 控制器输出分别为 P_1、P_2，选择器选中其中之一送至控制阀，同时又引回到两个控制器的积分环节以实现积分外反馈。

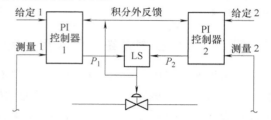

图 10-3-12　积分外反馈原理示意图

若选择器为低选，设 $P_1 < P_2$，控制器 1 被选中工作，其输出为

$$P_1 = K_{c1}\left(e_1 + \frac{1}{T_{I1}}\int e_1 dt\right) \qquad (10\text{-}3\text{-}1)$$

由图可见，积分外反馈信号是其本身的输出 P_1。因此，控制器 1 仍保持 PI 控制规律。控制器 2 处于备用待选状态，其输出为

$$P_2 = K_{c2}\left(e_2 + \frac{1}{T_{I2}}\int e_1 dt\right) \qquad (10\text{-}3\text{-}2)$$

其积分项的偏差为 e_1 而不是 e_2，所以不存在 e_2 带来的积分饱和问题，当系统稳定时，$e_1 = 0$，控制器 2 仅有比例起作用，所以取代控制器 2 在备用开环状态下不会产生积分饱和。一旦产生异常，P_2 被选中时，P_2 引入积分环节，立即恢复 PI 控制规律投入运行。

第四节　纯滞后控制系统

一、纯滞后相关定义及其工艺过程

1. 纯滞后相关定义

所谓纯滞后是一种时间上的延迟，这种延迟是从引起动态要素变化的时刻到输出开始变化的时刻这一段时间。存在时间延迟的对象就称为具有纯滞后的对象，简称为纯滞后对象或滞后对象，实际被控对象大多数都有纯滞后特性。

被控对象时滞与其瞬态过程时间常数之比偏大，采用通常的控制策略时，不能实现系统的精度控制，甚至会造成系统不稳定。通常认为当被控对象时滞与其瞬态过程时间常数之比大于 0.3 时，被控系统为纯滞后系统。滞后是过程控制系统中的重要特征，滞后可导致系统不稳定。有些系统滞后较小，这时人们为了简化控制系统设计，忽略了滞后；但在滞后较大时，不能忽略，当被控对象的时滞与其瞬态过程时间常数之比大于 0.3 时，被控系统应按纯滞后系统设计。这类控制过程的特点是：当控制作用产生后，在滞后时间范围内，被控参数完全没有响应，使得系统不能及时随被控量进行调整以克服系统所受的扰动。因此，这样的

过程必然会产生较明显的超调量和需要较长的调节时间。所以，含有纯延迟的过程被公认为是较难控制的过程，其难控程度随着纯滞后时间与整个过程动态时间参数的比例增加而增加。

但总的来说，当系统滞后时间较小时，只要设计时给予充分考虑就可以了。对于滞后时间相对较大的系统，Smith 提出了预估补偿的方法，通过补偿环节来消除或减弱闭环系统中纯滞后因素的影响。

2. 纯滞后工艺过程

在工业生产过程中，极大部分工艺过程的动态特性往往是既包含一部分纯滞后特性又包括一部分惯性特性，这种工艺过程就称为具有纯滞后的工艺过程。例如连续轧钢过程如图10-4-1 所示，钢坯通过行星轧机初轧，再经平整机精轧平整后，得到所需要的钢板厚度。测厚仪通常安装在平整机出口一定距离的位置上。执行器安装在轧机上，用以调整压下量。这是一个纯滞后起主要作用的过程。纯滞后环节的输入/输出关系，如图 10-4-2 所示。

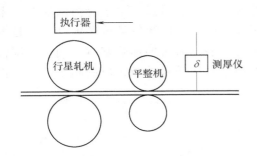

图 10-4-1　连续轧钢过程

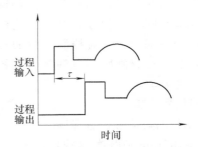

图 10-4-2　纯滞后环节的输入/输出关系

除过程本身的纯滞后以外，多个设备串联也会引起系统的纯滞后。例如，在生产过程中常有这样的操作情况：一个流水作业线或物料加工过程终端产品的质量指标是用改变作业线起始端的输入物料调节的。中间往往要经过很多道加工工序，或是要经过很多工艺设备。这时起始端物料流量的改变要引起终端产品质量指标发生改变，必然要经过一个较长的时间间隔，这个时间间隔一方面包括物料由起始端到终端的传输时间，另一方面包括物料在中间设备中的停留时间和处理时间，这两个时间有时甚至达数十分钟。

在这些过程中，由于纯滞后的存在，使得被调量不能及时反映系统所承受的扰动或系统的给定，即使测量信号到达调节器使得调节器立即工作，也需经过纯滞后时间 τ 以后（见图10-4-1），这时输出才能作用到被控量上使之受到控制。所以，滞后过程必然会产生较明显的超调和较长的调节时间。因此，调节系统存在纯滞后会造成闭环系统动态品质下降，纯滞后越大则系统控制品质就越差。

另外，在一些工业对象的调节过程中，测量装置会存在较大的纯滞后。这在成分分析仪表及质量仪表中较常见。这种纯滞后一般有两种：一种是取样脉冲导管太长而引起的纯滞后，另一种是测量系统中取样后进行处理分析和切换等待的时间所造成的纯滞后（可达数分钟以上）。在测量系统中存在的纯滞后同样会使调节系统的调节不及时而导致系统控制品质变差。

测量滞后主要是由测量元件本身的特性造成的。例如，在温度测量过程中，由于热电偶或热电阻存在着传热阻力和热容，它本身具有一定的时间常数 T_m，所以其输出总是滞后于被控参数的变化，从而引起了测量动态误差。由于测量变送装置滞后的存在，其任何时刻所提供的被控变量的数值都比被控变量小，这样，从变送器输出看，被控变量被控制得很好，参数并没有越出所允许的范围，但是，这只是一种假象，实际被控变量的数值可能早已越出了允许范围。测量变送环节的时间常数越大，这种假象就越严重。这种假象，掩盖了实际被控对象的超调量，这一点必须引起足够的重视。

信号传送滞后包括测量信号传送滞后和控制信号传送滞后两部分。

在现代工业生产过程中，测量元件、变送器和控制阀通常安装在现场设备上，控制器安装在控制室。现场变送器的输出信号要通过信号传输管线送往控制器，而控制器的输出信号又需要通过信号传输管线送往现场的控制阀。测量与控制信号的这种往返传送都需要通过控制室与现场之间这段距离，产生了信号传送滞后。对于电信号来说，传送滞后可以忽略不计，然而，对于气信号来说，传送滞后就不能不加以考虑，因为气动信号管线具有一定的容量。而测量信号传送滞后比较小，它的大小取决于气动信号管线的内径和长度，它对控制质量的影响与测量滞后的影响完全相同。对于控制信号传送滞后，由于它的末端有一个控制阀膜头空间，与信号管线相比它的容积就很大，因此，控制信号传送可以认为是控制阀特性的一部分，它对控制质量的影响与对象控制通道滞后的影响基本相同。控制信号管线越长，控制阀膜头空间越大，控制器的控制信号传送就越慢，控制越不及时，控制质量就越差。

克服信号传送滞后，可采用以下措施：

1）尽量缩短信号传送管线。

2）应用气-电和电-气转换器，将气压信号变为电信号传送。

3）在气压管线上安装气动继电器，或用气动阀门定位器，以提高气压信号的传输功率，减少信号传送滞后。

3. 纯滞后控制问题

纯滞后对象的控制一直是人们研究的重要课题。大纯滞后过程的控制难度高，其主要原因如下：

1）控制作用所根据的测量信号提供不及时，在输出（被控量）发生变化后一段时间进行调节，调节器才发出调节作用。

2）干扰作用不能及时被发现。

3）由控制理论可知，纯滞后的增加会引起开环频率特性中相位滞后的增大，其开环频率特性包围点（ -1 ，j0）的可能性也增大，从而降低了闭环系统的稳定裕度，就不得不减小调节器的放大系数，这有可能造成调节质量的下降。

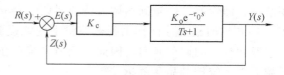

图 10-4-3　具有纯滞后 τ_0 的系统

首先以图 10-4-3 所示系统为例，讨论纯滞后 τ_0 对稳定性的影响。

设控制器用比例作用，放大系数为 K_c，当过程不存在纯滞后 τ_0 时，其开环传递函数为

$$W_k(s) = W_c(s)W_o(s) = \frac{K_c K_o}{Ts + 1}$$

由奈奎斯特判据可知，不论开环系数 $K_c K_o$ 为多大，闭环系统总是稳定的。频率特性图

如图 10-4-4 所示。

若过程存在纯滞后 τ_0，则过程传递函数为

$$W_o(s) = \frac{K_o}{Ts+1} e^{-\tau_0 s}$$

则系统的开环传递函数为

$$W'_k(s) = W_c(s) W_o(s) = \frac{K_c K_o}{Ts+1} e^{-\tau_0 s} \qquad (10\text{-}4\text{-}1)$$

由于纯滞后 τ_0 的存在仅使相位滞后增加了 $\omega\tau_0$ 弧度，而幅值不变。据此，可在无 τ_0 时的 $W(j\omega)$ 上取 ω_1、ω_2、$\omega_3 \cdots$ 各点，例如 A 点处，频率为 ω_1，取 $W(j\omega_1)$ 的幅值，但相位滞后则增加了 $\omega_1\tau_0$ 弧度，从而定出新的 $W'(j\omega_1)$ 点 A'，同理可得到 ω_1、ω_2、$\omega_3 \cdots$ 时的各点，将它们连接起来即为 $W'(j\omega)$ 的幅相频率特性图形。

由 $W'(j\omega)$ 特性曲线可见，具有纯滞后时，随着 $K_c K_o$ 的增大，有可能包围 $(-1,j0)$ 点，同时，若 τ_0 值大，包围 $(-1,j0)$ 点的可能性更大。所以，纯滞后时间 τ_0 的存在降低了控制系统的稳定性。

τ_0 对系统动态质量的影响可用图 10-4-5 来说明，其中曲线 C 为被控量在干扰作用下的变化趋势，曲线 A、B 分别代表无滞后和有滞后情况下操纵量对被控量的校正作用，曲线 D、E 表示无滞后和有滞后时，被控量在干扰和控制二者共同作用下的变化过程，y_0 为检测变送器的不灵敏区。当无 τ_0 时，控制器在 t_1 时刻感受正偏差信号而产生校正作用 A，从 t_1 以后被控量将沿此曲线 D 变化。当有纯滞后时，控制器从 t_1 时刻也感受到正偏差信号并发出校正作用，但被控量对此校正作用毫无反应，即在纯滞后 τ_0 时间内，被控量只受干扰作用的影响，只有在 $(t_1 + \tau_0)$ 之后，控制器的校正作用才对被控量起作用并沿曲线 E 变化。比较曲线 D 和 E，显见纯滞后使超调量增加了。反之，当控制器接受负偏差时，所产生的校正作用将使被控量继续下降，可能造成过渡过程的振荡加剧，以至回复时间拉长。

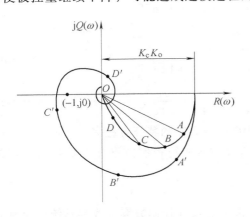

图 10-4-4 频率特性图

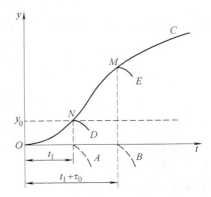

图 10-4-5 τ_0 对控制质量的影响

二、纯滞后常规控制

在纯滞后系统控制中，为了充分发挥 PID 的作用，改善滞后问题，主要采用常规 PID 的变形形式：微分先行控制和中间微分控制。微分先行控制和中间微分控制都是为了充分发挥

微分作用提出的。

1. 微分先行控制方案

微分作用的特点是能够按被控量变化速度的大小来校正被控量的偏差，它对克服超调现象能起很大作用。但是对于图 10-4-6 所示的 PID 控制方案，微分环节的输入是对偏差作了比例积分运算后的值。因此，实际上微分环节不能真正起到对被控量变化速度进行校正的目的，克服动态超调的作用是有限的。如果将微分环节更换一个位置，如图 10-4-7 所示，则微分作用克服超调的能力就大不相同了。这种控制方案称为微分先行控制方案。

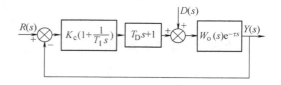

图 10-4-6　PID 控制系统框图

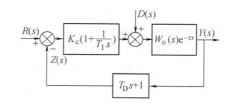

图 10-4-7　微分先行控制方案

在图 10-4-7 所示的微分先行控制方案中，微分环节的输出信号包括了被控量及其变化速度值。将它作为测量值输入到比例积分控制器中，这样使系统克服超调的作用加强了。

微分先行控制方案的闭环传递函数如下：

在给定值作用下，有

$$\frac{Y(s)}{R(s)} = \frac{K_c(T_I s + 1)e^{-\tau s}}{T_I s W_o^{-1}(s) + K_c(T_I s + 1)(T_D s + 1)e^{-\tau s}} \tag{10-4-2}$$

在扰动作用下，有

$$\frac{Y(s)}{D(s)} = \frac{T_I s e^{-\tau s}}{T_I s W_o^{-1}(s) + K_c(T_I s + 1)(T_D s + 1)e^{-\tau s}} \tag{10-4-3}$$

而图 10-4-6 所示的 PID 控制方案的闭环传递函数分别为

$$\frac{Y(s)}{R(s)} = \frac{K_c(T_I s + 1)(T_D s + 1)e^{-\tau s}}{T_I s W_o^{-1}(s) + K_c(T_I s + 1)(T_D s + 1)e^{-\tau s}} \tag{10-4-4}$$

$$\frac{Y(s)}{D(s)} = \frac{T_I s e^{-\tau s}}{T_I s W_o^{-1}(s) + K_c(T_I s + 1)(T_D s + 1)e^{-\tau s}} \tag{10-4-5}$$

由以上四个式子可见，微分先行控制方案和 PID 控制方案的特征方程完全相同。但是式 (10-4-2) 比式 (10-4-4) 少一个零点：$Z = -1/T_D$，所以微分先行控制方案比 PID 控制方案的超调量要小一些，提高了控制质量。

2. 中间微分反馈控制方案

与微分先行控制方案的设想相类似，可采用中间微分反馈控制方案来改善系统的控制质量。

图 10-4-8 所示为中间微分反馈控制方案原理，由图可见，系统中的微分作用是独立的，能在被控量变化时及时根据其变化的速度大小起附加校正作用，微分校正作用与 PI 控制器的输出信号无关，只在动态时起作用，而在静态时或在被控量变化速度恒定时就失去作用。

三、常规控制方案比较

图 10-4-9 给出了分别用 PID、微分先行和中间微分反馈三种方法进行控制的仿真结果。从图中可看出，中间微分反馈与微分先行控制方案虽比 PID 方法的超调量要小，但仍存在较大的超调，响应速度均很慢，不能满足高控制精度的要求。

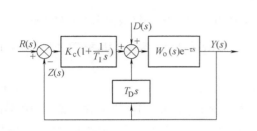

图 10-4-8　中间微分反馈控制方案

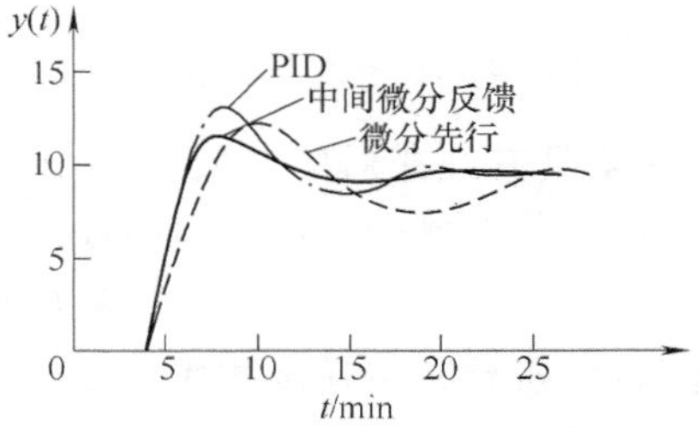

图 10-4-9　PID、微分先行、中间微分反馈
控制方案对定值扰动的响应曲线

四、Smith 补偿控制

纯滞后补偿控制的基本思路是：在控制系统中某处采取措施（如增加环节或增加控制支路等），使改变后系统的控制通道以及系统传递函数的分母不含有纯滞后环节，从而改善控制系统的控制性能及稳定性等。

Smith 控制算法又称 Smith 预估器，是 0. J. M. Smith20 世纪 50 年代末针对连续系统提出的一种设计思想，后来得到了广泛的研究与应用。

1. 纯滞后补偿原理

纯滞后现象通常是由传输问题所引起的，这里所说的纯滞后问题，是指在被控对象上所能检测到的参数是包含纯滞后在内的参数，而不包含纯滞后在内的中间参数是不能检测的。

综上所述，如果纯滞后环节处在控制系统内，则控制质量会急剧变差，如果能采取某些方法，能够将纯滞后环节排除在控制系统之外，会提高控制系统的控制质量。

假定广义对象的传递函数为

$$W_p(s) = W_o(s) e^{-\tau s} \tag{10-4-6}$$

式中 $W_o(s)$ 为对象传递函数中不包含纯滞后的那一部分。这种补偿办法是在广义对象上并联一个分路，设这一部分的传递函数为 $W_\tau(s)$，如图 10-4-10 所示。

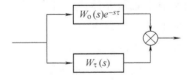

图 10-4-10　纯滞后补偿原理图

则并联后的等效传递函数为

$$W(s) = W_o(s) e^{-\tau s} + W_\tau(s) = W_o(s) \tag{10-4-7}$$

因此，可得

$$W_\tau(s) = W_o(s)(1 - e^{-\tau s}) \tag{10-4-8}$$

式（10-4-8）即是为了消除纯滞后的影响所应采用的补偿器模型。

2. 纯滞后补偿控制的效果

如果对象有纯滞后，其传递函数为 $W_o(s) e^{-\tau s}$，对其构成单回路系统，其框图如图 10-4-

11 所示。如果补偿之后能够将纯滞后环节排除在系统之外，就达到了改善控制系统质量的目的，补偿之后的框图如图 10-4-12 所示。

图 10-4-11 有纯滞后系统框图

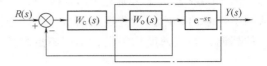

图 10-4-12 有纯滞后系统补偿后等效框图

现在给具有纯滞后的对象加上 Smith 补偿器，并构成单回路系统，其框图如图 10-4-13 所示。图中 Smith 补偿器的传递函数已导出为

$$W_\tau(s) = W_o(s)(1 - e^{-\tau s}) \tag{10-4-9}$$

将 Smith 补偿器传递函数代入后，框图 10-4-13 可画成图 10-4-14 的形式，而图 10-4-14 又进一步简化为图 10-4-15 形式。显然在图 10-4-1 中 $Y_2 = 0$，因此，图 10-4-15 可简化为图 10-4-16 的形式。

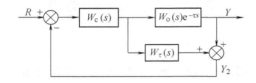

图 10-4-13 具有补偿器的单回路系统

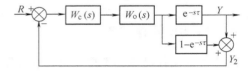

图 10-4-14 Smith 补偿器框图

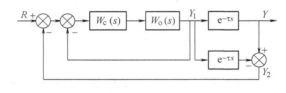

图 10-4-15 Smith 补偿器转化框图

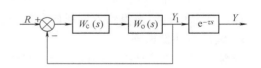

图 10-4-16 Smith 补偿器等效框图

图 10-4-16 是具有纯滞后对象加上 Smith 补偿后构成的单回路系统的等效框图。从图 10-4-16 中不难看出 Y 与 Y_1 的变化相同，只是在时间上相差一个时间 τ，因此，在给定值 R 作阶跃变化时，Y_1 与 Y 在过渡过程形状和系统品质指标方面都完全相同。再从图 10-4-16 所示系统本身来考虑，Y 对系统响应的过渡过程与 Y_1 也是完全相同的，所不同的只是响应时间比 Y_1 向后推迟了一个纯滞后时间 τ。

由控制原理可知，系统中没有纯滞后的 Y 的变化比系统中有纯滞后的 Y 的变化要小，控制质量要高。而图 10-4-16 中 Y 的变化与系统中没有纯滞后的 y 的变化相同，只是在响应时间上向后推迟了一个时间 τ，因此，图 10-4-16 所示系统与图 10-4-12 所示系统相比，控制质量要高。这就是说，在具有纯滞后对象上加入 Smith 补偿环节后，控制质量会获得提高。

需要指出的是，在实际应用中，为了便于实施，Smith 补偿器 $W_o(s)e^{-\tau s}$ 是被反向并联于控制器 $W_c(s)e^{-\tau s}$ 上的，如图 10-4-17 所示。显然它与图 10-4-13 是等效的。

可见，经补偿后，传递函数特征方程中已消除时间滞后项，也就是消除了时滞对系统控制品质的影响。下面用实例说明史密斯控制方案的应用。

例 10-4-1　Smith 预估器在纯滞后矿仓料位控制中的应用。在钢铁行业的烧结厂中，混合料仓料位参数的准确控制是平衡和稳定烧结生产的重要手段。矿仓料位系统的工艺流程如图 10-4-18 所示。

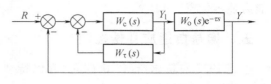

图 10-4-17　Smith 补偿器转化框图

图 10-4-18 中，矿仓源头落料点在配料圆盘处，物料需经 1、2、3、4 共 4 条传送带和 2 个混合机才能到达矿仓，纯滞后时间达 11min。

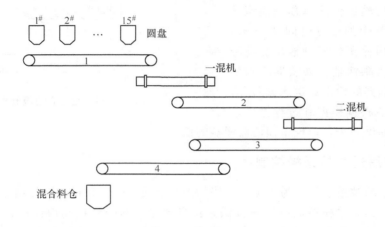

图 10-4-18　矿仓料位系统的工艺流程

在烧结生产中，混合料仓的料位必须严格地控制在 60% 处，上下限波动为 ±10%，即上下限分别为 50% ~70%。

如果料位过高，则烧结机遇故障停机时，1 号传送带带料停机，重新起动很容易烧毁电动机；如果料位过低，则容易造成烧结机断料，点火器空烧烧结机，出现严重的设备隐患。混合料仓的容量只有 80t，混合料的上料量约 800t/h，面对如此大的上料量，纯滞后时间达 11min，而自身容量非常小的混合料仓对料位的调节能力很有限。

采用传统的 PID 控制不能很好地控制矿仓料位。采用如图 10-4-19 所示的 Smith 预估控制系统可成功地解决这一问题。

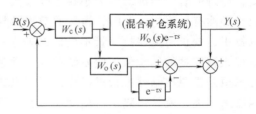

图 10-4-19　Smith 预估控制系统

图 10-4-20 表明料位波动都在 3 % 以内。所以，采用了 Smith 预估补偿控制策略后，预估器能够有效地克服纯滞后和外因扰动而引起的料位波动，该系统和常规的 PID 控制相比，具有控制品质高、鲁棒性能好和抗干

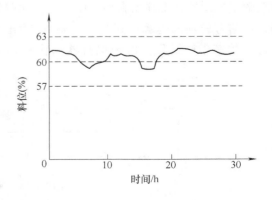

图 10-4-20　料位波动图

扰能力强等优点。

五、增益自适应补偿控制

这是 1977 年贾尔斯（R. F. Giles）和巴特利（T. M. Bartley）在 Smith 补偿方案上提出来的，其结构如图 10-4-21 所示。

增益自适应补偿控制在 Smith 补偿控制基础上增加了一个除法器、一个导前微分环节（识别器）和一个乘法器。除法器是将过程的输出值除以预估模型的输出值；识别器中的微分时间 $T_D = \tau_0$，它将使过程输出比预估模型输出提前纯滞后时间 τ_0 进入乘法器；乘法器将预估器输出乘以识别器的输出后送入调节器。利用这三个环节根据模型和过程输出信号之间的比值提供一个自动校正预估器增益的信号。

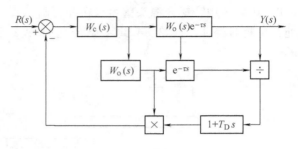

图 10-4-21　增益自适应补偿

六、纯滞后过程的采样控制

对于大滞后的被控过程，为了提高系统的控制品质，除了采用上述控制方案外，还可以采用采样控制方案。采样控制的操作方法是：当被控过程受到扰动而使被控量偏离给定值时，即采样一次被控量与给定值的偏差，发出一个操作信号，然后保持该操作（控制）信号不变，保持的时间与纯滞后τ大小相等或较大一些。当经过 τ 时间后，由于操作信号的改变，被控量必然有所反应，此时，再按照被控量与给定值的偏差及其变化方向与速度值来进一步加以校正，校正后又保持其量不变，再等待一个纯滞后 τ。这样重复上述动作规律，一步一步地校正被控量的偏差值，使系统趋向一个新的稳定状态。这种"调一下，等一等"方法的核心思想是避免控制器进行过操作，而宁愿让控制作用弱一些、慢一些。以上动作规律若用控制器来实现，就是每隔 τ 时刻动作一次的采样控制器。

图 10-4-22 所示为一个典型的采样控制系统框图。图中，数字控制器相当于前述过程控制系统中的控制器；S_1、S_2 表示采样器，它们周期地同时接通或同时断开。当 S_1、S_2 接通时，数字控制器在上述闭合回路中工作，此时偏差 $e(t)$ 被采样，由采样器 S_1 送入数字控制器，经信号转换与运算，通过采样器 S_2 输出控制信号 $u^*(t)$，再经保持器输出连续信号 $u(t)$ 去控制生产过程。由于保持器的作用，在两次采样间隔期间，执行器的位置保持不变。

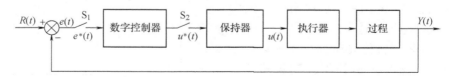

图 10-4-22　采样控制系统

例 10-4-2　高压聚乙烯熔融值采样控制。

图 10-4-23 所示为某高压聚乙烯生产线，原料乙烯和添加剂（C. T. A）先经过压缩，然后经混合、二次压缩、冷却、反应、高压分离、低压分离等工艺过程，进入热挤压机，挤压成形后切粒（成品）。

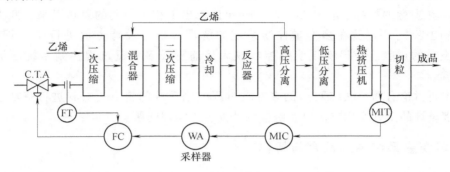

图 10-4-23　高压聚乙烯生产线及 MI 值控制系统

熔融值是聚乙烯成品的主要质量指标之一（以下简称 MI 指标），它主要通过调节原料入口处的添加剂量来控制。为此，在热挤压机出口处安装 MI 值变送器，其输出为标准的电流信号，送给 MI 控制器，控制器的输出经采样器（由采样开关和零阶保持器组成）后，作为C. T. A 流量控制器的外给定，构成如图 10-4-23 所示的 MI 值控制系统，其框图如图 10-4-24所示，为一串级采样控制系统。

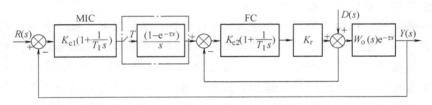

图 10-4-24　高压聚乙烯生产线及 MI 值控制系统框图

该系统的 MI 控制器及流量控制器均采样 PI 控制规律，副被控过程（流量过程）的特性用放大环节来表示，主被控过程用一阶加纯滞后特性来描述，其时间常数 T_o = 70min，τ = 15min。

若采样时间（采样开关信号的宽度）为 4min，采样周期为 25min，控制器的整定参数 δ = 300%，T_I = 30min，系统运行的记录曲线如图 10-4-25 所示，满足了生产工艺要求。

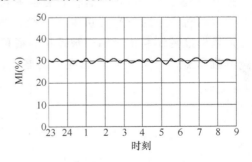

图 10-4-25　MI 值记录曲线

第五节　多变量解耦控制系统

前面各章讨论的都是单变量过程控制系统的分析与设计，其特点是系统中只由一个控制量（操纵变量）来控制一个被控量，也就是说一个系统只有一个输入量和一个输出量。事实上，任何一个生产过程都不可能仅在单变量（单输入-单输出）下工作，尤其是随着工业的发展，生产规模越来越大，在一个过程控制系统中，需要控制的变量（被控量）及需要进行操作的变量（控制量）常不止一对，而且这些变量之间又常以各种形式相互关联着。这正是变量过程控制系统的重要特征。由于系统间这种耦合关系的存在，常使多变量系统的控制难以达到满意的指标。自从 20 世纪 50 年代提出不相干控制的思想以来，几十年来有很多学者和工程技术人员在多变量控制系统的解耦分析与设计方面进行了大量的工作，并做出了杰出的贡献。使得实现解耦控制成为目前阶段多变量过程控制系统分析与设计的主要内容。

本节主要讨论有强关联（耦合）的多变量过程控制系统的特点、对其进行解耦控制的可能性、解耦设计的工程实用方法以及解耦设计的若干实现问题。

一、多变量系统中的耦合与解耦

对存在着变量（系统）间耦合的多变量系统进行解耦设计后，可使耦合的多变量系统成为一些彼此独立的单变量系统，剩下的问题就是按照控制要求对这些变量系统进行设计了。

1. 解耦控制的必然性

在许多过程控制系统中，各系统间的耦合是经常存在的。当被控变量只受本系统控制变量影响，而与其他系统控制变量无关，以及控制变量只接受本系统被控变量的反馈影响，而与其他系统的被控变量无关时，该系统即为无耦合系统。相反，假如一个系统的作用对另一个系统也产生影响，则说明这些系统间存在耦合。

目前，许多单变量控制系统之所以能正常工作，是因为在某些情况下，这种耦合的程度不高，或者说，有些系统间只是一种松散联系，因此可以把这样的系统相对孤立起来，按照简单的单变量系统的方式进行分析与设计。但也有不少生产过程中，变量间的关联比较紧密，一个控制变量的变化，会同时引起多个被控变量的变化。在这种情况下就不能简单地将其分为若干个变量系统进行分析与设计了，否则不但得不到满意的控制效果，甚至得不到稳定的控制过程。生产过程中这种具有强关联的多输入-多输出是大量存在的。

现以两对变量为例来分析说明系统的耦合现象及其对控制过程的影响。图 10-5-1 为一个蒸馏塔温度控制系统。图中被控量为塔顶温度 T_1 和塔底温度 T_2；控制量为回流量 L 和加热蒸汽流量 Q_H。T_1C 为塔顶温度控制器（传递函数用 G_{c1} 表示），它的输出 u_1 控制回流调节

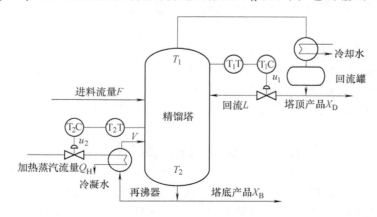

图 10-5-1 蒸馏塔温度控制系统

阀，调节塔顶回流量 L，从而实现对塔顶温度 T_1 的控制。T_2C 为塔底温度控制器，它的输出 u_2 控制再沸器加热蒸汽调节阀，调节加热蒸汽流量 Q_H，实现对塔底温度 T_2 的控制。显然，u_1 的变化不仅影响 T_1，还会影响 T_2；同样，u_2 的变化不仅影响 T_2，还会影响 T_1。很显然，两个控制回路之间存在耦合关系。

当塔顶温度 T_1 稳定在设定值 T_{10} 时，如果某种干扰使塔底温度 T_2 偏离设定值 T_{20} 并降低，塔底温度控制器 T_2C 的输出 u_2 将发生变化，使蒸汽调节阀开大，增加加热蒸汽流量 Q_H，期望塔底温度 T_2 升高并回到 T_{20}。当加热蒸汽流量 Q_H 增加时，通过再沸器使精馏塔内的上升蒸汽流量增加，又会导致塔顶温度 T_1 升高。当塔顶温度 T_1 升高而偏离其设定值 T_{10} 时，塔顶温度控制器 T_1C 的输出 u_1 改变，使回流调节阀开大，增加回流量，期望塔顶温度 T_1 降低并回到 T_{10}。当回流量增加时不但塔顶温度 T_1 降低，也会导致塔底温度 T_2 降低；塔顶温度控制器 T_1C 的控制作用与此时塔底温度控制器 T_2C 增加加热蒸汽流量 Q_H，期望塔底温度 T_2 升高并回到设定值是矛盾的，如果这种耦合严重，将影响系统的正常运行。

2. 解耦的方法思想

多输入/多输出过程的传递函数可表示为

$$G(s) = \frac{Y(s)}{U(s)} = \begin{bmatrix} G_{11}(s) & G_{12}(s) & \cdots & G_{1m}(s) \\ G_{21}(s) & G_{22}(s) & \cdots & G_{2m}(s) \\ \vdots & \vdots & & \vdots \\ G_{n1}(s) & G_{n2}(s) & \cdots & G_{nm}(s) \end{bmatrix} \qquad (10\text{-}5\text{-}1)$$

式中　n——输出变量数；

　　　m——输入变量数；

　$G_{ij}(s)$——第 j 个输入与第 i 个输出间的传递函数，它反映着该输入与输出间的耦合关系。

　　　　　在解耦问题的讨论中，通常取 $n = m$，这与大多数实际过程相符合。

变量间的耦合给过程控制带来了很大的困难，因为很难为各个控制通道确定满足性能要求的控制器。从前面的讨论可知，单回路控制系统是最简单的控制方案，因此解决多变量耦合过程控制的最好方法是解决变量之间的不希望的耦合，形成各个独立的单输入/单输出的控制通道，使得此时过程的传递函数为

$$G(s) = \begin{bmatrix} G_{11}(s) & & & 0 \\ & G_{22}(s) & & \\ & & \ddots & \\ 0 & & & G_{nm}(s) \end{bmatrix} \qquad (10\text{-}5\text{-}2)$$

实现复杂过程的解耦有三个层次的办法：

1）突出主要被控参数，忽略次要被控参数，将过程简化为单参数过程。

2）寻求输入/输出间的最佳匹配，选择因果关系最强的输入/输出，逐对构成各个控制通道，弱化各控制通道之间即变量之间的耦合。

3）设计一个补偿器 $N(s)$，与原过程 $G(s)$ 构成一广义过程 $G_g(s)$，使 $G_g(s)$ 成为对角线阵，即

$$G_g(s) = G(s)N(s) = \begin{bmatrix} G_{g11}(s) & & & \\ & G_{g22}(s) & & \\ & & \ddots & \\ & & & G_{gnm}(s) \end{bmatrix} \qquad (10\text{-}5\text{-}3)$$

第一种方法最简单易行，但只适用于简单过程或控制要求不高的场合。第二种方法考虑到变量之间的耦合，但这种配对只有在存在弱耦合的情况下，才能找到合理的输入/输出间的组合。第三种方法原则上适用于一般情况，但要找到适当的补偿器并能实现，则要复杂得多，因此要视不同要求和场合选用不同方法。第一种方法已在第三章单回路控制系统中讨论，故这里着重讨论后两种方法。

解耦有两种方式：静态解耦和动态解耦。静态解耦只要求过程变量达到稳态时实现变量间的解耦，讨论中可将传递函数简化为比例系数。动态解耦则要求不论在过渡过程或稳态场合，都能实现变量间的解耦。为简便起见，讨论将从静态解耦开始，所用的方法同样可用于动态解耦，并得出相应的结论。

二、相对增益的概念及其性质

在多变量控制系统中，确定多变量系统是否需要解耦的关键是合理地选择被控量和控制量间的配对关系以及确定系统间的耦合度。相对增益是解决这个问题的理论依据。相对增益是用来定量给出各变量间的静态耦合程度，虽有一定的局限性，但使用它完全可以选出使回路关联程度最弱的被控变量和控制变量的搭配关系。

1. 变量配对与系统耦合度的关系

控制系统之间的关联程度还可用传递函数矩阵表示，图 10-5-2 为双输入/双输出控制系统框图。如果 $G_{12}(s)$ 和 $G_{21}(s)$ 为零，则两个控制通道各自独立，没有关联。被控系统的传递函数矩阵为

$$Y(s) = \begin{pmatrix} Y_1(s) \\ Y_2(s) \end{pmatrix} = \begin{pmatrix} G_{11}(s) & G_{12}(s) \\ G_{21}(s) & G_{22}(s) \end{pmatrix} \begin{pmatrix} U_{c1}(s) \\ U_{c2}(s) \end{pmatrix}$$

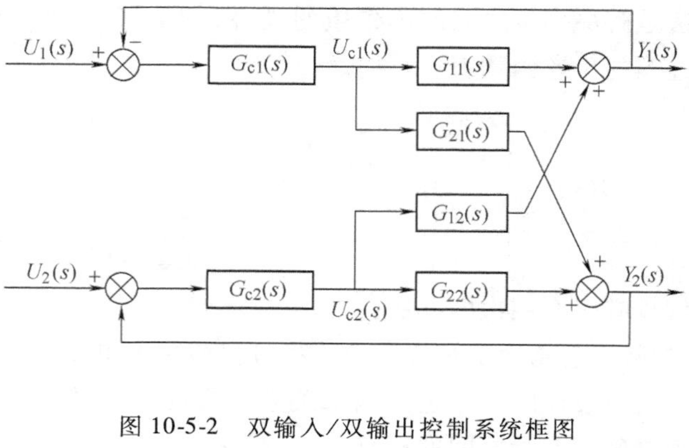

图 10-5-2　双输入/双输出控制系统框图

如果 $G_{12}(s)$ 和 $G_{21}(s)$ 有一个为零，则系统是半耦合的。如果 $G_{12}(s)$ 和 $G_{21}(s)$ 都不等于零，则系统是耦合的。系统间无耦合时，一个控制回路是处于开环或闭环状态，对另一个回

路没有影响。但当系统间存在耦合时，情况就不同了。例如，当回路 2 开环时，$U_1 \to Y_1$ 的传递函数是 $G_{11}(s)$，只有一条通道；当回路 2 闭环时，$U_1 \to Y_1$ 除了上述直接通道外，还有 $U_1 \to Y_2 \to U_1 \to Y_1$ 的间接通道。

下面以图 10-5-2 所给出的双输入/双输出系统为例来分析变量配对对系统耦合度的影响。图中 $G_{c1}(s)$、$G_{c2}(s)$ 为两个主通道的调节器，均采用 P 控制规律。假设调节器的比例系数为 $K_{c1} = K_{c2} = 1$，控制对象的数学模型为

$$G(s) = \begin{pmatrix} G_{11}(s) & G_{12}(s) \\ G_{21}(s) & G_{22}(s) \end{pmatrix} = \begin{pmatrix} \dfrac{2}{s+1} & \dfrac{3}{s+1} \\ \dfrac{4}{s+1} & \dfrac{1}{s+1} \end{pmatrix} \tag{10-5-4}$$

如果各被控通道只考虑其静态增益的影响，则图 10-5-2 可化为图 10-5-3 所示的静态系统。由图可得

$$U_{c1} = U_1 - Y_1 \tag{10-5-5}$$

$$U_{c2} = U_2 - Y_2 \tag{10-5-6}$$

$$Y_1 = 2U_{c1} + 3U_{c2} \tag{10-5-7}$$

$$Y_2 = 4U_{c1} + U_{c2} \tag{10-5-8}$$

以上四式联立，整理得

$$Y_1 = \frac{8}{7}U_1 - \frac{3}{14}U_2 \tag{10-5-9}$$

$$Y_2 = -\frac{2}{7}U_1 + \frac{13}{14}U_2 \tag{10-5-10}$$

从式(10-5-9)和式(10-5-10)可看出，在稳态情况下，Y_1 主要由 U_1 决定，但仍与 U_2 有关，Y_2 主要由 U_2 决定，但仍然受 U_1 的影响。

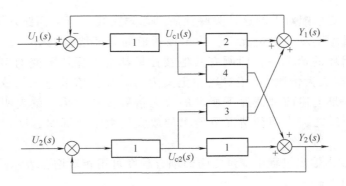

图 10-5-3 图 10-5-2 的简化图

若改变配对关系，选择 U_{c1} 控制 Y_2，U_{c2} 控制 Y_1，则系统结构图如图 10-5-4 所示，同样有

$$U_{c1} = U_1 - Y_2 \tag{10-5-11}$$

$$U_{c2} = U_2 - Y_1 \tag{10-5-12}$$

$$Y_1 = 2U_{c2} + 3U_{c1} \tag{10-5-13}$$

$$Y_2 = U_{c1} + 4U_{c2} \tag{10-5-14}$$

以上四式联立，整理得

$$Y_1 = -\frac{1}{11}U_1 + \frac{17}{22}U_2 \tag{10-5-15}$$

$$Y_2 = \frac{9}{11}U_1 + \frac{1}{22}U_2 \tag{10-5-16}$$

由式（10-5-15）和式（10-5-16）可见，Y_1 基本由 U_2 决定，U_1 对 Y_1 的影响可忽略不计，Y_2 基本由 U_1 决定，U_2 对 Y_2 的影响很小。

以上是对稳态情况的耦合度进行分析。事实上，这种分析也适合于系统间的动态耦合情况。上述的分析方法是从系统框图入手寻找各变量配对下的耦合效果，从而找到最佳配对，这不是一个通用的方法，不能由此得到一般的结论。

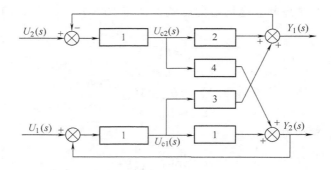

图 10-5-4　图 10-5-2 的另一种变量配对图

2. 相对增益的概念

相对增益是用来衡量一个选定的控制量与其配对的被控量间相互影响大小的尺度。因为它是相对于系统中其他控制量对该被控量的影响来说的，故称其为相对增益，即相对放大倍数。

为了衡量某一变量配对下的这种关联性质，首先在其他所有回路均为开环的情况下，即所有其他控制量均不改变的情况下，找出该通道的开环增益（第一放大倍数），然后在所有其他回路都闭环的情况下，即所有其他被控量都基本保持不变的情况下，找出该通道的开环增益（第二放大倍数）。相对增益定义为第一放大倍数与第二放大倍数之比，用 λ_{ij} 表示。显然，如果上述两种情况下所求的放大倍数没有变化，就表明该通道与其他通道间不存在关联。反之，当两种情况下所求的放大倍数不相同时，则说明了各通道间有耦合联系。

所以，多输入/多输出过程中变量之间的耦合程度可用相对增益表示。设过程输入 $U = [u_1 u_2 \cdots u_n]^T$，输出 $Y = [y_1 y_2 \cdots y_n]^T$，令

$$p_{ij} = \frac{\partial y_i}{\partial u_j}\bigg|_{u_r} \quad (r \neq j) \tag{10-5-17}$$

此式表示在 $u_r(r \neq j)$ 不变时，输出 y_i 对输入 u_j 的传递关系或静态放大系数，这里称之为通道 u_j 到 y_i 的第一放大系数。又令

$$q_{ij} = \frac{\partial y_i}{\partial u_j}\bigg|_{y_r} \quad (r \neq i) \tag{10-5-18}$$

此式表示 $u_r(r \neq i)$ 在调整使所有 $y_r(r \neq i)$ 不变时，输出 y_i 对输入 u_j 的传递关系或静态放

大系数，称之为通道 u_j 到 y_i 的第二放大系数。

则通道的相对增益按定义将为

$$\lambda_{ij} = \frac{p_{ij}}{q_{ij}} = \frac{\left.\dfrac{\partial y_i}{\partial u_j}\right|_{u_r = \text{const}}}{\left.\dfrac{\partial y_i}{\partial u_j}\right|_{y_r = \text{const}}} = \frac{\left.\dfrac{\partial y_i}{\partial u_j}\right|_{u_r}}{\left.\dfrac{\partial y_i}{\partial u_j}\right|_{y_r}} \qquad (10\text{-}5\text{-}19)$$

式中：分子表示其他回路均为开环，即其他控制量 $u_r(r = 1, 2, \cdots, n, r \neq j)$ 均不变时，该通道的开环增益；分母表示其他回路闭环，即其他回路控制量在调整，而其对应的被控量 $y_r(r = 1, 2, \cdots, n, r \neq i)$ 均不变时，该通道的开环增益。

根据定义可求出每一个控制量与每一个被控量之间的相对增益，整个多输入/多输出过程各变量间的耦合程度可用系统的相对增益矩阵来表示，即

$$\Lambda = (\lambda_{ij})_{n \times n} = \begin{bmatrix} \lambda_{11} & \lambda_{12} & \cdots & \lambda_{1n} \\ \lambda_{21} & \lambda_{22} & \cdots & \lambda_{2n} \\ \vdots & \vdots & & \vdots \\ \lambda_{n1} & \lambda_{n2} & \cdots & \lambda_{nn} \end{bmatrix} \qquad (10\text{-}5\text{-}20)$$

增益是静态参数，相对增益矩阵表示控制系统在静态时的关联程度。

由定义可知，第一放大系数 p_{ij} 是在过程其他输入 u_r 不变的条件下，u_j 到 y_i 的传递关系，也就是只有 u_j 输入作用对 y_i 的影响。第二放大系数 q_{ij} 是在过程其他输出 y_r 不变的条件下，u_j 到 y_i 的传递关系，也就是在 $u_r(r \neq j)$ 变化时，u_j 到 y_i 的传递关系。λ_{ij} 则是两者的比值，这个比值的大小反映了变量之间即通道之间的耦合程度。

1）若 $\lambda_{ij} = 1$，表示在其他输入 $u_r(r \neq j)$ 不变和变化两种条件下，u_j 到 y_i 的传递不变，也就是说，输入 u_j 到 y_i 的通道不受其他输入的影响，因此不存在其他通道对它的耦合。

2）若 $\lambda_{ij} = 0$，表示 $p_{ij} = 0$，即 u_j 到 y_i 没有影响，不能控制 y_i 的变化，因此该通道的选择是错误的。

3）若 $0 < \lambda_{ij} < 1$，则表示 u_j 到 y_i 的通道与其他通道间有强弱不等的耦合。

4）若 $\lambda_{ij} > 1$，表示耦合减弱了 u_j 到 y_i 的控制作用。

5）而 $\lambda_{ij} < 0$ 则表示耦合的存在使 u_j 到 y_i 的控制作用改变了方向和极性，从而有可能造成正反馈而引起控制系统的不稳定。

从上述定性分析可以看出，相对增益的值反映了某个控制通道的作用强弱和其他通道对它的耦合的强弱，因此可作为选择控制通道和决定采用何种解耦措施的依据。

3. 相对增益的求法

由定义可知，求相对增益需要先求出放大系数 p_{ij} 和 q_{ij}，这两个放大系数的求法如下。

（1）实验法 按定义所述，先在保持其他输入 u_r 不变的情况下，求得在 Δu_j 作用下输出 y_i 的变化 Δy_i，由此可得

$$p_{ij} = \left.\frac{\Delta y_i}{\Delta u_j}\right|_{u_r} \qquad i = 1, 2, \cdots, n \qquad (10\text{-}5\text{-}21)$$

依次变化 u_j，$j = 1, 2, \cdots, n\,(j \neq r)$，同理可求得全部的 p_{ij} 值，可得到

$$\boldsymbol{P} = (p_{ij})_{n \times n} = \begin{bmatrix} p_{11} & p_{12} & \cdots & p_{1n} \\ p_{21} & p_{22} & \cdots & p_{2n} \\ \vdots & & & \vdots \\ p_{n1} & p_{n2} & \cdots & p_{nn} \end{bmatrix} \qquad (10\text{-}5\text{-}22)$$

其次在 Δu_j 作用下，保持 $y_r(r \neq i)$ 不变，此时需调整 $u_r(r \neq j)$ 值，测得此时的 Δy_i，再求得

$$q_{ij} = \frac{\Delta y_i}{\Delta u_j}\bigg|_{y_r} \quad i = 1, 2, \cdots, n$$

同样依次变化 u_j，$j = 1, 2, \cdots, n$，$j \neq r$，再逐个测得 Δy_i 值，就可得到全部的 q_{ij} 值，由此可得

$$\boldsymbol{Q} = (q_{ij})_{n \times n} = \begin{bmatrix} q_{11} & q_{12} & \cdots & q_{1n} \\ q_{21} & q_{22} & \cdots & q_{2n} \\ \vdots & \vdots & & \vdots \\ q_{n1} & q_{n2} & \cdots & q_{nn} \end{bmatrix} \qquad (10\text{-}5\text{-}23)$$

再逐项计算相对增益为

$$\lambda_{ij} = \frac{p_{ij}}{q_{ij}}$$

可得到相对增益矩阵为

$$\Lambda = \begin{bmatrix} \lambda_{11} & \lambda_{12} & \cdots & \lambda_{1n} \\ \lambda_{21} & \lambda_{22} & \cdots & \lambda_{2n} \\ \vdots & \vdots & & \vdots \\ \lambda_{n1} & \lambda_{n2} & \cdots & \lambda_{nn} \end{bmatrix} \qquad (10\text{-}5\text{-}24)$$

用这种方法求相对增益，只要实验条件满足定义的要求，则能够得到接近实际的结果。但从实验方法而言，求第一放大系数还比较简单易行，而求第二放大系数的实验条件相当难以满足，特别在输入/输出对数较多的情况下，因此实验法求相对增益有一定困难。

（2）解析法　基于对过程工作机理的了解，通过对已知输入/输出之间的数学关系的变换和推导，求得相应的相对增益矩阵。为了说明这种方法，现举一个例子。

例 10-5-1　流量过程如图 10-5-5 所示，求此过程的相对增益矩阵。图中 1 和 2 为线性特性控制阀，阀的控制量分别为 u_1 和 u_2，用 q_h 代表流量，它和压力 p_1 为被控量。

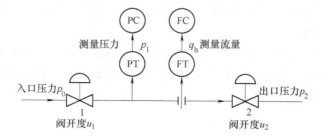

图 10-5-5　两个串联阀门控制一个管道中的流量和压力

解： 令 $Q = q_h^2$，根据管内流量和压力的关系，有

$$Q = u_1(p_0 - p_1) = u_2(p_1 - p_2) \tag{10-5-25}$$

由此可得

$$Q = \frac{u_1 u_2}{u_1 + u_2}(p_0 - p_2) \tag{10-5-26}$$

对输出 Q 而言，它对输入 u_1 的第一放大系数为

$$p_{11} = \left.\frac{\partial Q}{\partial u_1}\right|_{u_2} = \left(\frac{u_2}{u_1 + u_2}\right)^2 (p_0 - p_2) \tag{10-5-27}$$

Q 对 u_1 的第二放大系数为

$$q_{11} = \left.\frac{\partial Q}{\partial u_1}\right|_{p_1} = \frac{u_2}{u_1 + u_2}(p_0 - p_2) \tag{10-5-28}$$

故有

$$\lambda_{11} = \frac{p_{11}}{q_{11}} = \frac{u_2}{u_1 + u_2} = \frac{p_0 - p_1}{p_0 - p_2} \tag{10-5-29}$$

同理可求得 u_2 到 Q 通道的相对增益为

$$\lambda_{12} = \frac{p_{12}}{q_{12}} = \frac{p_1 - p_2}{p_0 - p_2} \tag{10-5-30}$$

为求输出 p_1 通道的相对增益，可将式（10-5-25）改写为

$$p_1 = p_0 - \frac{Q}{u_1} = p_2 + \frac{Q}{u_2} = \frac{p_0 u_1 + p_2 u_2}{u_1 + u_2} \tag{10-5-31}$$

即可求得 p_1 与 u_1 和 u_2 两个通道的相对增益为

$$\lambda_{21} = \frac{p_{21}}{q_{21}} = \frac{p_1 - p_2}{p_0 - p_2} \tag{10-5-32}$$

$$\lambda_{22} = \frac{p_{22}}{q_{22}} = \frac{p_0 - p_1}{p_0 - p_2} \tag{10-5-33}$$

由此可得输入为 u_1 和 u_2、输出为 q_h 和 p_1 的过程的相对增益矩阵为

$$\Lambda = \begin{bmatrix} \lambda_{11} & \lambda_{12} \\ \lambda_{21} & \lambda_{22} \end{bmatrix} = \begin{bmatrix} \dfrac{p_0 - p_1}{p_0 - p_2} & \dfrac{p_1 - p_2}{p_0 - p_2} \\[3mm] \dfrac{p_1 - p_2}{p_0 - p_2} & \dfrac{p_0 - p_1}{p_0 - p_2} \end{bmatrix} \tag{10-5-34}$$

式（10-5-34）说明以下两个问题：

1）由于 $p_0 > p_1 > p_2$，所以相对增益矩阵中各个元素的分母总是大于分子的，因此，各相对增益都在 $0 \sim 1$ 之间。

2）如何根据 Λ 选择合理的变量配对，这主要取决于 $(p_0 - p_1)$ 和 $(p_1 - p_2)$ 的大小，假如 $(p_0 - p_1) > (p_1 - p_2)$，则 $\lambda_{11} > \lambda_{12}$，故用阀 1 控制流量较好些；若 $(p_0 - p_1) < (p_1 - p_2)$，则此时 $\lambda_{11} < \lambda_{12}$，故用阀 2 控制流量较好，也就是说用压降较大的阀门控制流量较好。

本例是一个简单的双输入/双输出过程，从它的相对增益矩阵中，可看到一个很有趣的现象，即

$$\lambda_{11} + \lambda_{12} = \lambda_{21} + \lambda_{22} = 1$$
$$\lambda_{11} + \lambda_{21} = \lambda_{12} + \lambda_{22} = 1 \tag{10-5-35}$$

也就是说，相对增益矩阵中同一列或同一行的元之和为 1。

这种现象是偶然出现，还是有普遍意义呢？这里再看一个更一般的情况。

设两输入/两输出过程的传递函数为

$$W(s) = \begin{bmatrix} W_{11}(s) & W_{12}(s) \\ W_{21}(s) & W_{22}(s) \end{bmatrix} \tag{10-5-36}$$

只考虑静态放大系数，则有

$$W(s) = \begin{bmatrix} k_{11} & k_{12} \\ k_{21} & k_{22} \end{bmatrix} \tag{10-5-37}$$

由此可得

$$y_1 = k_{11}u_1 + k_{12}u_2$$
$$y_2 = k_{21}u_1 + k_{22}u_2 \tag{10-5-38}$$

可求得

$$p_{11} = \left. \frac{\partial y_1}{\partial u_1} \right|_{u_2} = k_{11} \tag{10-5-39}$$

由式（10-5-38）可得

$$y_1 = k_{11}u_1 + \frac{y_2 - k_{21}u_1}{k_{22}}k_{12} \tag{10-5-40}$$

则

$$q_{11} = \left. \frac{\partial y_1}{\partial u_1} \right|_{y_2} = k_{11} - \frac{k_{12}k_{21}}{k_{22}} = \frac{k_{11}k_{22} - k_{12}k_{21}}{k_{22}} \tag{10-5-41}$$

故

$$\lambda_{11} = \frac{p_{11}}{q_{11}} = \frac{k_{11}k_{22}}{k_{11}k_{22} - k_{12}k_{21}} \tag{10-5-42}$$

用同样方法，依次可求得

$$\lambda_{12} = \frac{p_{12}}{q_{12}} = \frac{-k_{12}k_{21}}{k_{11}k_{22} - k_{12}k_{21}} \tag{10-5-43}$$

$$\lambda_{21} = \frac{p_{21}}{q_{21}} = \frac{-k_{12}k_{21}}{k_{11}k_{22} - k_{12}k_{21}} \tag{10-5-44}$$

$$\lambda_{22} = \frac{p_{22}}{q_{22}} = \frac{k_{11}k_{22}}{k_{11}k_{22} - k_{12}k_{21}} \tag{10-5-45}$$

由此可见，式（10-5-35）的关系同样成立。可见这不是偶然现象，后面将给出证明。

（3）间接法　上述两种方法都要求第二放大系数，比较麻烦。可以利用第一放大系数，间接求得相对增益。

式（10-5-38）可写成

$$Y = KU = PU \tag{10-5-46}$$

式中 $Y = [y_1 y_2]^T$，$K = \begin{bmatrix} k_{11} & k_{12} \\ k_{21} & k_{22} \end{bmatrix} = P$，$U = [u_1 \quad u_2]^T$。

式(10-5-46)可改写成

$$U = HY \qquad (10\text{-}5\text{-}47)$$

式中 $H = \begin{bmatrix} h_{11} & h_{12} \\ h_{21} & h_{22} \end{bmatrix}$，故式(10-5-47)可写成

$$
\begin{aligned}
u_1 &= h_{11}y_1 + h_{12}y_2 \\
u_2 &= h_{21}y_1 + h_{22}y_2
\end{aligned} \qquad (10\text{-}5\text{-}48)
$$

由式(10-5-46)和式(10-5-47)可得

$$PH = KH = I \qquad (10\text{-}5\text{-}49)$$

由此可解得 H，并对照式(10-5-41)可得

$$
\begin{aligned}
h_{11} &= \frac{k_{22}}{k_{11}k_{22} - k_{12}k_{21}} = \frac{1}{q_{11}} \\[2mm]
h_{12} &= \frac{-k_{12}}{k_{11}k_{22} - k_{12}k_{21}} = \frac{1}{q_{21}} \\[2mm]
h_{21} &= \frac{-k_{21}}{k_{11}k_{22} - k_{12}k_{21}} = \frac{1}{q_{12}} \\[2mm]
h_{22} &= \frac{k_{11}}{k_{11}k_{22} - k_{12}k_{21}} = \frac{1}{q_{22}}
\end{aligned} \qquad (10\text{-}5\text{-}50)
$$

故

$$
\begin{aligned}
\lambda_{11} &= p_{11}h_{11} \\
\lambda_{12} &= p_{12}h_{21} \\
\lambda_{21} &= p_{21}h_{12} \\
\lambda_{22} &= p_{22}h_{22}
\end{aligned}
$$

即

$$\lambda_{ij} = p_{ij}H_{ij}^{\mathrm{T}}$$

而

$$H = P^{-1}$$

故

$$\lambda_{ij} = p_{ij} \cdot (P^{-1})_{ij}^{\mathrm{T}} \qquad (10\text{-}5\text{-}51)$$

则

$$\Lambda = \{\lambda_{ij}\}_{2\times 2} \qquad (10\text{-}5\text{-}52)$$

这个结论可推广到 $n \times n$ 矩阵的情况，从而得到一个由 $P = K$ 求 Λ 阵的方法，其步骤为

1）由 $P = K$　求 $P^{-1} = K^{-1}$。

2）由 P^{-1}　求 $(P^{-1})^{\mathrm{T}}$。

3）由 $\lambda_{ij} = p_{ij} \cdot (P^{-1})_{ij}^{\mathrm{T}}$ 可得 Λ。

这个方法的好处是由 P 直接求 Λ，不用计算 Q，计算 Q 的困难在于求逆，但对计算机来说这不会成为问题。

4. 相对增益矩阵的性质

式(10-5-35)指出了相对增益矩阵中的一个现象，现在又推导出直接由 P 矩阵求 Λ 矩阵

的方法，由此就可以证明式（10-5-35）表示的不只是一个偶然现象，而是相对增益矩阵的性质。

由式（10-5-51）可知

$$\lambda_{ij} = p_{ij} \cdot (\boldsymbol{P}^{-1})_{ij}^{\mathrm{T}} = p_{ij} \cdot (\boldsymbol{P}^{-1})_{ji} = p_{ij} \cdot \frac{(\mathrm{adj}\boldsymbol{P})_{ji}}{\det\boldsymbol{P}} \tag{10-5-53}$$

式中　　$\mathrm{adj}\boldsymbol{P}$、$\det\boldsymbol{P}$——$\boldsymbol{P}$ 的伴随矩阵和行列式，对 Λ 矩阵的 i 行来说，有

$$\begin{aligned}
\lambda_{i1} + \lambda_{i2} + \cdots + \lambda_{in} &= p_{i1} \cdot \frac{1}{\det\boldsymbol{P}}(\mathrm{adj}\boldsymbol{P})_{1i} + p_{i2} \cdot \frac{1}{\det\boldsymbol{P}}(\mathrm{adj}\boldsymbol{P})_{2i} + \cdots + p_{in} \cdot \frac{1}{\det\boldsymbol{P}}(\mathrm{adj}\boldsymbol{P})_{ni} \\
&= \frac{1}{\det\boldsymbol{P}}[\,p_{i1}(\mathrm{adj}\boldsymbol{P})_{1i} + p_{i2}(\mathrm{adj}\boldsymbol{P})_{2i} + \cdots + p_{in}(\mathrm{adj}\boldsymbol{P})_{ni}\,] \\
&= \frac{1}{\det\boldsymbol{P}}\det\boldsymbol{P} = 1
\end{aligned} \tag{10-5-54}$$

同样，对 Λ 阵的 j 列来说，也有

$$\lambda_{1j} + \lambda_{2j} + \cdots + \lambda_{nj} = 1$$

这样就得到相对增益矩阵的一个重要性质：相对矩阵 Λ 的任一行（或任一列）的元的值之和为 1。

相对增益矩阵这个性质的一个意义是可以简化该矩阵的计算。例如对一个 2×2 的 Λ 矩阵，只要求出一个独立的 λ 值，其他三个值可由此性质推出。对于 3×3 的 Λ 矩阵，也只要求出四个独立的 λ 值，即可推出其余的 5 个 λ 值，显然大大减少了计算工作量。

这个性质的更重要的意义在于它能帮助分析过程通道间的耦合情况。仍以式（10-5-38）的双输入/双输出过程为例。如果 $\lambda_{11} = 1$，则 $\lambda_{22} = 1$，而 $\lambda_{12} = \lambda_{21} = 0$，这表示两个通道是独立的，是一个无耦合过程。再仔细观察一下，$\lambda_{12} = \lambda_{21} = 0$ 表明第一放大系数 $p_{12} = p_{21} = 0$，或 $k_{12} = k_{21} = 0$。上述结论是正确的。即使 $k_{11} = 0$ 而 $k_{12} \neq 0$，表示输入 u_1 对输出 y_2 有影响，但影响很小，而且不会再反馈到 $u_1 \rightarrow y_1$ 的通道中去，因此 $u_2 \rightarrow y_2$ 的通道仍可按单回路控制系统设计，而把 u_1 的影响当扰动考虑。因此，Λ 矩阵中一行或一列中的某个元素越接近于 1，表示通道之间的耦合作用越小。若 $\lambda_{11} = 0.5$，则 $\lambda_{12} = \lambda_{21} = \lambda_{22} = 0.5$，这表示通道之间的耦合作用最强，需要采取解耦措施。反过来，若 $\lambda_{12} = \lambda_{21} = 1$，则 $\lambda_{11} = \lambda_{22} = 0$，而 $\lambda_{21} = 1$，这表示输入与输出配合选择有误，应该将输入和输出互换，仍可得到无耦合过程，这一点下面还将讨论。

λ 值也可能大于 1，例如 $\lambda_{11} > 1$，根据性质必有 $\lambda_{12} = \lambda_{21} < 0$。这表明过程间存在负耦合。当构成闭环控制时，这种负耦合将引起正反馈，从而导致过程的不稳定，因此必须考虑采取措施来避免和克服这种现象。

根据上述对相对增益矩阵的分析，可得到以下结论：

1）若 Λ 矩阵的对角元素为 1，其他元为 0，则过程通道之间没有耦合，每个通道都可构成单回路控制。

2）若 Λ 矩阵非对角元素为 1，而对角元素为 0，则表示过程控制通道选错，可更换输入/输出间的配对关系，得到无耦合过程。

3）Λ 矩阵的元都在 $[0, 1]$ 区间内，表示过程控制通道之间存在耦合。λ_{ij} 越接近于 1，表示 u_j 到 y_i 的通道受其他耦合的影响越小，构成单回路控制效果越好。

4）若 Λ 矩阵同一行或列的元值相等，或同一行或同一列的 λ 值都比较接近，表示通道之间的耦合最强，要设计成单回路控制，必须采取专门的补偿措施。

5）若 Λ 矩阵中某元素的值大于 1，则同一行或列中必有 $\lambda < 0$ 的元存在，表示过程变量或通道之间存在不稳定耦合，在设计解耦或控制回路时，必须采取镇定措施。

三、耦合控制系统的解耦设计方法

1. 解耦控制系统的分类及对应的解耦方法

（1）解耦控制系统的分类　由相对增益和系统耦合关系可以将解耦控制系统分为以下 4 类：

1）第一类，相对增益均为 0（或 1），通道间无耦合，可以根据相对增益显示的输入/输出配对实现系统无耦合控制。

2）第二类，相对增益数值均接近 1（或 0），通道间存在弱耦合，系统可以近似按无耦合处理，要求较高时可采取抗干扰措施实现良好解耦。

3）第三类，相对增益大于 1（或小于 0），系统间存在正反馈，应对系统采取适当的整定措施消除正反馈。

4）第四类，相对增益在 0.5 附近，系统通道间存在强耦合，应采取解耦措施。

（2）系统解耦的方法　针对以上情况，对系统解耦有三层次的方法：

1）根据相对增益矩阵中的数值大小忽略次要被控参数，突出主要被控参数，将过程简化为单回路控制过程。该方法只适合于简单过程或控制要求不高的场合。

2）根据相对增益矩阵的数据特征，寻求输出/输入间的最佳匹配，选择因果关系最强的输入/输出，逐对构成各个控制通道，弱化各控制通道之间即变量之间的耦合。只有在存在弱耦合的情况下，才能找到合理的输入/输出间的组合。

3）设计一个补偿器 $D(s)$，与原过程传递函数矩阵 $G(s)$ 构成的广义控制过程 $G_D(s)$ 成为对角线矩阵，实现系统解耦控制。经常采用的解耦方法有：前馈解耦方法、反馈解耦方法、对角矩阵解耦方法和单位矩阵解耦方法。其中，对角矩阵法和单位矩阵法设计的结果十分理想，因为它能使广义过程实现完全的无时延跟踪，但在实现上却很困难，它不但需要过程的精确建模，而且使补偿器结构复杂。

另外，解耦分为静态解耦和动态解耦两种方式：

1）静态解耦指只要求过程变量达到稳定时的通道间解耦，在分析中用其中的静态放大系数代替传递函数即可。

2）动态解耦指不论在过渡过程中还是在稳态过程中，通道间都要解耦。

本章节将分析静态解耦，但所用的方法同样可用于动态解耦。

2. 减少与消除耦合的方法

对于一个多变量耦合系统，减少与消除耦合的方法有下述几种。

（1）通过选择正确的变量配对来减少耦合　相对增益能定量地给出控制变量与被控变量之间的耦合程度。对于一些耦合程度较低的系统可通过合理选择控制变量与被控变量的配对，使控制回路的关联达到最小，这是减少耦合最有效的方法。通常只在选择合理配对不能有效时，才考虑其他的解耦方法。

1）直接根据相对增益矩阵来确定变量的最佳配对。

例 10-5-2　如图 10-5-6 所示，有两种料液 Q_1 和 Q_2 在管道中均匀混合，以产生一种所需成分 X 的混合物，混合物的总流量 Q 也要进行控制。现在要求混合物成分 X 控制在 Q_1 的质量百分数为 0.2。试求出控制变量与被控量之间的恰当配比。

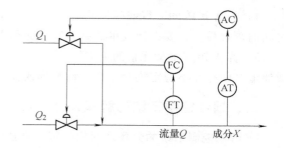

图 10-5-6　两种料液混合系统

解： 系统的被控变量为总流量 Q 和成分 X，控制变量是料液量 Q_1 和 Q_2，静态关系式为

$$Q = Q_1 + Q_2$$

$$X = \frac{Q_1}{Q_1 + Q_2}$$

根据相对增益第一放大倍数的定义，有

$$\left.\frac{\partial Q}{\partial Q_1}\right|_{Q_2} = 1, \quad \left.\frac{\partial Q}{\partial Q_2}\right|_{Q_1} = 1$$

$$\left.\frac{\partial X}{\partial Q_1}\right|_{Q_2} = \frac{Q_2}{(Q_1 + Q_2)^2} = \frac{1-X}{Q}, \quad \left.\frac{\partial X}{\partial Q_2}\right|_{Q_1} = -\frac{Q_1}{(Q_1 + Q_2)^2} = -\frac{X}{Q}$$

根据相对增益第二放大倍数的定义，有

$$\left.\frac{\partial Q}{\partial Q_1}\right|_{X} = \frac{1}{X}, \quad \left.\frac{\partial Q}{\partial Q_2}\right|_{X} = \frac{1}{1-X}$$

$$\left.\frac{\partial X}{\partial Q_1}\right|_{Q} = \frac{1}{Q}, \quad \left.\frac{\partial X}{\partial Q_2}\right|_{Q} = -\frac{1}{Q}$$

于是相对增益为

$$\lambda_{11} = \frac{\left.\dfrac{\partial Q}{\partial Q_1}\right|_{Q_2}}{\left.\dfrac{\partial Q}{\partial Q_1}\right|_{X}} = X$$

同理可求得

$$\lambda_{12} = 1 - X$$

$$\lambda_{21} = 1 - X$$

$$\lambda_{22} = X$$

相对增益矩阵为

$$\Lambda = \begin{bmatrix} \lambda_{11} & \lambda_{12} \\ \lambda_{21} & \lambda_{22} \end{bmatrix} = \begin{bmatrix} X & 1-X \\ 1-X & X \end{bmatrix}$$

要求 $X = 0.2$，则有

$$\Lambda = \begin{matrix} & Q_1 & \quad Q_2 \\ \begin{matrix} Q \\ X \end{matrix} & \begin{bmatrix} 0.2 & 0.8 \\ 0.8 & 0.2 \end{bmatrix} \end{matrix}$$

应选择接近于 1 的相对增益的控制变量与被控变量配对，所以采用控制变量 Q_1 来控制

混合物的成分 X，用控制变量 Q_2 来控制总流量 Q。

2）通过控制变量适当组合来改善耦合度。

如果找不到合适的直接配对方案，可以把控制变量适当组合，得到新变量对应的相对增益，有可能找到理想的配对。

例 10-5-3　如图 10-5-7 所示的气流加热系统中，气流是用 A 点和 B 点进入的热气体加热的，而热气体是由燃料炉供给的，其温度和压力又用送入的冷空气调节。该系统共有四个控制变量和四个被控变量。

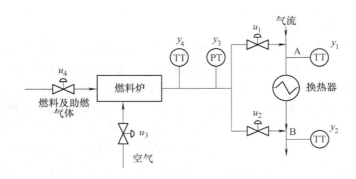

图 10-5-7　气流加热系统

解：图中 $u_j \rightarrow y_j$ 间的相对增益见表 10-5-1。

从表中找不出合适的直接配对方案，但是如果把控制变量适当组合，改成这样的匹配：y_1 控制器的输出 $p_1 = u_1 + u_2$，y_2 控制器的输出 $p_2 = u_4$，y_3 控制器的输出 $p_3 = u_1 - u_2$，y_4 控制器的输出 $p_4 = u_3 / u_4$，则相对增益见表 10-5-2。

表 10-5-1　各被控变量与控制变量间的相对增益

$\hat{\lambda}_y$	y_1	y_2	y_3	y_4
u_1	0.54	-0.04	0.49	0
u_2	0.03	0.42	0.53	0
u_3	0.06	-0.68	0.01	1.6
u_4	0.36	1.3	-0.03	-0.6

表 10-5-2　控制变量适当组合后的相对增益

λ_{ij}	y_1	y_2	y_3	y_4
$p_1 = u_1 + u_2$	1.14	0.22	-0.36	0
$p_2 = u_4$	0.4	0.62	-0.2	0
$p_3 = u_1 - u_2$	-0.55	0.16	1.38	0
$p_4 = u_3 / u_4$	0	0	0	1

可见采用 $p_1 \rightarrow y_1$，$p_2 \rightarrow y_2$，$p_3 \rightarrow y_3$，$p_4 \rightarrow y_4$ 的配对较为理想。但实际控制变量是 u_j，因此必须引入一些运算单元，以实现 $p \rightarrow u$ 的转换。即

$$u_1 = \frac{1}{2}(p_1 + p_2), \qquad u_2 = \frac{1}{2}(p_1 - p_3)$$

$$u_3 = p_2 p_4, \qquad u_4 = p_2$$

（2）通过调整控制器参数来改变耦合程度　　通过调整控制器参数，使两个控制回路的工作频率错开，从而使得两个控制器的作用强弱不同。

如图 10-5-8 所示的压力和流量控制系统，如果把压力作为主要的被控变量，使压力控制系统像通常一样整定；而把流量作为次要的被控变量，让流量控制系统的工作频率低一些，即比例度大一些，积分时间长一些。这样对压力控制系统来说，

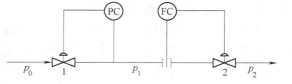

图 10-5-8　压力和流量控制系统

控制器的输出 u_1 对被控压力变量来说是明显的，而 u_1 引起的流量变化经另一控制器输出 u_2 对压力的效应将是相当微弱的，因而削弱了关联作用。采用这种方法时，次要被控变量的控制品质往往较差。因此，在要求较高的场合一般不采用。

（3）通过减少控制回路来解决　　若将上一方法中次要回路控制器的比例度取无穷大，则相当于这个控制回路不存在，那么它对主控制回路的关联作用也就消失。例如在上述的压力和流量控制系统中，就可以取消次要控制回路。这样既可节约资源，又可避免关联。但次要控制回路删除后，次要被控变量的波动范围可能很大，是否容许要看具体工艺要求而定。

（4）通过解耦装置来解决　　如上所述，相对增益矩阵可以帮助选择合适的控制通道，但它并不能改变通道间的耦合。对有耦合的复杂过程，要设计一个高性能的控制器是困难的，通常只能先设计一个补偿器即解耦装置，使增广过程的通道之间不再存在耦合，这种设计称为解耦设计。

1）串联补偿解耦设计。

该方法的思想是设计一个补偿器 $N(s)$，与原过程 $G(s)$ 构成一广义过程 $G_g(s)$，使 $G_g(s)$ 成为对角线矩阵，即

$$G_g(s) = G(s)N(s) = \begin{bmatrix} G_{g11}(s) & & & \\ & G_{g22}(s) & & \\ & & \ddots & \\ & & & G_{gnm}(s) \end{bmatrix}$$

①　对角矩阵解耦设计。

它是使解耦装置的传递函数矩阵 $N(s)$ 与被控过程的传递函数矩阵 $G(s)$ 相乘成为一个对角线矩阵 $G_\Lambda(s)$，这样就可以消除多变量系统变量间的耦合关系。

图 10-5-9 是一个双输入/双输出解耦控制系统。由图可知，被控变量 y_i 和控制变量 u_i 的关系矩阵为

$$\begin{bmatrix} y_1(s) \\ y_2(s) \end{bmatrix} = \begin{bmatrix} G_{11}(s) & G_{12}(s) \\ G_{21}(s) & G_{22}(s) \end{bmatrix} \begin{bmatrix} u_1 \\ u_2 \end{bmatrix} \qquad (10\text{-}5\text{-}55)$$

控制量 u_i 与控制器输出 u_{ci} 的关系矩阵为

$$\begin{bmatrix} u_1(s) \\ u_2(s) \end{bmatrix} = \begin{bmatrix} N_{11}(s) & N_{12}(s) \\ N_{21}(s) & N_{22}(s) \end{bmatrix} \begin{bmatrix} u_{c1} \\ u_{c2} \end{bmatrix} \qquad (10\text{-}5\text{-}56)$$

将式（10-5-56）代入式（10-5-55）得到系统的传递函数矩阵为

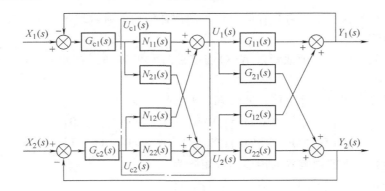

图 10-5-9　双变量解耦控制系统框图

$$\begin{bmatrix} y_1(s) \\ y_2(s) \end{bmatrix} = \begin{bmatrix} G_{11}(s) & G_{12}(s) \\ G_{21}(s) & G_{22}(s) \end{bmatrix} \begin{bmatrix} N_{11}(s) & N_{12}(s) \\ N_{21}(s) & N_{22}(s) \end{bmatrix} \begin{bmatrix} u_{c1} \\ u_{c2} \end{bmatrix} \tag{10-5-57}$$

要使系统传递函数矩阵成为对角阵，即

$$\begin{bmatrix} y_1(s) \\ y_2(s) \end{bmatrix} = \begin{bmatrix} G_{11}(s) & \\ & G_{22}(s) \end{bmatrix} \begin{bmatrix} u_{c1} \\ u_{c2} \end{bmatrix} \tag{10-5-58}$$

比较式（10-5-57）和式（10-5-58）可知，要想使传递函数矩阵成为对角矩阵，则需要

$$\begin{bmatrix} G_{11}(s) & G_{12}(s) \\ G_{21}(s) & G_{22}(s) \end{bmatrix} \begin{bmatrix} N_{11}(s) & N_{12}(s) \\ N_{21}(s) & N_{22}(s) \end{bmatrix} = \begin{bmatrix} G_{11}(s) & \\ & G_{22}(s) \end{bmatrix} \tag{10-5-59}$$

即

$$G(s)N(s) = G_\Lambda(s) \tag{10-5-60}$$

解式（10-5-60）可得解耦装置的传递函数矩阵为

$$N(s) = G^{-1}(s)G_\Lambda(s) \tag{10-5-61}$$

显然，只要 $G(s)$ 的逆存在，就可以用上述方法进行解耦。在本例中，解耦装置的数学模型是

$$\begin{bmatrix} N_{11}(s) & N_{12}(s) \\ N_{21}(s) & N_{22}(s) \end{bmatrix} = \begin{bmatrix} G_{11}(s) & G_{12}(s) \\ G_{21}(s) & G_{22}(s) \end{bmatrix}^{-1} \begin{bmatrix} G_{11}(s) & \\ & G_{22}(s) \end{bmatrix}$$

$$= \frac{1}{G_{11}(s)G_{22}(s) - G_{12}(s)G_{21}(s)} \begin{bmatrix} G_{22}(s) & -G_{12}(s) \\ -G_{21}(s) & G_{11}(s) \end{bmatrix} \begin{bmatrix} G_{11}(s) & \\ & G_{22}(s) \end{bmatrix}$$

$$= \frac{1}{G_{11}(s)G_{22}(s) - G_{12}(s)G_{21}(s)} \begin{bmatrix} G_{11}(s)G_{22}(s) & -G_{12}(s)G_{22}(s) \\ -G_{11}(s)G_{21}(s) & G_{11}(s)G_{22}(s) \end{bmatrix}$$

$$\tag{10-5-62}$$

显然用式（10-5-62）所得到的解耦装置进行解耦，可使系统成为两个独立的单回路控制系统，因为此时组成 y_1 的两个分量 y_{11} 和 y_{12} 受到 u_{c2} 的影响，

$$y_1 = y_{11} + y_{12} = [G_{11}(s)N_{12}(s) + G_{12}(s)N_{22}(s)]u_{c2} \tag{10-5-63}$$

将式（10-5-62）中的 $N_{12}(s)$ 和 $N_{22}(s)$ 代入，可以看到式（10-5-63）的结果为 0，即 u_{c2} 对 y_1 的影响不复存在。同样 u_{c1} 对 y_2 的影响也不复存在。

以上是对一个双变量系统进行解耦，对于两个以上的多变量系统，仍可以按照同样的方法进行解耦，只是求得的解耦装置矩阵会随着变量的增多越来越复杂，实现起来更为困难。

所以解耦的结果虽然保留了原有过程的特性，却使补偿器的阶数增加，结构显得复杂。

② 单位矩阵解耦设计。

它是指解耦装置的传递函数矩阵 $N(s)$ 与被控过程的传递函数矩阵 $G(s)$ 相乘为单位矩阵。

仍以上述双变量耦合系统为例，此时式（10-5-59）变为

$$\begin{bmatrix} G_{11}(s) & G_{12}(s) \\ G_{21}(s) & G_{22}(s) \end{bmatrix} \begin{bmatrix} N_{11}(s) & N_{12}(s) \\ N_{21}(s) & N_{22}(s) \end{bmatrix} = \begin{bmatrix} 1 & 0 \\ 0 & 1 \end{bmatrix} \quad (10\text{-}5\text{-}64)$$

经过矩阵运算可得解耦装置的传递函数矩阵为

$$\begin{bmatrix} N_{11}(s) & N_{12}(s) \\ N_{21}(s) & N_{22}(s) \end{bmatrix} = \begin{bmatrix} G_{11}(s) & G_{12}(s) \\ G_{21}(s) & G_{22}(s) \end{bmatrix}^{-1} \begin{bmatrix} 1 & 0 \\ 0 & 1 \end{bmatrix} = G^{-1}(s)$$

$$= \frac{1}{G_{11}(s)G_{22}(s) - G_{12}(s)G_{21}(s)} \begin{bmatrix} G_{22}(s) & -G_{12}(s) \\ -G_{21}(s) & G_{11}(s) \end{bmatrix} \begin{bmatrix} 1 & 0 \\ 0 & 1 \end{bmatrix}$$

$$= \frac{1}{G_{11}(s)G_{22}(s) - G_{12}(s)G_{21}(s)} \begin{bmatrix} G_{22}(s) & -G_{12}(s) \\ -G_{21}(s) & G_{11}(s) \end{bmatrix} \quad (10\text{-}5\text{-}65)$$

同样可以证明，u_{c2} 对 y_1 及 u_{c1} 对 y_2 的影响不复存在。因此采用单位矩阵法一样能消除系统间的相互关联。

对于两个以上的多变量系统同样可以用上述方法求得解耦装置的数学模型。这种设计方法的结果十分理想，因为它能使广义过程实现完全的无时延的跟踪。但在实现上却很困难，它不但需要过程的精确建模，且使补偿器结构复杂。

2）前馈补偿解耦设计。

这是最早用于多变量控制系统耦合的方法，它的基本思想是合理地选择好变量配对，其他变量看做是该通道的扰动，并按照前馈补偿的方法消除这种影响。

它是根据前馈补偿的不变性原理来设计解耦网络的。图 10-5-10 所示为应用前馈补偿法来实现解耦的双变量系统框图。

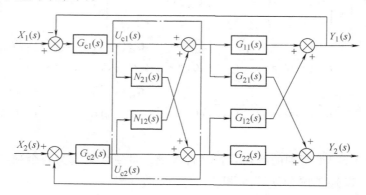

图 10-5-10 前馈补偿解耦系统框图

由图 10-5-10 可得输出分别为（不考虑反馈闭环）

$$Y_1(s) = X_1(s)G_{c1}(s)G_{11}(s) + X_2(s)G_{c2}(s)[N_{12}(s)G_{11}(s) + G_{12}(s)] \quad (10\text{-}5\text{-}66)$$

$$Y_2(s) = X_2(s)G_{c2}(s)G_{22}(s) + X_1(s)G_{c1}(s)[N_{21}(s)G_{22}(s) + G_{21}(s)] \quad (10\text{-}5\text{-}67)$$

要实现系统解耦，即 $Y_1(s)$ 不受 $X_2(s)$ 作用的影响，$Y_2(s)$ 不受 $X_1(s)$ 作用的影响，从式(10-5-66)和式(10-5-67)可得出两个前馈补偿器分别为

$$N_{12}(s) = -\frac{G_{12}(s)}{G_{11}(s)} \tag{10-5-68}$$

$$N_{21}(s) = -\frac{G_{21}(s)}{G_{22}(s)} \tag{10-5-69}$$

可见利用式(10-5-68)和式(10-5-69)即可实现系统完全解耦。经过前馈补偿进行解耦补偿后，原来的耦合系统将变为两个单回路控制系统。

综上所述，采用上述三种方法中的任何一种都可以达到解耦的目的。对角矩阵法和前馈补偿法具有相同的解耦效果，但应用前馈补偿法解耦，所需的解耦装置简单。例如，2×2 耦合系统，用对角矩阵法解耦，其解耦装置中包含四个解耦支路模型，而前馈补偿法只需两个解耦支路模型，且其解耦模型阶数较低，易于实现。

应用单位矩阵法解耦，可以使广义被控过程的传递函数变为1，不仅使被控量1:1地快速跟踪控制量的变化，改善系统的动态性能，还可以提高系统的稳定性。但解耦装置的实现会比其他两种方法更为困难。例如，对于具有一阶惯性相互关联的过程，用单位矩阵法求出的解耦装置由一阶微分特性组成，而用对角矩阵法求出的解耦装置则由比例特性组成。

除了上述三种方法外，还可用状态反馈实现解耦和极点配置，以及其他解耦设计，但这些方法比较复杂，可参阅有关书籍和文献。

四、耦合控制系统的解耦设计方法举例

这里仍以例10-5-2中图10-5-6所示的物料混合过程为例，来说明各种设计方法和结果。已知该过程的相对增益矩阵为

$$\Lambda = \begin{bmatrix} \lambda_{11} & \lambda_{12} \\ \lambda_{21} & \lambda_{22} \end{bmatrix} = \begin{bmatrix} X & 1-X \\ 1-X & X \end{bmatrix} \tag{10-5-70}$$

若令 $X = 0.5$，则该过程的相对增益矩阵 Λ 为

$$\Lambda = \begin{bmatrix} 0.5 & 0.5 \\ 0.5 & 0.5 \end{bmatrix} \tag{10-5-71}$$

这是一个强耦合过程，需作解耦设计。

为简单起见，假设过程传递函数为

$$G(s) = \begin{bmatrix} \dfrac{k_{11}}{Ts+1} & \dfrac{k_{12}}{Ts+1} \\ \dfrac{k_{21}}{Ts+1} & \dfrac{k_{22}}{Ts+1} \end{bmatrix} \tag{10-5-72}$$

1. 串联补偿解耦设计

方法一：单位矩阵解耦法

若要使广义过程模型为单位矩阵，则由式(10-5-65)可知补偿器 $N(s) = G^{-1}(s)$，即为式(10-5-73)。

$$G^{-1}(s) = \frac{(Ts+1)^2}{k_{11}k_{22} - k_{12}k_{21}} \begin{bmatrix} \dfrac{k_{22}}{Ts+1} & \dfrac{-k_{12}}{Ts+1} \\ \dfrac{-k_{21}}{Ts+1} & \dfrac{k_{11}}{Ts+1} \end{bmatrix}$$

$$= \frac{1}{k_{11}k_{22} - k_{12}k_{21}} \begin{bmatrix} k_{22}(Ts+1) & -k_{12}(Ts+1) \\ -k_{21}(Ts+1) & k_{11}(Ts+1) \end{bmatrix} \tag{10-5-73}$$

方法二：对角矩阵解耦法

若要使

$$G(s) = \begin{bmatrix} G_{11}(s) & 0 \\ 0 & G_{22}(s) \end{bmatrix} \tag{10-5-74}$$

则由式(10-5-62)可得

$$N(s) = \frac{(Ts+1)^2}{k_{11}k_{22} - k_{12}k_{21}} \begin{bmatrix} \dfrac{k_{11}k_{22}}{(Ts+1)^2} & \dfrac{-k_{12}k_{22}}{(Ts+1)^2} \\ \dfrac{-k_{11}k_{21}}{(Ts+1)^2} & \dfrac{k_{11}k_{22}}{(Ts+1)^2} \end{bmatrix}$$

$$= \begin{bmatrix} \dfrac{k_{11}k_{22}}{k_{11}k_{22} - k_{12}k_{21}} & \dfrac{-k_{12}k_{22}}{k_{11}k_{22} - k_{12}k_{21}} \\ \dfrac{-k_{11}k_{21}}{k_{11}k_{22} - k_{12}k_{21}} & \dfrac{k_{11}k_{22}}{k_{11}k_{22} - k_{12}k_{21}} \end{bmatrix} \tag{10-5-75}$$

2. 前馈补偿解耦设计

若用前馈补偿，则由式(10-5-68)和式(10-5-69)可得

$$N_{12}(s) = -\frac{G_{12}(s)}{G_{11}(s)} = -\frac{k_{12}}{k_{11}}$$

$$N_{21}(s) = -\frac{G_{21}(s)}{G_{22}(s)} = -\frac{k_{21}}{k_{22}} \tag{10-5-76}$$

比较式(10-5-73)、式(10-5-75)和式(10-5-76)可以看出，选用不同的解耦设计方法要求不同的补偿器。若要得到单位矩阵过程，补偿器则要选用微分电路，实现比较困难。若要得到如式(10-5-58)的特定对角矩阵，需用到高阶补偿器。相对而言，前馈补偿器的设计和结构比较简单。但实际过程不会像例子那么简单，因此补偿器的结构将会复杂得多，往往有必要予以简化。

五、解耦控制系统的进一步讨论

求出解耦装置的数学模型并不等于实现了解耦。实际上，解耦装置一般比较复杂，不容易实现，甚至有时虽然达到了解耦的目的，但又可能影响系统的稳定性。因此，需进一步研究系统的实现问题，才能使这种系统得到广泛应用。

1. 稳定性

稳定性问题是任何控制系统必须首先面对的问题。毫无疑问，控制系统必须是稳定的，但对于存在耦合的多输入/多输出系统，有其特殊性。从相对增益矩阵的讨论中可以得知，由耦合引起的不稳定有两种可能的表现：

1）Λ 矩阵中有大于 1 和小于 0 的元。

2）输入/输出配对有误，如物料混合系统的例子中出现的那样。

为了克服由耦合引起的不稳定，可以针对不同情况采取措施，这些措施包括：

1）尽可能选择合理的控制通道，使对应的输入/输出间有大的相对增益，以避免在相对增益矩阵中出现上述两种可能。

2）在一定条件下简化系统，例如可以忽略一些小的耦合，对不能忽略的局部不稳定耦合采取专门的解耦措施。

3）对不能简化的系统，可以采取比较完善的解耦设计方法，既能解除耦合，又可配置广义过程的极点，使过程满足稳定性要求。

相对而言，第一种措施最简单，但限制也大，所以，应根据不同对象而采取适当措施。

2. 部分解耦

所谓部分解耦是指在复杂的解耦过程中，只对某些耦合采取解耦措施，而忽略另一部分耦合，如图 10-5-11 所示。图中用前馈补偿 $N_{12}(s)$ 解除通道 2 到通道 1 的耦合，而对通道 1 到通道 2 的耦合不予补偿。这样的结果是通道 1 成为无耦合过程，可以按单回路控制设计控制器，获得较好的控制性能。通道 2 虽然也被看做单输入/单输出过程，但耦合依然存在，控制器设计只能是近似。

显然，部分解耦过程的控制性能会优于不解耦过程而比完全解耦过程要差。相应的部分解耦的补偿器也比完全解耦简单，因此在相当多的实际过程中得到有效的应用。

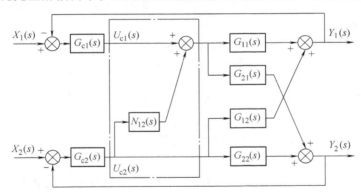

图 10-5-11　用一个解耦装置的双变量解耦控制系统

部分解耦是一种有选择的解耦，使用时必须首先确定哪些过程是需要解耦的，对此通常有两点可以考虑：

（1）被控量的相对重要性　一个过程的多个被控量对生产的重要程度是不同的。对那些重要的被控量，控制要求高，需要设计性能优越的控制器，这时最好是采用独立的单回路控制。除了它自己的控制作用外，其他输入对它的耦合必须通过解耦来消除。而相对不重要的被控量和通道，可允许由于耦合存在所引起的控制性能的降低，以减少解耦装置的复杂程度。

（2）被控量的响应速度　过程被控量对输入和扰动的响应速度是不一样的，例如温度、成分等参数响应较慢，压力、流量等参数响应较快。响应速度快的被控量，受响应慢的参数通道的影响小，耦合可以不考虑。而响应慢的参数受来自响应速度快的参数通道的耦合影响大。从这点出发，往往对响应慢的通道受到的耦合要采取解耦措施。

如果过程被控量之间的相对关系在上述两点上不一致就不能简单决定部分解耦的应用，否则会引起较大的误差。此时要采取更加完善的解耦措施。

3. 解耦环节的简化

从解耦设计的讨论可以看出，解耦补偿器的复杂程度是与过程特性密切相关的。过程传递函数越复杂，阶数越高，则解耦补偿器的阶数也越高，实现越困难。如果能简化过程，也就可简化补偿器的结构，使解耦易于实现。

根据控制理论的分析，过程的简化可以从两个方面考虑：

1）高阶系统中，如果存在小时间常数，它与其他时间常数的比值为 1/10 左右，则可将此小时间常数忽略，降低过程模型阶数。

2）如果几个时间常数的值相近，也可取同一值代替，这样可以简化补偿器结构，便于实现。

例如某过程的传递函数为

$$W(s) = \begin{bmatrix} \dfrac{2.6}{(2.7s+1)(0.3s+1)} & \dfrac{-1.6}{(2.7s+1)(0.2s+1)} & 0 \\ \dfrac{1}{3.8s+1} & \dfrac{1}{4.5s+1} & 0 \\ \dfrac{2.74}{0.2s+1} & \dfrac{2.6}{0.18s+1} & \dfrac{-0.87}{0.25s+1} \end{bmatrix}$$

按照上述原则可以简化成

$$W(s) = \begin{bmatrix} \dfrac{2.6}{2.7s+1} & \dfrac{-1.6}{2.7s+1} & 0 \\ \dfrac{1}{4.5s+1} & \dfrac{1}{4.5s+1} & 0 \\ 2.74 & 2.6 & -0.87 \end{bmatrix}$$

实验证明，经过上述简化处理的被控过程利用对角矩阵法、单位矩阵法或前馈补偿解耦后，得到的控制效果还是令人满意的。

3）如果上述简化条件得不到满足，解耦设计将会十分复杂，或者有时尽管作了简化，解耦装置还是十分复杂，这时就需要对解耦装置的数学模型进行简化。

简化时常常采用静态解耦的方法。所谓静态解耦是令解耦装置的传递函数阵为线性常数矩阵，即用静态解耦代替动态解耦，简化补偿器结构。例如前述解耦设计方法举例中的补偿器解为

$$N(s) = \frac{1}{k_{11}k_{22} - k_{12}k_{21}} \begin{bmatrix} k_{22}(Ts+1) & -k_{12}(Ts+1) \\ -k_{21}(Ts+1) & k_{11}(Ts+1) \end{bmatrix}$$

就可简化为

$$N(s) = \frac{1}{k_{11}k_{22} - k_{12}k_{21}} \begin{bmatrix} k_{22} & -k_{12} \\ -k_{21} & k_{11} \end{bmatrix}$$

显然使补偿器更简单，更容易实现。实验证明，采用静态解耦的方法，解耦效果仍可达到工程上的要求。

一般情况下，通过计算得到的解耦补偿器仍然是复杂的，但在工程实现中，通常只使用超前滞后环节作为解耦补偿器，这主要是因为它容易实现，而且解耦效果也能基本满意，过于复杂的补偿器不是十分必要的。

通过上面几个问题的讨论，简要地介绍了与过程解耦有关的主要问题，这对解决工程实际中的耦合问题是很有帮助的。但实际系统是很复杂的，系统对解耦的要求越来越高，研究也日益深入，一些新的解耦理论和方法还在发展，需要不断发现，不断学习。同时解耦问题的工程实践性很强，真正掌握和熟悉解耦设计还有待于工程实践经验的不断积累。

思考题与习题

10-1　什么是比值控制系统？它有哪几种类型？画出它的工艺控制原理图。

10-2　设有乘法器实现的单闭环比值控制系统（采用 DDZ-Ⅲ 型调节仪），工艺指标规定主流量 Q_1 为 22000m³/h，副流量 Q_2 为 21000m³/h，Q_1 的流量上限是 25000m³/h，Q_2 的测量上限是 32000m³/h。试求：

① 工艺上的比值 K；

② 采用线性流量计时，仪表的比值系数 K'，乘法器的设置值 I_0；

③ 采用非线性流量计时，仪表的比值系数 K'，并画出控制工艺图。

10-3　一个双闭环比值控制系统如习题图 10-1 所示，其比值函数部件采用 DDZ-Ⅲ 型电动除法器实现。已知线性测量变送器的上限分别是 $Q_{1max} = 7000kg/h$，$Q_{2max} = 4000\ kg/h$。

① 由结构图画出框图。

② 已知 $I_0 = 18mA$，求比值系统的比值系数 K' 和流量比 K。

③ 系统平稳时，测得 $I_1 = 10mA$，求 I_2。

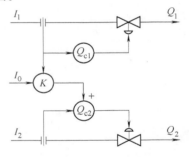

习题图 10-1　习题 10-3 图

10-4　前馈控制与反馈控制各有什么特点？

10-5　动态前馈与静态前馈有什么区别和联系？

10-6　试述前馈控制系统的整定方法。

10-7　什么叫分程控制？怎样实现分程控制？

10-8　在分程控制中需要注意哪些主要问题？为什么在分程点上会发生流量特性的突变？如何解决？

10-9　什么是选择性控制？试述常用选择性方案的基本原理。

10-10　生产过程中的纯滞后是怎么引起的？

10-11　试举一些生产过程中的实例，简述当其扰动通道及控制通道存在纯滞后的因素时它们带给被控参数的不利影响如何？

10-12　微分先行控制方案与常规 PID 控制方案有何异同？

10-13　中间反馈控制方案的基本思路是什么？

10-14　当被控过程的数学模型为

$$W_o(s)\mathrm{e}^{-\tau_0 s} = \frac{5}{3.2s + 1}\mathrm{e}^{-2.56s}$$

试设计 Smith 预估补偿器，并用系统框图表示此预估补偿器如何实现。

10-15　采样控制方案与常规控制系统的主要区别是什么？在纯滞后过程控制中采样周期应当如何选择？

10-16　采样控制系统中，数字控制器的设计依据和方法是什么？

10-17　什么叫耦合？试举工业上的一个耦合对象分析其变量间的耦合关系。

10-18　为什么要对多变量耦合系统进行解耦设计？

10-19　试述相对增益 λ_{ij} 的物理概念。

10-20　相对增益的实用意义如何?

10-21　减少与消除耦合的方法有哪些?

10-22　试分析用单位矩阵法、对角矩阵法和前馈补偿法进行解耦设计的基本思路和解耦效果。

10-23　在本章第一节中分析了精馏塔温度控制系统,得知其变量间的耦合关系。已知该精馏塔的数学模型为

$$G(s) = \begin{bmatrix} \dfrac{0.088}{(1+75s)(1+722s)} & \dfrac{0.1825}{(1+15s)(1+722s)} \\ \dfrac{0.282}{(1+10s)(1+1850s)} & \dfrac{0.4121}{(1+15s)(1+1850s)} \end{bmatrix}$$

试用单位矩阵法、对角矩阵法和前馈补偿法分别进行解耦设计。

10-24　什么是部分解耦?它有什么特点?

第十一章　过程控制在冶金工程中的应用案例

第一节　简单控制系统应用案例

一、镀锌、镀锡生产线的工艺介绍

通常，镀锌、镀锡生产线都可分为入口段、工艺段和出口段。在入口段与工艺段之间设有入口活套，在工艺段与出口段之间设有出口活套，它们的作用是保证生产过程的连续。现以某厂镀锌线的入口活套为例来说明活套的控制内容。如图 11-1-1 所示，在正常的操作下入口活套是满套的，入口段与工艺段保持相同的速度。当入口段停止来料供应时，入口活套里存储的带钢将向外释放，用来满足工艺段连续稳定生产的要求，在入口段重新运行的时候入口活套会以高于工艺段的速度对入口活套充套，直到满套。活套的控制包括了位置控制、同步控制、速度控制和张力控制，位置控制是根据设定的套量来计算相应的充套速度，并由此决定入口段的速度。同步控制为两个活套小车的同步控制，调节两个活套小车的位置在同一水平线上，此时需要根据两个小车的位置偏差来计算一个附加速度。

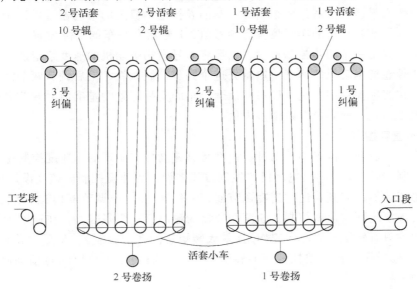

图 11-1-1　入口活套

活套的速度控制是根据入口段和工艺段的速度来计算活套卷扬的速度设定值，而位置控制和同步控制时产生的速度都会和活套的速度设定值有关系。

活套的张力控制是根据入口活套张力区设定的张力来控制 2 号卷扬电动机的转矩。它采用闭环张力的控制方法，可设定为速度控制产生张力或是转矩控制产生张力两种不同的控制方式。

总之，活套控制的实质就是速度控制和转矩控制。

入口活套包括了两个垂直移动的活套小车，充套时卷扬电动机会拉着活套小车向下运行，放套时卷扬电动机拉着小车向上运行。每个活套的小车上的卷扬电动机均装有绝对编码器，可以记录活套的位置。活套上还有三个纠偏单元，用来保证带钢运行过程中不会跑偏。

活套上有 22 个转向辊，其中 18 个辊是无动力自由辊，剩余四个辊称为助力辊（1 号活套的 2 号辊和 10 号辊，2 号活套的 2 号辊和 10 号辊）。助力辊用来克服带钢转向时增加的阻力。活套上的纠偏和转向辊带有压辊和制动器，如图 11-1-1 所示。

二、镀锌、镀锡生产线自动化控制系统

1. 活套的位置控制

活套的实际位置是通过对卷扬电动机上安装的绝对编码器来测量的，通过对测量的数值再换算就可以得到这个实际位置。根据活套的实际位置除以活套的最大冲程就能得到活套的充套速度（用百分数表示），它是设定满套时的百分数极限值，在 HMI 上可以设置。当充套程度到达这个值时，即认为是满套。如果活套在自动模式下，充套的时候会启动活套的位置控制。这个时候会根据设置的套量，转换成相应的位置值作为参考值。活套的实际位置值与参考位置值相比较取得一个差值来计算活套运行的速度。这个控制速度受到两个限制，它不能高于入口段与工艺段的最大速度差，也不能高于最大入口速度与工艺段速度差。最后得到的控制速度与工艺段的速度之和作为入口段速度。

2. 活套的同步控制

活套的同步控制指的是两个活套小车的同步控制，即在运行过程中，两个活套小车要保持在基本相同的水平线上。通过两个活套小车的卷扬电动机上的编码器可以记录每个活套小车的位置，取 2 号活套小车的实际位置为参考值，1 号活套小车的实际位置与其对比，通过它们的偏差来计算出一个同步控制速度，然后将 1 号卷扬电动机的速度给定加上这个同步控制速度，将 2 号卷扬电动机的速度给定减去这个同步控制速度，最后调节两个活套小车到达同一水平线。在实际控制中，也可以一个活套小车的实际位置为基准值，调节另一个活套卷扬电动机的速度给定，使其位置跟随基准值。

3. 活套的速度控制

活套在充套、放套、位置调节的过程中都是靠速度控制实现的，速度控制是在活套运行中最常用的控制方式。1 号卷扬电动机的控制方式被设定为速度控制。速度设定值经 PLC 计算得出后送给变频器，变频器通过速度调节器（PI 控制）和电流调节器（PI 控制）来调整自身运行状态，实现双闭环的速度控制。速度调节器的输出有一个限幅值，在速度正常的情况下是不起作用的，只有转矩控制时才起作用（最大转矩法的转矩控制），最后简化框图如图 11-1-2 所示。图中忽略了摩擦和惯性带来的转矩损失值，而实际中可以通过前馈补偿抵消掉，以下的讨论中一样，不再说明。

4. 活套的张力控制

活套的张力控制是由 2 号小车的卷扬电动机来提供的，2 号活套小车采用闭环张力控制的方式。闭环张力控制带有张力计，安装在 2 号活套的 6 号辊下面，用来测量实际的张力，根据设定张力和实际张力的偏差，张力控制器产生一个修正值调整实际张力，从而跟踪设定张力。闭环控制张力的方法分为两种方式：一种是速度控制方式，一种是转矩控制方式。闭

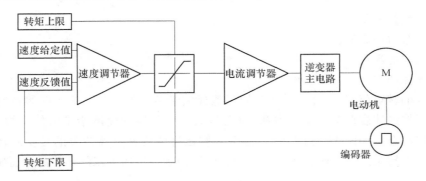

图 11-1-2　活套速度控制

环张力控制时，均采用传统的 PI 控制来实现，比例积分参数都是根据经验选取的。设定张力和实际张力的偏差经过 PI 控制器调节产生一个修正值。在采用转矩控制方式时，这个修正值乘以一个因数得到一个附加转矩调节量，取调节电动机电流。两种控制方式分别讨论如下：

　　闭环张力速度控制框图如图 11-1-3 所示，其中传动设备为变频器和电动机组成的双闭环调速系统，与图 11-1-2 中的速度控制方式是一致的，加上外环的张力控制环构成了三环控制。闭环张力转矩控制框图如图 11-1-4 所示，其中提供给传动设备的为上述计算得到的张力设定值，然后把张力转换为转矩值，公式为

$$T_Q = T_E r/i \tag{11-1-1}$$

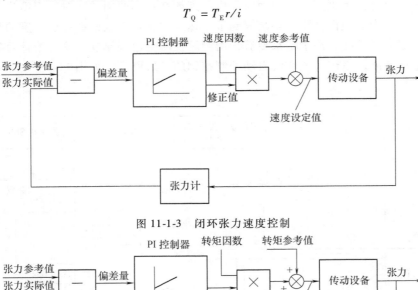

图 11-1-3　闭环张力速度控制

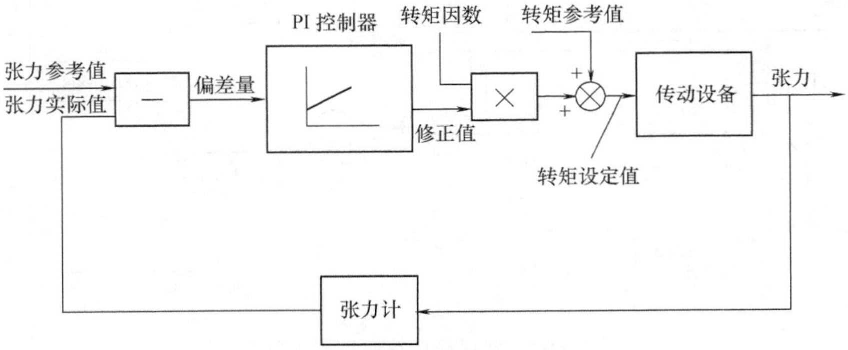

图 11-1-4　闭环张力转矩控制

式中 T_Q——转矩限幅值；

        T_E——张力设定值；

        r——辊的半径；

        i——传动比。

    计算得到的转矩值 T_Q 是作为转矩的限幅值提供给传动装置的，这个时候控制方式为转矩控制，变频器的速度调节器输出饱和值（通过设定变频器的速度给定值使其饱和），进入转矩限幅工作状态，如图 11-1-4 所示，这个时候通过电流调节器调节的是实际转矩值，这种方法称为最大转矩法。这时，张力控制环和电流控制环构成了双闭环控制，而速度调节环节不起作用。

第二节　复杂控制系统应用案例

一、镀锌生产线镀锌层厚度串级控制系统

    连续热镀锌生产线锌层厚度自动控制是通过由计算机、测厚仪设备和气刀装置构成的闭环控制系统来实现的。气刀由一堆唇形气刀、定位装置、工期系统等构成。

    在退火炉内，经过加热、保温、冷却三个阶段，带钢大约以 500℃ 的温度进入充满熔融锌液的锌锅热浸镀锌。带钢离开锌液面时，由分别放在带钢两面的一对气刀喷嘴向已镀锌的带钢表面吹气，将带钢表面粘附的多余锌刮下，达到控制带钢表面镀锌层厚度的目的。镀锌带钢在经过冷却装置风冷，淬水槽水冷后，由测厚仪测量镀层厚度，反馈给计算机，这样气刀与测厚仪组成的闭环系统就能在线自动控制带钢的锌层厚度，如图 11-2-1 所示。

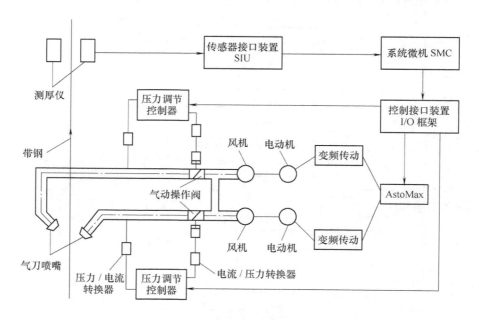

图 11-2-1　锌层厚度控制过程示意图

镀锌工艺是非常复杂的物理化学过程，影响镀层厚度的因素很多，据研究基本可用下列

函数表示：

$$h = f(h_1, h_2)$$
$$h_1 = f_1(v, \rho, t, e, P, T)$$
$$h_2 = f_2(v, p, \alpha, H, l) \tag{11-2-1}$$

式中　　h——镀锌层厚度；

　　　　h_1——无气刀状态下的带钢自然带锌量；

　　　　h_2——气刀气流刮锌量；

　　　　v——带钢速度；

　　　　T——带钢张力；

　　　　ρ——锌液密度；

　　　　t——锌液温度；

　　　　e——锌液黏度；

　　　　H——气刀高度；

　　　　α——气刀喷嘴角度；

　　　　l——气刀喷嘴带钢距离；

　　　　p——气刀的气压；

　　　　P——大气压力。

　　由此可见，气刀和测厚仪是热镀锌生产的重要设备，镀层厚度是一个多变量复合函数，若要获得较完善的镀层自动控制，控制系统应具备以下条件：

　　1）气刀数模简单适用、适应性好、准确度高。

　　2）对各种变量参数应能自动完成优化和匹配。

　　3）对板面镀层厚度均匀性在线调节。

　　经归纳，在上面的众多因素中，对镀锌层厚度影响较大的有以下五个因素；

　　1）气刀喷嘴的吹气压力 p。

　　2）带钢的速度 v。

　　3）喷嘴的角度 α。

　　4）喷嘴到带钢的距离 l。

　　5）喷嘴距锌液面的高度 H。

　　其中后三个因素 α、l、H 在稳定生产操作中一旦确定就很少变化，这时，镀锌层的厚度就取决于气刀吹气的压力和带钢的速度。它们之间用于控制的经验关系为

$$h = k \frac{\sqrt{v}}{p + 1} \tag{11-2-2}$$

式中　　h——镀锌层单面厚度；

　　　　k——计算系数；

　　　　v——带钢速度；

　　　　p——气刀喷嘴的吹气压力。

　　在控制系统中，设计两个闭环，厚度环为外环，压力环为内环，压力环的给定值即为 $p = k \dfrac{\sqrt{v}}{h} - 1$，控制气阀、压力传感器反馈实际压力，其结构示意图如图 11-2-2 所示。

由于上述算法是非常简化的，计算系数 k 包括的内容很多，α、l、H 对其影响最大，一个简单的常数是不能满足控制需要的。控制系统中可以预存一些基本参数 k 的曲线，按生产需要调用，就可以达到基本的控制要求，误差部分留给闭环调整和参数再学习校正。在实际控制中，常采用一些方法对控制参数进行自学习优化，以提高控制准确度。这些方法可以使用传统方法，也可以使用人工智能等方法。

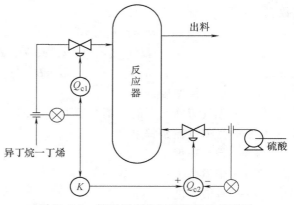

图 11-2-2　镀层厚度控制系统结构示意图

二、轧钢加热炉串级-比值控制系统

加热炉在轧钢生产中占有十分重要的地位。它的任务是按轧机节奏将钢坯加热到工艺要求的温度水平，并且在保证优质、高产的前提下，尽可能地降低燃料消耗、减少氧化烧损。步进式加热炉是各种机械化炉底炉中使用最广、发展最快的炉型，是取代推钢式加热炉的主要炉型。

步进式加热炉的特征是钢坯在炉底上运动，靠炉底可动的步进梁作矩形轨迹的往复运动，把放置在固定梁上的钢坯一步一步地由进料端送到出料端。

图 11-2-3 是步进式炉内钢坯的运动轨迹示意图。

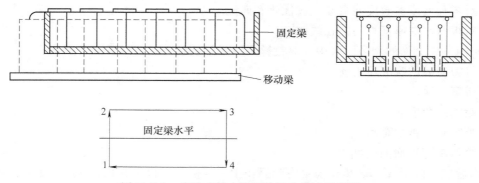

图 11-2-3　步进式炉内钢坯的运动轨迹示意图

炉底由固定梁和步进梁组成。开始钢坯放置在固定梁上，这时移动梁位于钢坯下面最低点 1。开始动作时，移动梁由 1 点垂直上升到 2 点的位置，在到达固定梁水平面时把钢坯托起，接着移动梁载着钢坯沿水平方向移动一段距离从 2 点到 3 点；然后推动梁再垂直下降到 4 点位置，当经过固定梁水平面时又把钢坯放到固定梁上。这时钢坯实际已经前进到一个新的位置。这样移动梁经过上升—前进—下降—后退四个动作，完成了一个周期，钢坯便前进一步。然后开始第二个周期，不断循环使钢坯一步步前进。移动梁往复一个周期所需的时间和升降倒退的距离，是按操作和设计的要求规程确定的。可以根据不同钢种和断面尺寸确定钢材在炉内加热的时间，并按加热时间的需要，调整步进周期的时间和进退的行程。

轧钢加热炉燃烧介质各参数的稳定运行非常重要，它直接影响到钢坯的质量，并涉及安全生产等重大问题。在生产过程中对加热炉炉压、炉温、煤气流量、空气流量的稳定有严格的要求。

一个很好的加热炉燃烧控制系统，不仅要求在稳定燃烧时空气过剩率能稳定，同时还要保证加热炉在热负荷发生变化的动态情况下，还能保证空气过剩率在最佳燃烧区内。如果用固定的空燃比，采用炉温、燃料和空气流量的串级并行控制，但是由于空气流动的管道与燃料的流动管道特性之间有一定的差异，在负荷变化较大时，由于各阀门的响应速度和系统的响应速度不同，会带来一系列的问题。例如，当炉温的设定值跃然上升时，尽管燃料流量与空气流量给定值同时上升，但是由于空气对象相对于燃料对象有一定的滞后，造成燃料流量的实际增加速度大于空气实际流量，造成空气过剩率大大降低；当负荷突降时，同样道理，会使空气过剩率过大，这不仅使过剩的空气带走大量的热量，浪费了大量的能源，降低了热效率，同时会使氮化物和硫化物的产物飙升，污染环境。因此，传统的串级并行控制只适合于负荷变化较小或者变化很慢的控制系统，此时可以根据设定的空气过剩率进行控制。而当负荷变化很大或者燃料的热值变化很大时，实际的空气过剩率将远远偏离设定值。在实际的应用中，往往将实际的空气过剩率设定略大一些，以防在最坏的情况下由于空气不足而造成燃烧不充分从而冒黑烟。因此，串级控制值设定了空燃比，而对实际的空气过剩率并没有有力的控制能力。

因此在实际应用中一般采用串级-比值控制系统。主变量为炉膛温度，从动量为空气和煤气的流量。其中空气流量又作为主变量，而煤气流量作为从变量通过比值控制跟随主变量变化，而比值的设定值由温度的改变而随时进行自动修订，从而达到更好的控制燃烧和控制炉膛温度的目的。

采用上述控制方案，即采用温度和空燃比的串级-比值控制系统，配合炉膛压力的单回路控制系统、煤气和管道压力的切断保护控制系统基本可以实现对轧钢加热炉的炉膛温度、空气过剩率、炉膛压力的稳定控制，以及防止因煤气、空气压力过小而造成的回火事故的发生。

三、结晶器液位前馈-串级控制系统

结晶器液位控制准确度是连铸生产的一个重要工艺指标，直接影响最终产品的质量。整个结晶器液位控制系统的被控对象由液压伺服系统、水口执行机构两部分组成。结晶器液位控制系统原理图如图 11-2-4 所示。

它的工作过程是：当拉坯速度作为扰动干扰控制结晶器液位的稳定性时，若拉坯的速度处于正常的工作状态，结晶器液位变送器检测到的信号会送给结晶器液位控制器，进而转送到电动机，电动机通过得到的信号来控制塞棒的位置，稳定结晶器液位的高度。

由于系统中存在塞棒粘结、结晶器液位无阻尼振动、拉速、鼓肚效应等各种干扰，会对结晶器液位产生错杂的影响。结晶器液位控制系统由

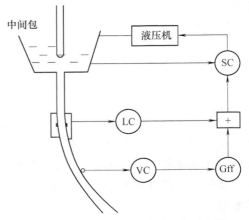

图 11-2-4　结晶器液位控制系统原理图

于其本身工艺要求控制准确度高、参数间相互关系复杂等特点，传统的简单单回路控制系统已经不能满足其控制要求，故引入串级控制来解决这一问题，同时采用拉速前馈控制方案来克服拉坯速度变化带来的扰动。在串级控制系统中，采用了两级控制器，即系统中控制结晶器液位的 PID 控制器和控制塞棒液压位置的 P 控制器，形成双闭环控制系统。控制系统结构如图 11-2-5 所示。系统框图如图 11-2-6 所示。

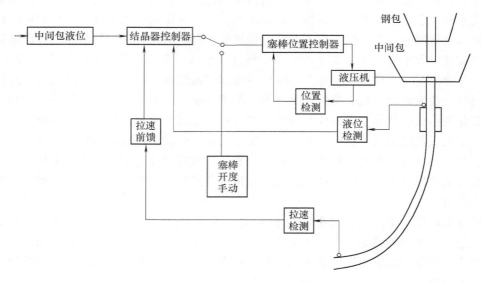

图 11-2-5　中间包钢水流量控制系统结构

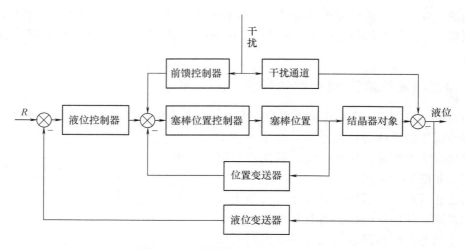

图 11-2-6　结晶器液位控制系统框图

　　在调节过程中，前馈控制能够有效克服拉坯速度带来的扰动，提高控制质量；串级系统副回路即塞棒液压位置控制回路起"粗调"作用，即能有效地克服二次干扰，改善调节对象的动态特性，提高整个系统的工作频率以及增大主回路即结晶器液位控制回路中 PID 控制器的增益。

　　实践表明，这种控制方案能够满足结晶器液位控制的工艺要求。

四、二段磨矿前馈-串级控制系统

磨矿是选矿工艺中一个非常重要的生产环节，它主要是将矿石经过磨矿机磨矿，将矿石处理成一定细粒度级的颗粒，提供给浮选作业，其工艺流程图如图 11-2-7 所示。

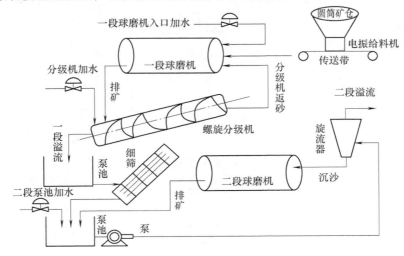

图 11-2-7　磨矿工艺流程图

圆筒矿仓内的粉矿经由电振给料机、传送带，送入一段球磨机内，经过球磨机、双螺旋分级机组成的一段闭路磨矿系统细磨后，再经过细筛的筛分作用，大颗粒的矿石被送入由二段球磨机、水力旋流器组成的二段闭路磨矿系统继续再磨，水力旋流器的溢流和经筛分作用后的小颗粒被送入浮选工序。为了保证磨矿分级效果，必须在一段球磨机入口、一段球磨机出口和二段泵池处分别加入一定流量的清水。磨矿过程最关键的工艺指标是二段磨矿的旋流器溢流粒度指标，同时球磨机内的磨矿浓度指标需要保持恒定，以保证生产正常进行。

在二段磨矿生产过程中，球磨机内的浓度与二段分级返砂量有关，而二段分级机返砂量受细度控制影响很大。这是因为，二次分级溢流细度作为重要生产指标必须严格控制，而控制细度的方法是往分级机内添加二次溢流补加水：当细度变粗时，加大给水量，加速分级机内矿砂沉淀，较粗的矿砂返回二段球磨，只有较细的矿砂才会溢出；反之则减小给水量保证细度相对稳定。

在生产中，由于控制细度的二次溢流补加水量变化较大，会导致分级返砂量变化也很大，从而使二段球磨机浓度难以稳定。若仅以浓度值进行反馈控制，调节过程中有时会出现不能允许的动态偏差。针对这种变化频繁且幅度较大的扰动，决定引入前馈控制，磨矿控制系统图如图 11-2-8 所示。

由于返砂流量变化较大，是主要干扰，为了满足工程需要，这里设计了返砂流量前馈控制器，为了便于实施，这里采用简单的静态前馈方法。从而构成了返砂前馈-磨矿浓度与补加水串级的复合控制系统，其框图如图 11-2-9 所示。

通过上述控制方案，改善了磨矿浓度控制效果，稳定了球磨生产，提高了生产效率。

五、加热炉炉温 Simth 预估补偿控制系统

炼钢厂轧钢车间在对工件轧制之前，先要将工件加热到一定的温度。图 11-2-10 表示其

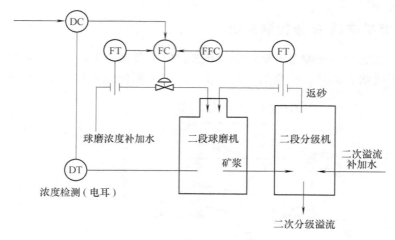

图 11-2-8　磨矿控制系统图

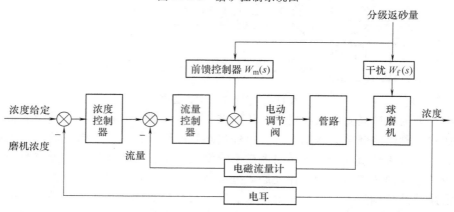

图 11-2-9　返砂前馈-磨矿浓度与补加水串级的复合控制系统框图

中一个加热工段的温度控制系统。系统中采用六台设有断偶报警装置的温度变送器、三台高值选择器 HS、一台加法器、一台 PID 控制器和一台电/气转换器。

采用高值选择器的目的是提高控制系统的工作可靠性，当每对热电偶中有一个断偶时，系统仍能正常运行。加法器实现三个信号的平均，即在加法器的三个输入通道均设置分流系数 $\alpha = 1/3$，从而得到

$$I_\Sigma = \frac{1}{3}I_1 + \frac{1}{3}I_2 + \frac{1}{3}I_3 \tag{11-2-3}$$

加热炉是一个大滞后和大惯性的对象。为了提高系统的动态品质，测温元件选用小惯性热电偶。加热炉的燃料是通过具有引风特性的喷嘴进入加热炉的，风量能自动跟随燃料量的变化按比例地增加或减少，以达到经济燃烧，故选择进入炉内的燃料量为操纵量。通过试验测得加热炉的数学模型为

$$G_p(s) = \frac{9.9e^{-80s}}{120s + 1} \tag{11-2-4}$$

温度传感器与变送器的数学模型为

$$G_m(s) = \frac{0.107}{10s + 1} \tag{11-2-5}$$

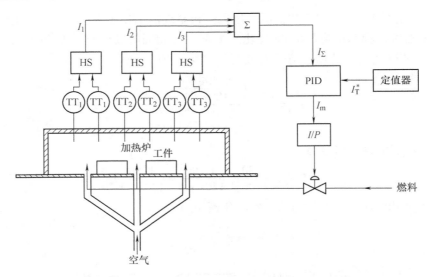

图 11-2-10　轧钢车间加热炉多点平均温度反馈控制系统

因此，广义被控对象的数学模型为

$$G_p(s) = G_1(s)G_m(s) = \frac{1.06e^{-80s}}{(120s+1)(10s+1)} \tag{11-2-6}$$

由于 $10s+1 \approx e^{10s}$，故式（11-2-6）可演化为

$$G_p(s) \approx \frac{1.06e^{-90s}}{120s+1} \tag{11-2-7}$$

由于本例中广义对象的纯滞后时间与其时间常数的比值较大，$\tau/T = 90/120 = 0.75$，若采用普通的 PID 控制器，无论怎样整定 PID 控制器的参数，过渡过程的超调量及过渡过程时间仍很大。因此，对该大时间滞后系统，考虑采用如图 11-2-11 所示的 Smith 预估补偿方案。

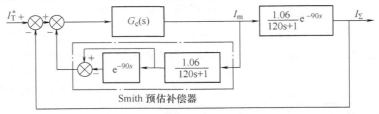

图 11-2-11　加热炉温度 Smith 预估补偿系统框图

加入 Smith 预估补偿环节后，PID 控制器控制的对象包括原来的广义对象和补偿环节，从而等效被控对象的传递函数为

$$G_P(s) = \frac{1.06e^{-90s}}{120s+1} + \frac{1.06}{120s+1}(1 - e^{-90s}) = \frac{1.06}{120s+1} \tag{11-2-8}$$

可见等效被控对象 $G_P(s)$ 中，不再包含纯滞后因素，因此控制器的整定变得很容易且可得到较高的控制品质。但单纯的 Smith 预估补偿方案，要求广义对象的模型有较高的精度和相对稳定性，否则控制品质又会明显下降。而加热炉由于使用时间长短及每次处理工件的数量均不尽相同，其特性参数会发生变化。为提高加热炉的控制品质，改用图 11-2-12 所示的具有增益自适应补偿的多点温度平均值控制系统。这是一种典型的、能够适应过程静态增益变化的大滞后补偿控制系统。

　　图 11-2-13 是图 11-2-12 的等效框图，用以分析系统的工作过程。

　　假设广义对象的静态增益从 1.06 变化到 1.80，在相同的操纵变量 I_m 下，因广义对象的输出 I_Σ 增大，故除法器 1 的输出信号 $I_\div$ 也随之增大，即

$$I_\div = \frac{I_\Sigma}{I_A} = \frac{I_m \dfrac{1.80e^{-90s}}{120s+1}}{I_m \dfrac{1.06e^{-90s}}{120s+1}} = \frac{1.80}{1.06} \qquad (11\text{-}2\text{-}9)$$

　　由此得乘法器的输出信号为

$$I_\times = I_\div I_B = \frac{1.80}{1.06} I_m \frac{1.06}{120s+1} = \frac{1.80}{120s+1} I_m \qquad (11\text{-}2\text{-}10)$$

　　因此，此时 PID 控制器所控制的等效对象模型为

$$G_P(s) = \frac{I_\times(s)}{I_m(s)} = \frac{1.80}{120s+1} \qquad (11\text{-}2\text{-}11)$$

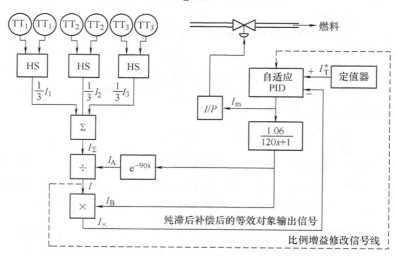

图 11-2-12　具有增益自适应补偿的加热炉多点温度控制系统原理框图

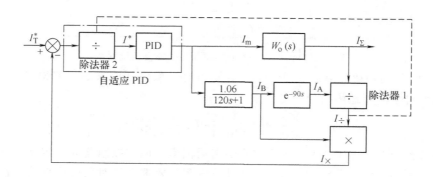

图 11-2-13　图 11-2-12 的等效框图

　　可见，在过程静态增益变化时，仍可以得到完全补偿。但此时控制器的参数也应随之作相应的调整，因为原控制器参数是针对当时广义对象模型 $G_P(s)$ 而整定的，现在等效对象 $G_P(s)$ 的静态增益已由 1.06 变化到 1.80，故控制器也应具有自动修改其比例增益 K_c 的功能。

图 11-2-12 中的虚线及图 11-2-13中的除法器 2 的作用就是为完成自动修改 PID 控制器的比例增益 K_c 而设置的。

自适应 PID 控制器的运算关系为

$$I_m(s) = K_c \left(1 + \frac{1}{T_1 s} + \frac{T_D s}{1 + \frac{T_D}{K_D} s} \right) \left(\frac{I_T^* - I_\times}{I_\div} \right) \tag{11-2-12}$$

当广义对象的静态增益从 1.06 变化到 1.80 时，除法器 1 的输出信号 $I_\div = 1.80/1.06$，故自适应 PID 控制器的比例增益也变为原来整定参数 K_c 的 1.06/1.80。因此，这样的方案能使控制系统经常处于最佳工况。

六、冶金球团磨煤机解耦控制系统

回转窑中煤粉的燃烧是在悬浮状态下进行的，要获得良好的燃烧效果，提供合格的煤粉是至关重要的。为保证煤粉制备系统的安全经济运行：首先要避免系统正压、跑粉堵煤及过高温度；其次要保证系统在最佳出力状态，减小制粉单耗。为了完成上述任务，从前面的论述可知，通常采用调节给料机来控制装煤量，使系统保持良好的出力；靠调节系统入口热风门的开度来保持系统的出口温度，靠调节系统入口冷风门（或再循环风门）的开度来保持系统的入口负压。因此，制粉系统的自动控制应该是由三个子系统协调一致地工作来完成上述调节任务，并达到安全经济运行的目的。

从制粉系统的结构来看，依据以往的设计方案和以上分析，磨煤机自动控制系统中三个子系统的被控对象之间，存在着相互耦合作用。这三个子系统分别是磨煤机的负荷调节子系统、入口负压调节子系统和出口温度调节子系统，如图 11-2-14 所示。

由于现场中给煤量对负压和出口温度的影响可以忽略不计，而装煤量主要取决于圆盘给料机的转速，它受风门的开度影响较小，所以可将给煤量这一负荷子系统从系统中独立出来，构成一个给煤量的单回路调节子系统。若负荷子系统将给煤量控制在较小的范围内波动，那么系统就由原三个子系统协调一致地工作简化为一个

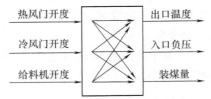

图 11-2-14　被控对象结构图

单回路调节子系统和另两个子系统协调工作，如图 11-2-15 所示，也就是解耦工作主要在后两个子系统之间，可大大简化控制器的设计。

温度调节和负压调节子系统之间的耦合较为严重，一般来说，入口负压是由冷风门调节的，装煤量对负压的影响可忽略不计，但冷风门的变化直接影响锅炉的燃烧效率。由于增加冷风量，必然减少流经空气预热器的空气量，导致排烟温度升高，锅炉燃烧效率降低；因此，冷风门开度必须限制在一个小的范围，一般冷风门开度限制在 10% ~ 20%附近，当冷风量超出一定范围而负压仍然达不到要求时，采用热风量作为负压辅助调节。

出口温度不仅与热风量及其温度有关，而且与磨煤机内的存煤量多少有很大关系。当存煤量多时，改变热风量，出口温度变化很慢，反之变化很快；正常情况下，装煤量稳定在一个使磨煤机有较大出力的范围内，此时出口温度变化很慢，而在一般正常情况下，出口温度受装煤量的影响较小，正常情况耦合主要在入口负压和出口温度两个子系统之间。耦合系统简化图如图 11-2-16 所示。

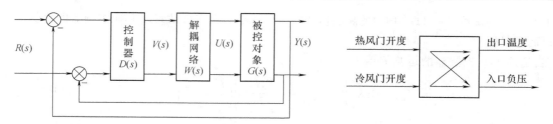

图 11-2-15 简化后解耦系统原理图　　图 11-2-16 耦合系统简化图

通过实验法求得上述过程的数学模型为

$$\begin{bmatrix} Y_1(s) \\ Y_2(s) \end{bmatrix} = \begin{bmatrix} G_{11}(s) & G_{12}(s) \\ G_{21}(s) & G_{22}(s) \end{bmatrix} \begin{bmatrix} X_1(s) \\ X_2(s) \end{bmatrix}$$

$$= \begin{bmatrix} \dfrac{3.5}{50s+1} & \dfrac{-0.15}{100s+1} \\ \dfrac{-2}{6s+1} & \dfrac{-0.16}{10s+1} \end{bmatrix} \begin{bmatrix} X_1(s) \\ X_2(s) \end{bmatrix} \qquad (11\text{-}2\text{-}13)$$

式中　　X_1——热风门开度；

　　　　X_2——冷风门开度；

　　　　Y_1——磨煤机出口温度；

　　　　Y_2——磨煤机入口负压。

从前面分析可知，用入口热风门调节出口温度，用入口冷风门来保证入口负压，用圆盘给料机来调节给煤量，这种变量配对是合适的，也符合实际的要求。

这里所采用的解耦控制系统结构框图如图 11-2-17 所示。

图 11-2-17 中，G_{ij} 为系统的动态传递函数；W_{ij} 是用来消去两回路之间关联性的解耦单元；D_{ij} 是用来控制两解耦回路的调节单元。为了简化起见，令 $W_{11}=W_{22}=1$。

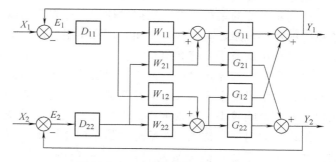

图 11-2-17 解耦控制系统结构框图

在上述解耦系统中，从 $E(s)$ 到 $Y(s)$ 的传递函数为

$$\frac{Y(s)}{E(s)} = \begin{bmatrix} \dfrac{(G_{11}+G_{12}W_{21})D_{11}}{1-W_{12}W_{21}} & \dfrac{(G_{12}+G_{11}W_{12})D_{22}}{1-W_{12}W_{21}} \\ \dfrac{(G_{21}+G_{22}W_{21})D_{11}}{1-W_{12}W_{21}} & \dfrac{(G_{22}+G_{21}W_{12})D_{22}}{1-W_{12}W_{21}} \end{bmatrix} \qquad (11\text{-}2\text{-}14)$$

显然，解耦条件为

$$G_{12}+G_{11}W_{12}=0$$
$$G_{21}+G_{22}W_{21}=0 \qquad (11\text{-}2\text{-}15)$$

于是

$$W_{12} = -\frac{G_{12}}{G_{11}}$$

$$W_{21} = -\frac{G_{21}}{G_{22}} \tag{11-2-16}$$

由式(11-2-13)可知

$$G_{11} = \frac{3.5}{50s + 1} \tag{11-2-17}$$

$$G_{12} = \frac{-0.15}{100s + 1} \tag{11-2-18}$$

$$G_{21} = \frac{-2}{6s + 1} \tag{11-2-19}$$

$$G_{22} = \frac{-0.16}{10s + 1} \tag{11-2-20}$$

从而解耦单元为

$$W_{12} = \frac{0.043(50s + 1)}{100s + 1} \quad (11\text{-}2\text{-}21)$$

$$W_{21} = \frac{6.25(10s + 1)}{6s + 1} \quad (11\text{-}2\text{-}22)$$

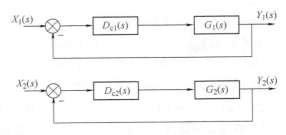

按照以上思路设计解耦网络，使两回路之间的关联性大为降低，而且稳态关联已经完全消去，因此，可以认为采用这一简化的解耦单元后，两回路的调节单元可独立设计。

图 11-2-18　解耦后等效结构框图

所设计的解耦网络 $W(s)$ 结果为

$$W(s) = \begin{bmatrix} 1 & \dfrac{0.043(50s + 1)}{100s + 1} \\ \dfrac{6.25(10s + 1)}{6s + 1} & 1 \end{bmatrix} \tag{11-2-23}$$

系统解耦后，等效的结构框图如图 11-2-18 所示。

其中两个独立子系统对象的传递函数分别为

$$G_1(s) = \frac{G_{11} + G_{12}W_{21}}{1 - W_{12}W_{21}} = \frac{1631.25s^2 - 314.75s + 2.56}{30000s^3 + 458.125s^2 + 129.125s + 0.73125} \tag{11-2-24}$$

$$G_2(s) = \frac{G_{22} + G_{21}W_{12}}{1 - W_{12}W_{21}} = -\frac{9643s^2 + 174.76s + 0.246}{6000s^3 + 1525.625s^2 + 99.875s + 0.73125} \tag{11-2-25}$$

对于单变量系统，可以采用传统的 PID 控制器来控制。在生产过程自动控制的发展历程中，PID 控制是历史最久、生命力最强的基本控制方式。在耦合消除后，其耦合后的广义对象近似等效为两个独立的单输入/单输出系统，可采用 PID 控制。

附录   控制阀选择实例

在某系统中，拟选用一台直线流量特性的直通单座阀，用于流关方式，不带定位器，根据工艺要求最大流量为 $Q_{max}=100\text{m}^3/\text{h}$，最小流量为 $Q_{min}=30\text{m}^3/\text{h}$，阀前压力 $p_1=800\text{kPa}$，最小压差 $\Delta p_{min}=60\text{kPa}$，最大压差 $\Delta p_{max}=500\text{kPa}$，被调介质是水，水温为 18℃，安装时初定管道直径为 125mm，$S=0.5$，问应选多大口径的控制阀？

解：

1. 首先判别是否为阻塞流

判别式：$F_L^2(p_1-F_Fp_v)$

查表 8-2-6，$F_L=0.85$

查水在 18℃ 时的饱和蒸汽压：$p_v=0.02\times10^3\text{Pa}$（查手册等）

查水的临界压力：$p_c=221\times10^5\text{Pa}$（查手册等）

查临界压力比，见图 6-5-8：$F_F=0.95$

故 $F_L^2(p_1-F_Fp_v)=0.85^2\times(800-0.95\times0.02)\text{kPa}=578\text{kPa}$

因为 $\Delta p_{max}=500\text{kPa}<F_L^2(p_1-F_Fp_v)$，所以不会产生阻塞流。

2. 流量系数计算   按表 6-5-2 中液体非阻塞流时的公式计算得

$$K_V=10Q_{max}\sqrt{\frac{\rho_L}{\Delta p_{min}}}=10\times100\sqrt{\frac{1}{60}}=129$$

3. 由 $K_V=129$ 查表 8-2-6，向上圆整得直通单座阀流量系数为 $K_V=160$，初选控制阀的公称直径 $DN=100\text{mm}$。

4. 不必进行管道形状修正   因为管道直径（125mm）与调节阀公称直径（100mm）之比为 1.25，小于 1.5。（如需修正，则用修正后的 K_V 值重新选择控制阀的公称直径和流量系数。）

5. 验算开度

最大开度 $K_{max}=\left[1.03\sqrt{\dfrac{S}{S-1+\dfrac{K_V^2\Delta p_{min}}{Q_i^2\rho}}}-0.03\right]\times100\%$

$$=\left[1.03\sqrt{\frac{0.5}{0.5-1+\frac{160^2\times0.60}{100^2\times1}}}-0.03\right]\times100\%$$

$$=68.8\%$$

最小开度 $K_{min}=\left[1.03\sqrt{\dfrac{0.5}{0.5-1+\dfrac{160^2\times0.60}{30^2\times1}}}-0.03\right]\times100\%$

$$=14.8\%$$

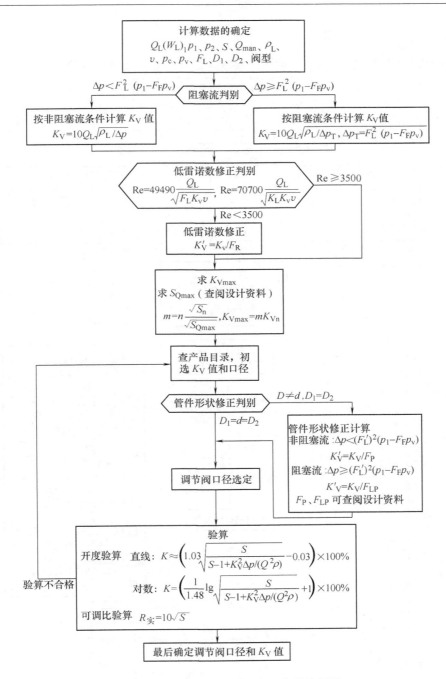

附图1 液体介质时的控制阀口径计算框图

最大开度小于86%，最小开度大于10%，验算合格。

6. 实际可控比验算

$$R_{实} = 10\sqrt{S} = 10 \times \sqrt{0.5} = 7.07$$

$$\frac{Q_{max}}{Q_{min}} = \frac{100}{30} = 3.3$$

而

所以 $R_\text{实} > \dfrac{Q_\text{max}}{Q_\text{min}}$，满足要求。

因为 $S = 0.5 \geqslant 0.3$，已能满足一般生产要求，因此，也可不进行验算。

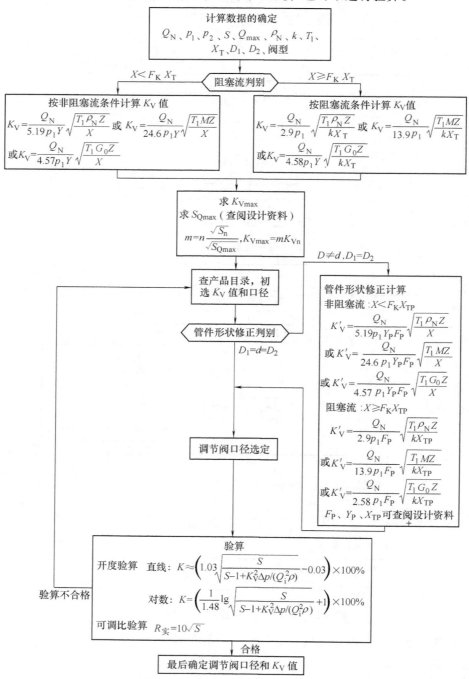

附图 2　气体介质时的控制阀口径计算框图

参 考 文 献

[1] 刘希民. 控制仪表及系统[M]. 北京：国防工业出版社，2009.

[2] 吴勤勤. 控制仪表及装置[M]. 3版. 北京：化学工业出版社，2007.

[3] 俞金寿. 过程自动化及仪表[M]. 北京：化学工业出版社，2003.

[4] 金以慧. 过程控制[M]. 北京：清华大学出版社，1993.

[5] 侯志林. 过程控制与自动化仪表[M]. 北京：机械工业出版社，2007.

[6] 林锦国. 过程控制[M]. 2版. 南京：东南大学出版社，2006.

[7] 刘巨良. 过程控制仪表[M]. 北京：化学工业出版社，1998.

[8] 张毅，张宝芬，曹丽，等. 自动检测技术及仪表控制系统. 北京：化学工业出版社，2000.

[9] 王化祥. 自动检测技术[M]. 北京：化学工业出版社，2004.

[10] 李国勇. 过程控制系统[M]. 北京：电子工业出版社，2009.

[11] 陆德民. 石油化工自动控制设计手册[M]. 北京：化学工业出版社，2000.

[12] 吴国熙. 调节阀使用与维修[M]. 北京：化学工业出版社，1999.

[13] 邵裕森，戴先中. 过程控制工程[M]. 北京：机械工业出版社，2006.

[14] 王树清. 工业过程控制工程[M]. 北京：化学工业出版社，2003.

[15] 王森. 仪表常用数据手册[M]. 北京：化学工业出版社，1998.

[16] 翁维勤，孙洪程. 过程控制系统及工程[M]. 2版. 北京：化学工业出版社，2002.

[17] Seborg D E. 过程的动态特性与控制[M]. 王京春，等译. 北京：电子工业出版社，2006.

[18] 薛兴昌，等. 钢铁工业自动化·轧钢卷[M]. 北京：冶金工业出版社，2010.